普通高等教育本科土建类专业系列教材

水 力 学

主 编 周 洋 周 强

副主编 王 超 王晓青

北京理工大学出版社
BEIJING INSTITUTE OF TECHNOLOGY PRESS

内容简介

本书共分为8章，内容主要包括绪论，水静力学，水动力学理论基础，量纲分析和相似原理，流动阻力和水头损失，孔口、管嘴和有压管道流动，明渠恒定流，渗流。

本书可作为高等工科学校土木类、水利类专业及其他有关专业本科生的工程流体力学教材，也可作为专科相近专业学生的教学参考书，还可供土木、水利、环保、机械、化工、石油、气象等有关工程技术人员参考。

图书在版编目（CIP）数据

水力学/周洋，周强主编．—北京：北京理工大学出版社，2018.8（2024.8重印）
ISBN 978-7-5682-6214-9

Ⅰ.①水…　Ⅱ.①周…②周…　Ⅲ.①水力学-高等学校-教材　Ⅳ.①TV13

中国版本图书馆CIP数据核字（2018）第193443号

责任编辑：江　立　　**文案编辑**：赵　轩
责任校对：周瑞红　　**责任印制**：李志强

出版发行／北京理工大学出版社有限责任公司
社　　址／北京市丰台区四合庄路6号
邮　　编／100070
电　　话／（010）68914026（教材售后服务热线）
（010）68944437（课件资源服务热线）
网　　址／http：//www.bitpress.com.cn

版 印 次／2024年8月第1版第3次印刷
印　　刷／河北世纪兴旺印刷有限公司
开　　本／787 mm×1092 mm　1/16
印　　张／14.5
字　　数／340千字
定　　价／45.00元

前言

水力学是土本类、水利类专业的一门重要专业基础课。本书本着“宜广不宜深”的原则编写，尽量避免篇幅较长的数学公式推导，着重物理概念和现象的叙述，适当增加水力学在工程应用方面的典型案例。另外，本书在编写过程中力求做到基本原理、概念描述正确、清晰，文字简洁，便于教学；在内容选择上力求贯彻少而精的原则，体现实用性，图文并茂，文图密切结合。

本书内容主要包括水力学的基本概念、基本理论和水力学在工程中的应用，共分为 8 章。第 1 章为绪论，主要介绍流体物理性质、作用在流体上的力、流体力学模型及研究方法；第 2 章为水静力学，主要介绍压强及压力的特征和计算方法；第 3 章为水动力学理论基础，主要介绍流体流动的基本概念、流动形态、伯努利方程；第 4 章为量纲分析和相似原理，主要介绍量纲分析的概念与相似准则；第 5 章为流动阻力和水头损失，主要介绍阻力损失及其计算；第 6 章为孔口、管嘴和有压管道流动，主要介绍管路的水力计算问题；第 7 章为明渠恒定流，主要介绍明渠均匀流与非均匀流的流动问题；第 8 章为渗流，主要介绍渗流的基本概念以及渗流运动的基本微分方程。讲授本书大概需要 40 学时。

为了巩固基础理论和培养学生的分析计算能力，各章精选了一定数量的例题和习题。为便于应用，书中附有习题答案。

本书由成都大学周洋、周强担任主编，由宁夏建设职业技术学院王超、成都大学王晓青担任副主编。具体编写分工如下：周洋编写第 1 章、第 3 章、第 5 章；王超编写第 4 章、第 7 章、第 8 章；王晓青编写第 2 章、第 6 章；周洋、周强负责全书统稿。另外，成都大学冯超参与资料的搜集与整理工作。

本书可作为高等工科学校土木类、水利类专业及其他有关专业本科生的工程流体力学教材，也可作为专科相近专业学生的教学参考书，还可供土木、水利、环保、机械、化工、石油、气象等有关工程技术人员参考。

由于编者水平有限，书中难免存在疏漏之处，恳请使用本书的读者批评指正。

编　者

前言

目　录

第1章

绪　论

1.1　水力学的任务及发展简史

流体力学是力学的一个重要分支，是研究流体平衡和运动规律及其应用的一门科学。

流体是液体与气体的总称。流体的种类繁多，例如水、油和空气就是常见的流体。从力学的角度分析，流体与固体的主要区别在于它们对外力抵抗的能力不同。固体可以抵抗一定的拉力、压力和剪切力。而流体几乎不能承受拉力，处于静止状态下的流体还不能抵抗剪切力，也就是流体在很小的剪切力作用下就将发生连续不断的变形。流体的这种宏观力学特性称为易流动性。流体涉及面很广，流体力学的应用范围也很广。一般流体力学以气体和液体作为研究对象，它们具有各自的特性，气体没有一定的体积，不存在自由液面，易于压缩；液体具有一定的体积，有自由液面，不易压缩。

流体力学是人类与自然界做斗争和生产实践中发展起来的。对流体力学学科的形成做出第一个贡献的是古希腊的阿基米德，他建立了包括浮力定律和浮体稳定性在内的液体平衡理论，奠定了流体静力学的基础。此后千余年间，流体力学没有重大发展。16 世纪以后，资本主义制度兴起，生产力迅速发展，自然科学也发生了质的飞跃。这些都为工程流体力学的发展提出了要求和创造了条件。

18—19 世纪，以伯努利方程式、欧拉运动微分方程式为代表的流体力学理论基础，由于存在简化和假设，结论与实际情况有着一定的差别，因此古典流体力学不能完全解决所有的流体力学问题。由此产生了利用实验方法得出一些经验公式来修正理论分析的误差，如达西公式、谢才公式等。20 世纪，随着航空、水利、石油等工业的迅猛发展，理论流体力学和实验流体力学得到了完美的结合。20 世纪 60 年代以来，随着计算机的出现与发展，计算流体力学得到了迅速发展，它使过去无法计算的许多问题得以解决。

土建大类各专业的教学需要介绍一些流体力学知识。工程流体力学在土建工程中有着广泛的应用，如水利工程的建设、造船工业的发展是同水静力学的建立和水动力学的发展密切相关的；城市的工业与生活供水，一般都是由水厂集中供应，水厂利用水泵将河、湖的水抽上来，经过一系列的净化和消毒处理后，通过管路系统把水输送到各个用户，这个过程需要解决一系列工程流体力学问题，如取水口的布置、管路的布置、水管直径等；供暖与通风过程也需要进行热量的供应、空气的调节、燃气的输配、降尘降温的设计计算等。此外，修建铁路、公路需要讨论桥涵孔径的大小、路基排水、隧道通风及排水等水力学的计算问题。因此，水力学是高等工科院校土建类专业的一门重要的技术基础课。

1.2　流体的连续介质模型

众所周知，任何流体都是由无数分子组成的，分子与分子间有空隙，这就是说，从微观角度看，流体并不是连续分布的物质。但是，流体力学并不研究微观的分子运动，只研究流体的宏观机械运动。在研究流体的宏观运动中，所取的最小的流体微元是体积为无穷小的流体微团（或称流体质点）。流体微团虽小，但包含着为数众多的分子。在工程上，1 mm^3 是很小的体积，但它在标准状态（0 ℃，101 325 Pa）下所包含的气体分子数约有 2.7×10^{16} 个，而包含的水分子数约有 3.4×10^{19} 个。可见，流体分子及其间的空隙都是极其微小的。

在研究流体运动时，只要所取的流体微团包含有足够多的分子，使各物理量的统计平均值有意义，就可以不去研究无数分子的瞬时状态（此为分子动力学的研究内容），而只研究描述流体运动的某些宏观属性（例如密度、速度、压强、温度等）。这就是说，可以不去考虑分子间存在的空隙，而把流体视为由无数连续分布的流体微团所组成的连续介质，这就是流体的连续介质假设。基于上述原因，1753 年，瑞士学者欧拉提出了一个基本假说，即流体是由其本身质点毫无空隙地聚集在一起、完全充满所占空间的一种连续介质。把流体视为连续介质后，流体运动中的物理量均可视为空间和时间的连续函数，这样就可以利用数学中的连续函数分析方法来研究流体运动。实践证明，采用流体的连续介质模型解决一般工程中的流体力学问题是可以满足要求的。

1.3　流体的主要物理性质

流体机械运动规律不仅与作用于液体的外部因素及边界条件有关，更主要的是取决于液体本身所具有的物理性质。因此，在研究流体平衡与运动之前，首先要讨论流体的主要物理性质。

1.3.1　密度

液体与任何物体一样，具有惯性。惯性是指物体保持其原有运动状态的特性。惯性的大小以质量来度量，质量越大的物体，惯性也越大。流体的密度是流体的重要属性之一，表征流体在空间某点质量的密集程度。如流体中围绕着某点的体积为 ΔV，其中流体的质量为 Δm，则比值 $\Delta m/\Delta V$ 为体积 ΔV 内流体的平均密度。令 $\Delta V \to 0$ 取该比值的极限，便可得到该点处的流体密度，即

$$\rho = \lim_{\Delta V \to 0} \frac{\Delta m}{\Delta V} = \frac{\mathrm{d}m}{\mathrm{d}V} \tag{1-1}$$

式中　ρ——流体单位体积内所具有的质量（kg/m^3）。

假如流体是均匀的流体，显然流体的密度为

$$\rho = \frac{m}{V} \tag{1-2}$$

式中　m——流体的质量（kg）；

V——流体的体积（m^3）。

在土建工程的大多数水力计算问题中，通常视密度为常数，采用在一个标准大气压下，温度为 4 ℃时的蒸馏水密度来计算，此时 $\rho = 1\ 000\ kg/m^3$。

表 1-1 列出了在标准大气压下，不同温度下几种常用流体的密度。

表 1-1　标准大气压下水、空气、水银的密度随温度变化的数值

温度/℃	水的密度/（$kg \cdot m^{-3}$）	空气的密度/（$kg \cdot m^{-3}$）	水银的密度/（$kg \cdot m^{-3}$）
0	999.87	1.293	13 600
4	1 000.00	—	—
5	999.99	1.273	—
10	999.73	1.248	13 570
15	999.13	1.226	—
20	998.23	1.205	13 550
25	997.00	1.185	—
30	995.70	1.165	—
40	992.24	1.128	13 500
50	988.00	1.093	—
60	983.24	1.060	13 450
70	977.80	1.029	—
80	971.80	1.000	13 400
90	965.30	0.973	—
100	958.40	0.946	13 350

1.3.2　重度

液体还具有万有引力特性。在水力学中涉及的万有引力就是重力。一质量为 m 的液体，所受的重力大小为

$$G = mg \tag{1-3}$$

式中　g——重力加速度（m/s^2）。

液体的重度是指单位体积液体所具有的重量。以 γ 表示。一质量为 m，体积为 V 的均质流体，其重度为

$$\gamma = \frac{mg}{V} \tag{1-4}$$

$$\gamma = \rho g \tag{1-5}$$

在土建工程的水力计算问题中，通常视重度为常数，取在一个标准大气压下，4 ℃时的蒸馏水重度 $\gamma = 9\ 800\ \text{N/m}^3$。几种常见流体的重度如表 1-2 所示。

表 1-2　几种常见流体的重度

流体名称	空气	水银	汽油	酒精	四氯化碳	海水
重度/（N · m^{-3}）	12	133 280	6 664 ~ 7 350	7 778.3	15 600	9 996 ~ 10 084
温度/℃	20	0	15	15	20	15

1.3.3　黏性

流体在运动状态下抵抗剪切变形能力的性质，称为黏滞性或黏性。黏性是流体的固有属性，是运动流体产生机械能损失的根源。

如图 1-1（a）所示，两块相隔一定距离的平行平板水平放置，其间充满液体，下板固定不动，上板在力 F' 的作用下以速度 u 沿 x 方向运动。实验表明，黏附于上板的流体在平板切向方向上产生的黏性摩擦力 F 即 F' 的反作用力，和两块平板间的距离成反比，和平板的面积 A、平板的运动速度 u 成正比，比例关系式如下：

$$F = \mu A \frac{u}{h} \tag{1-6}$$

式中　μ——流体的动力黏度，是流体的重要物理属性（Pa · s）。

u/h——在速度的垂直方向上单位长度上的速度增量，称为速度梯度。

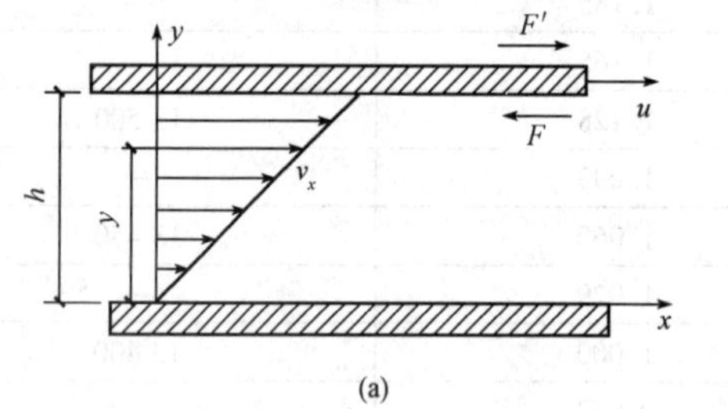

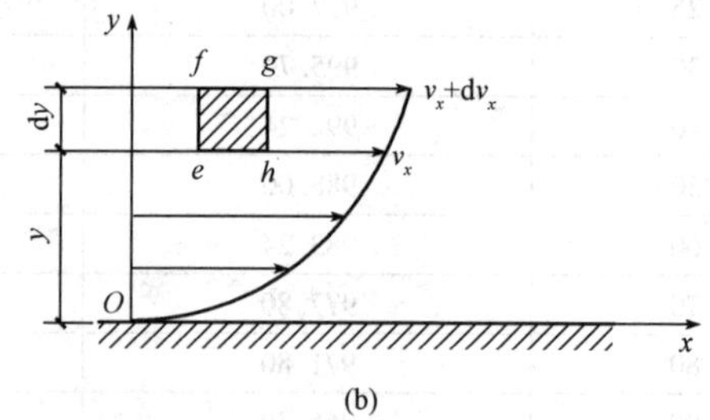

图 1-1　流体黏性实验及速度分布

（a）流体黏性实验；（b）黏性流体速度分布

显然在上述情况下，速度分布为直线，速度梯度为常数，属于特殊情况。一般速度分布为曲线，如图 1-1（b）所示，x 方向上的速度用 v_x 表示时，速度梯度可表示为 $\frac{dv_x}{dy}$，此时速度梯度为一变量，在每一速度层上有不同的数值，将 $\frac{dv_x}{dy}$ 代入式（1-6），两端同时除以平板面积 A，则可以得到作用在平板单位面积上的切应力 τ：

$$\tau = \mu \frac{dv_x}{dy} \tag{1-7}$$

式（1-7）即牛顿内摩擦定律。式中，$\frac{\mathrm{d}v_x}{\mathrm{d}y}$为流速梯度，表示流速沿垂直于流动方向 y 的变化率，实质上它代表流体微团的剪切变形速率。现证明如下：

如图 1-2 所示，在运动的流体中取一正方形的流体微团，在 t 时刻其形状为 $efgh$，经过一无限小的时间间隔 Δt 后，由于上、下层流速的差别，其形状变为 $e'f'g'h'$，产生角变形 $\Delta\varphi$，角变形速度可由几何关系推出。

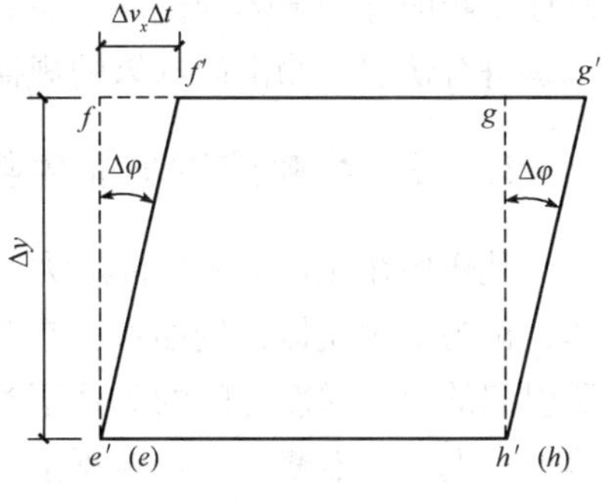

图 1-2 微团变形

$$\frac{\mathrm{d}\varphi}{\mathrm{d}t} = \lim_{\Delta t \to 0}\frac{\Delta\varphi}{\Delta t} = \lim_{\Delta t \to 0}\frac{\frac{\Delta v_x \Delta t}{\Delta y}}{\Delta t} = \frac{\mathrm{d}v_x}{\mathrm{d}y}$$

即在流动过程中流体微团的角变形速度等于速度梯度。此公式表明黏性即运动流体抵抗剪切变形的能力。

在流体力学中还常引用动力黏度与密度的比值，称为运动黏度，用 υ 表示，单位为 $\mathrm{m^2/s}$，即

$$\upsilon = \frac{\mu}{\rho} \tag{1-8}$$

温度对流体黏度的影响很大。液体的黏度随温度上升而减小，气体的黏度随温度上升而增大，这就是说，温度对这两类流体黏度的影响趋向正好相反。这是由于形成流体黏性的主要因素不同。对于液体，分子间的引力形成液体黏性的主要因素，当温度升高时，分子间的空隙增大，吸引力减小，液体的黏度降低。对于气体，气体分子做混乱运动时在不同流速的流层间所进行的动量交换是形成其黏性的主要因素，温度越高，气体分子的混乱运动越强烈，动量交换越频繁，气体的黏度越大。

水的运动黏度随温度变化的近似经验关系式为

$$\upsilon = \frac{0.017\ 75}{1 + 0.033\ 7t + 0.000\ 221t^2} \tag{1-9}$$

式中 υ——运动黏度（$\mathrm{cm^2/s}$）；

t——温度（℃）。

其他流体的黏度可查阅有关流体力学计算手册。

1.3.4 黏性流体与理想流体

自然界中的实际流体都具有黏性，所以实际流体又称黏性流体。为了处理工程实际问题方便，建立一个没有黏性的理想流体模型，把假想的没有黏性的流体作为理想流体。它是一种假想的流体模型，在实际中并不存在。在流体力学中引入理想流体的概念，是因为在实际流体的黏性作用表现不出来的场合（像在静止流体中或均匀等速流动的流体中），完全可以把实际流体当理想流体来处理。在许多场合，想求得黏性流体流动的精确解是很困难的。对某些黏性不起主要作用的问题，先不计黏性的影响，使问题的分析大为简化，从而有利于掌握流体流动的基本规律。至于黏性的影响，可根据实验引进必要的修正系数，对由理想流体得出的流动规律加以修正。此外，即使是黏性为主要影响因素的实际流动问题，先研究不计

黏性影响的理想流体的流动，而后引入黏性影响，再研究黏性流体流动的更为复杂的情况，也是符合认识事物由简到繁的规律的。

1.3.5 牛顿流体与非牛顿流体

凡作用在流体上的切向应力与它所引起的速度梯度之间的关系符合牛顿内摩擦定律的流体，称为牛顿流体，例如水、空气、汽油、煤油、乙醇等。凡作用在流体上的切向应力与它所引起的速度梯度之间的关系不符合牛顿内摩擦定律的流体，称为非牛顿流体，例如聚合物溶液、泥浆、血浆、新拌混凝土、泥石流等。牛顿流体与非牛顿流体的区别如图1-3所示，其中 τ_0 为初始切应力。本书主要讨论牛顿流体。

1.3.6 压缩性

当作用在流体上的压强增大时，流体的宏观体积将会减小，这种性质称为流体的压缩性。压缩性的大小可以用体积压缩率 β 或体积模量 K 来度量。设压缩前的体积为 V，压强增加 $\mathrm{d}p$ 后，体积减小 $\mathrm{d}V$，则体积压缩率为

$$\beta = -\frac{\frac{\mathrm{d}V}{V}}{\mathrm{d}p} \tag{1-10}$$

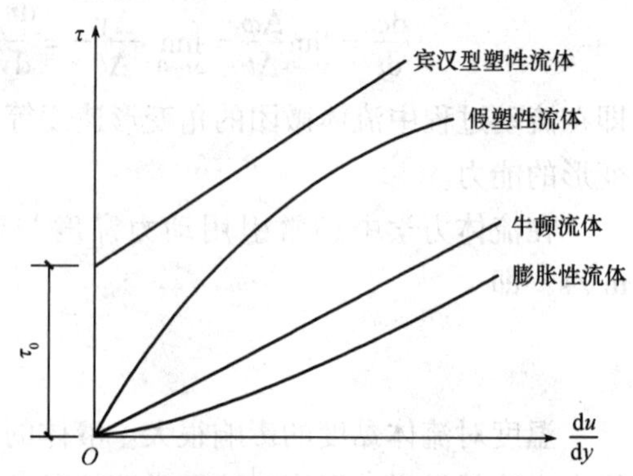

图1-3 牛顿流体与非牛顿流体的区别

由于 $\mathrm{d}p$ 与 $\mathrm{d}V$ 符号始终相反，表示压力上升时，体积减小。β 的单位为 $\mathrm{m^2/N}$，β 越大，流体的压缩性越大。

工程上还常用流体的体积模量 K 衡量流体的压缩性，它是体积压缩率的倒数，即

$$K = \frac{1}{\beta} = -\frac{\mathrm{d}p}{\frac{\mathrm{d}V}{V}} \tag{1-11}$$

式中，K 的单位为Pa。

液体的压缩性很小，例如水在10 ℃时的体积模量 $K \approx 2 \times 10^9$ Pa。此数值说明，每增加一个大气压，水的体积相对压缩值约为两万分之一。所以一般在工程中认为水的压缩性可以忽略，相应水的密度和重度可视为常数。但在讨论管道中水流的水击问题时，水的压缩性则必须考虑。对于气体，通常将其作为可压缩流体来处理。如果压力差较小、运动速度较小，又无很大温度差，可将气体作为不可压缩流体来处理。压缩将导致流体的体积减小，从而引起流体的密度增大，可见考虑压缩性要比不考虑压缩性复杂。

不同温度时水的主要物理性质数值如表1-3所示。

表1-3 不同温度时水的主要物理性质

温度/℃	重度 /（$\mathrm{kN \cdot m^{-3}}$）	密度 /（$\mathrm{kg \cdot m^{-3}}$）	动力黏度 /（$\times 10^3$ Pa·s）	运动黏度 /（$\times 10^6\ \mathrm{m^2 \cdot s^{-1}}$）	体积模量 /（$\times 10^{-9}$ Pa）
0	9.805	999.8	1.781	1.785	2.02
5	9.807	1 000.0	1.518	1.519	2.06
10	9.804	999.7	1.307	1.306	2.10

续表

温度/℃	重度 /（kN·m^{-3}）	密度 /（kg·m^{-3}）	动力黏度 /（×10^{3} Pa·s）	运动黏度 /（×10^{6} m^{2}·s^{-1}）	体积模量 /（×10^{-9} Pa）
15	9.798	999.1	1.139	1.139	2.15
20	9.789	998.2	1.002	1.003	2.18
25	9.777	997.0	0.890	0.893	2.22
30	9.764	995.7	0.798	0.800	2.25
40	9.730	992.2	0.653	0.658	2.28
50	9.689	988.0	0.547	0.553	2.29
60	9.642	983.2	0.466	0.474	2.28
70	9.589	977.8	0.404	0.413	2.25
80	9.530	971.8	0.354	0.364	2.20
90	9.466	965.3	0.315	0.326	2.14
100	9.399	958.4	0.282	0.294	2.07

1.4 液体的表面性质

1.4.1 表面张力

当液体与气体及液体与固体有交界面，即当出现液体的自由表面时，液体的表面性质必须加以考虑。在流体力学中，重要的是液体的表面张力及由表面张力引起的毛细现象。

液体的分子间是有吸引力的。液体分子吸引力的作用范围很小，在以3～4倍平均分子距为半径的球形范围内，称该球形范围为“影响球”。“影响球”的半径 r 一般为 10^{-8}～-10^{-6} cm。若某分子距自由液面的距离大于或等于“影响球”的半径 r，如图1-4中的 A、B，则在“影响球”内的液体分子对该分子的吸引力恰好相互平衡。若该分子距自由液面的距离小于“影响球”的半径 r，如图1-4中的 C，则由于“影响球”在自由表面上面的部分没有液体分子，“影响球”内的分子对该分子的吸引力便不能互相平衡，而构成一个合力，此合力从自由表面向下作用在该分子上。当某分子处于自由表面上时，如图1-4中的 D，向下的合力达到最大值。厚度小于“影响球”半径的液面下的薄层称为表面层。表面层内的所有液体分子均受向下的吸引力，从而把表面层紧紧地拉向液体内部。

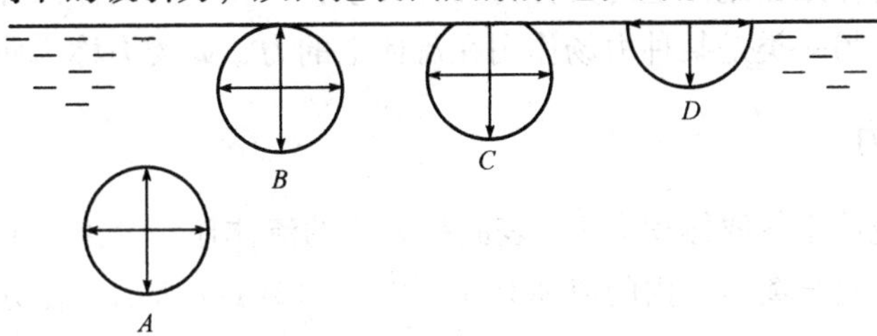

图1-4 近液面分子受到的吸引力

由于表面层中的液体分子都受到指向液体内部的拉力作用，所以任何液体分子在进入表面层时都必须反抗这种力的作用，即都必须给这些分子以机械功。这就是说，伴随着自由表面的形成，必须输入机械功，而这些机械功将以自由表面能的形式被储存起来。因此，自由表面的增加意味着自由表面能的增加；相反，自由表面的减少意味着自由表面能的减小，即它要向周围释放能量。当自由表面收缩时，在收缩的方向上必定有力对自由表面做负功，即作用力的方向与收缩的方向相反，这种力必定是拉力，它使自由表面处于拉伸状态。把单位长度上的这种拉力定义为表面张力，用 σ 表示，单位为 N/m。

σ 随流体的种类和温度而变化，如 20 ℃时，对水，$\sigma = 0.074$ N/m；对水银，$\sigma = 0.54$ N/m。表面张力的数值并不大，在工程流体力学中一般不考虑它的影响。在某些情况下，如当内径较小的管子插在液体中时，由于表面张力会使管中的液体自动上升或下降一个高度，这种所谓的毛细现象，是流体力学实验中使用测压管时所必须注意的。另外，在研究水深很小的明渠水流和堰流时，其影响也是不可忽略的。

1.4.2　毛细现象

细口径管中的液体表面张力的影响十分显著，将直径很小，两段开口的管插入盛水或水银的容器中，由于表面液体分子的表面张力作用，以及液体分子与固体壁的附着力的相互作用而发生毛细现象。毛细管升高值 h 的大小与管径以及液体的性质有关。在 20 ℃的情况下，直径为 d 的玻璃管中的水面高出容器水面的高度 h

$$h \approx \frac{29.8}{d}\text{mm}$$

对于水银，玻璃管中水银面低于容器水银面的高度 h

$$h \approx \frac{10.15}{d}\text{mm}$$

由此可见，管径越小，则毛细管升高值 h 越大。所以实验用的测压管内径不宜太小，同时注意毛细管作用而引起的误差。

1.5　作用于液体上的力

对流体力学进行深入研究，必须明确作用在流体上的力有哪些类型，以及这些力的性质和表示方法。一般将作用在流体上的力分为两种类型：一类是分离体以外的其他物体作用在分离体上的表面力；另一类是某种力场作用在流体上的力，此类力称为质量力。

1.5.1　表面力

如果在流动的流体中任取体积为 V、表面积为 A 的流体作为分离体 C，则分离体以外的流体通过接触面必定对分离体以内的流体有作用力。如图 1-5 所示，在分离体表面的 b 点取微小面积 ΔA，作用在它上面的表面力为 $\Delta \vec{F}$，一般情况下 $\Delta \vec{F}$可以分解为沿法线方向 $\vec{n}$ 的法

向力 $\Delta\vec{F}_n$和沿切线方向 $\vec{\tau}$ 的切向力 $\Delta\vec{F}_\tau$。以微小面积 ΔA 除表面力并取极限，便可求得作用在 b 点单位面积上的表面力：

$$\vec{p}_n = \lim_{\Delta A \to 0} \frac{\Delta F_n}{\Delta A}$$

称为应力，单位为 Pa。作用在 b 点单位面积上的法向力和切向力分别为

$$p = \lim_{\Delta A \to 0} \frac{\Delta F_n}{\Delta A}$$

$$\tau = \lim_{\Delta A \to 0} \frac{\Delta F_\tau}{\Delta A}$$

p 和 τ 分别称为法向应力和切向应力，是研究流体流动时经常遇到的两种应力。

1.5.2　质量力

作用于流体隔离体内每个流体微团上，其大小与流体质量成比例的力称为质量力。最常见的质量力是重力；此外，对于非惯性坐标系，质量力还包括惯性力。如图 1-5 所示，在分离体的 c 点，取一微小体积 ΔV，如微小体积的平均密度用 ρ 表示，则重力场作用在它上面的质量力可表示为 $\rho\Delta V\vec{g}$，对所有其他微小体积均可这样表示。

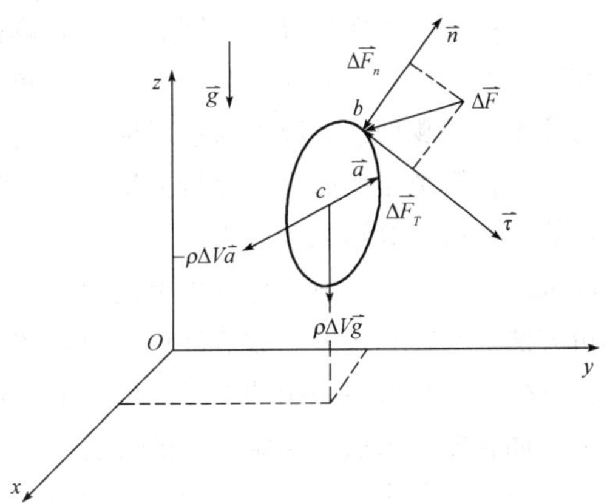

图 1-5　作用于流体上的表面力和质量力

如果用 $\vec{f}$ 表示作用在单位质量流体上的质量力矢量，用 f_x、f_y、f_z 表示它沿直角坐标轴的分力，用 $\vec{i}$、$\vec{j}$、$\vec{k}$ 表示直角坐标轴上单位矢量，则有

$$\vec{f} = f_x\vec{i} + f_y\vec{j} + f_z\vec{k}$$

在重力场中，若取 z 轴铅直向上，则 $f_x = f_y = 0$；$f_z = -g$。显然，单位质量力的单位为加速度的单位 m/s^2。

由前述分析可知，在一般流体力学问题中，根据流体的受力状态可比较容易地确定单位质量力，质量力采用这种分量形式为流体力学的研究提供了极大的方便。

1.6　流体力学的研究方法

流体力学与其他科学一样，研究方法一般有理论分析、实验研究和数值模拟三种。

理论分析以实际问题为对象建立模型，进行严密的数学推导求解，通过对流体物理性质和流动特性的科学抽象，确立合理的理论模型。该理论模型是根据流体宏观机械运动的普遍规律建立的闭合方程组，将原来的具体流动问题转化为数学问题，在相应的边界条件和初始

条件下求解。理论研究方法的关键在于如何确立理论模型，并能运用数学方法求出理论结果，达到揭示流体运动规律的目的。数学工具可以用于解决一些重要的流体力学理论问题和应用问题。由于数学上的困难，许多实际流动问题还难以用理论分析的方法精确求解。但有些问题用理论分析的方法可以得到比较理想的结果，如圆管中的层流、理想流体绕流圆柱体、势流等问题就是用理论分析的方法解决的。理论分析的方法优点在于各种影响因素清晰、结果具有普遍性，是实验研究和数值模拟的理论基础。

实验是研究流体运动问题最基本的方法。实验可以验证理论计算的结果，也可以探索新的流动现象。同物理学、化学等学科一样，流体力学离不开实验，尤其是对新的流体运动现象的研究。实验能显示运动特点及其主要趋势，有助于形成概念，检验理论的正确性。200多年来，流体力学发展史中的每一项重大进展都离不开实验。模型实验在流体力学中占有重要地位，这里所说的模型是指根据理论指导，把研究对象的尺度放大或缩小以便能进行实验。有些流动现象难以靠理论计算解决，有些则不可能做原型实验，这时，根据模型实验所得的数据可以用像换算单位制那样的简单算法求出原型的数据。为了正确模拟，模型的现象和原型的现象当然应属同类，并可应用同一基本微分方程组描述，而且定解条件相似，模型与原型几何相似、各物理参数对应成比例、对应截面上的相似准数相等。

数值模拟是按照理论分析方法确定数学模型；合理选用计算方法；编制计算程序，上机计算；分析计算结果，以确定是否符合精度要求。该方法的优点是，过去许多用解析方法不能求解的问题，在电子计算机上用数值计算可以得到近似解。从一定意义上讲，它是理论分析方法的延伸和拓展。数值计算一般比物理模型实验在人力、物力上较为节省，还具有不像物理模型受相似律限制的优点。但数值模拟必须建立在物理概念正确和力学规律明确的基础上，而且需要天然或实验资料的检验。

对于一些重要的流体力学问题的研究，通常采用理论分析、数值模拟与实验研究相结合的途径。这三种方法的结合应用，必将进一步促进流体力学的快速发展。

习 题

1. 牛顿流体与非牛顿流体的区别是什么？
2. 理想液体模型忽略了什么因素？
3. 何谓牛顿内摩擦定律？
4. 20 ℃的水 2.5 m^3，当温度上升至 80 ℃时，其体积增加多少？[0.067 9 m^3]
5. 某种油的运动黏度是 4.28×10 m^2/s，密度是 678 kg/m^3，试求其动力黏度。
6. 两平行平板间距 0.5 mm，其间充满流体，下板固定，上板在 2 N/m^2 的力作用下以 0.25 m/s 匀速移动，求该流体的动力黏度。[4×10^{-3} N·s/m^2]
7. 自由液面流动，已知水深为 h，液面流速为 u_{max}，若设断面流速分布为 $u=a+by+cy^2$，试求常数系数 a、b、c。$\left[a=0,\ b=\dfrac{2u_{max}}{h},\ c=-\dfrac{u_{max}}{h^2}\right]$

第 2 章

水静力学

流体静力学是研究流体在外力作用下处于静止（平衡）状态时的力学规律及其在实际工程中的应用。流体的静止状态是一个相对的概念，包括两种情况：一种是绝对静止状态，即流体相对地球无运动；另一种是相对静止状态，即流体相对地球有运动，但相对参考坐标系无运动。

流体静力学在工程中有着广泛的应用，如挡水构筑物、水工结构、液柱式测压计等在设计时，都要应用到流体静力学的基本原理。

本章主要研究静止流体的压强分布规律及静止流体对物体表面的作用力。

2.1　静水压强的特性

由于流体具有易流动性，所以对任何方向的接触面都产生压力。如放置在桌面上的水杯底面和侧面都受到流体的压力，同时水杯中的流体质点也受到其他流体质点的压力。流体的这种力学特征在工程中也普遍存在。如图 2-1 所示，涵洞前设置平板闸门，开启闸门时需用

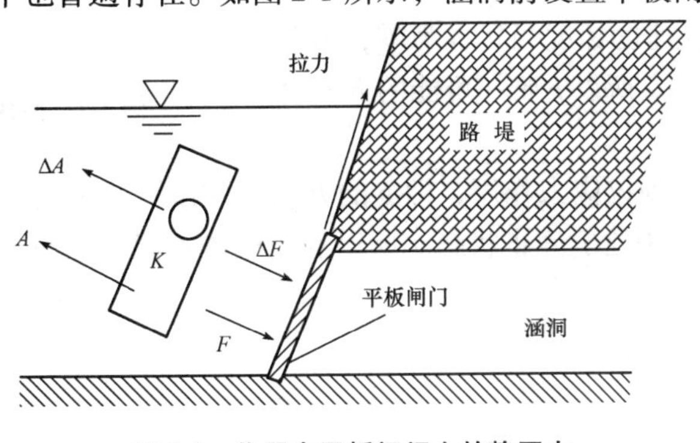

图 2-1　作用在平板闸门上的静压力

比闸门自重大很多的拉力，多余的拉力主要是克服水对闸门产生的压力和使闸门紧贴壁面运动产生的摩擦力。

静止流体对其接触面上所作用的压力称为流体静压力，以符号 F 表示，单位为 N 或 kN。在图 2-1 中的平板闸门上取微小面积 ΔA，设作用在 ΔA 上的流体静压力为 ΔF，则 ΔA 面积上单位面积所受的平均流体静压力称为平均流体静压强，以 $\bar{p}$ 表示：

$$\bar{p} = \frac{\Delta F}{\Delta A} \tag{2-1}$$

当 ΔA 面积无限缩小至 K 点时，比值 $\frac{\Delta F}{\Delta A}$ 的极限值定义为 K 点的流体静压强，以 p 表示，单位为 N/m^2（Pa）或 kN/m^2：

$$p = \lim_{\Delta A \to K} \frac{\Delta F}{\Delta A} \tag{2-2}$$

可以看出，流体静压力和流体静压强都是压力的一种量度。它们的区别在于，前者是作用在某一面积上的总压力，后者是作用在单位面积上的平均压力或某一点上的压力。

2.2 流体静压强的特征

流体静压强具有以下两个重要特征。

2.2.1 流体静压强的方向垂直于作用面，并指向作用面

流体静压强的方向垂直于作用面，并指向作用面可用反证法来证明。在静止流体中，取出某一体积的流体，用任意曲面 N—N 将其切割成两部分，则切割面上的作用力就是流体之间的相互作用力。取下半部分作为研究对象，如图 2-2 所示。假设作用在点 A 上的流体静压强的方向是任意方向，则 p 可以分解为切向分量 τ 和法向分量 p_n。流体所受到的切应力等于流体的动力黏度与速度梯度的乘积。静止流体的速度为零，速度梯度当然也为零，因此切应力必为零，即 $\tau = 0$。所以 p 唯一可能的方向就是与作用面垂直。

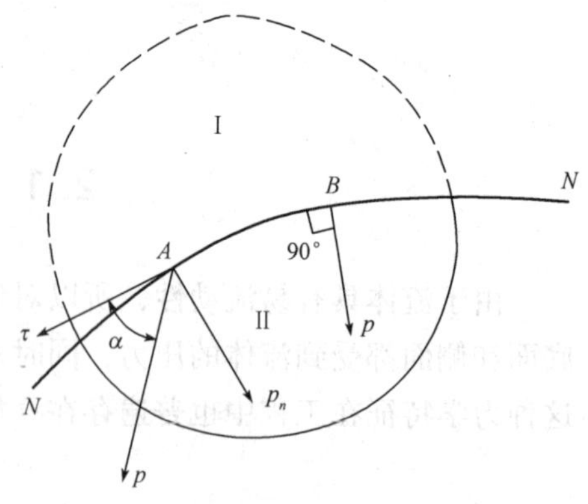

图 2-2 流体静压强的方向

同理，假设流体受到拉应力作用，即 p 的方向离开作用面时，就会发生连续不断的拉伸变形运动，使流体无法处于静止状态。所以静止流体不能承受拉应力，p 的方向只能指向作用面。

2.2.2　任一点流体静压强的大小与其作用面的方向无关

在静止流体中取图 2-3 所示的微小四面体 $MABC$，设坐标原点为 M，密度为 ρ，三条棱边与坐标轴重合，棱长分别为 dx、dy、dz。

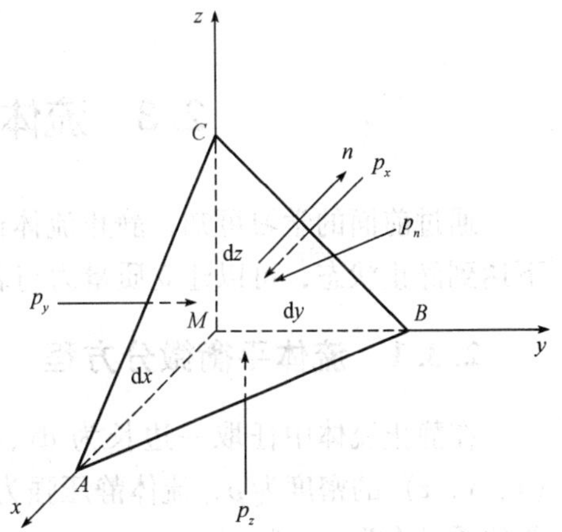

图 2-3　静止流体中微小四面体

表面 MBC 的面积为 $\frac{1}{2}\mathrm{d}y\mathrm{d}z$，该表面受到的压强的大小为 p_x，方向为沿 x 轴的正向。因此表面 MBC 受到的压力为

$$\frac{1}{2}p_x\mathrm{d}y\mathrm{d}z\boldsymbol{i}$$

式中　i——x 轴的单位坐标矢量。

同理，表面 MAC 和 MAB 受到的压力分别为

$$\frac{1}{2}p_y\mathrm{d}z\mathrm{d}x\boldsymbol{j} \text{ 和 } \frac{1}{2}p_z\mathrm{d}x\mathrm{d}y\boldsymbol{k}$$

式中　j、k——y 轴和 z 轴的单位坐标矢量。

设斜面 ABC 的面积为 A，斜面上的压强为 p_n，因此斜面受到的压力为

$$-p_nA\boldsymbol{n}$$

单位质量的流体受到的质量力（力场对流体的作用力）设为 f（其方向由力场的性质确定），四面体内的流体受到的质量力为

$$\frac{1}{6}\rho f\mathrm{d}x\mathrm{d}y\mathrm{d}z$$

作用在静止流体的表面力和质量力保持静止平衡，因此有

$$\frac{1}{2}p_x\mathrm{d}y\mathrm{d}z\boldsymbol{i}+\frac{1}{2}p_y\mathrm{d}z\mathrm{d}x\boldsymbol{j}+\frac{1}{2}p_z\mathrm{d}x\mathrm{d}y\boldsymbol{k}+(-p_nA\boldsymbol{n})+\frac{1}{6}\rho f\mathrm{d}x\mathrm{d}y\mathrm{d}z=0 \tag{2-3}$$

将式（2-3）在 x 轴方向投影，得

$$\frac{1}{2}p_x\mathrm{d}y\mathrm{d}z-p_nA\cos(n,x)+\frac{1}{6}\rho F_x\mathrm{d}x\mathrm{d}y\mathrm{d}z=0$$

式中，cos（n，x）表示外法矢 n 与 x 轴正向夹角的余弦，即单位矢量 n 在 x 方向的投影值。$A\cos$（n，x）为斜面积 A 在 x 方向的投影值，由于 $A\cos(n,x)=\frac{1}{2}\mathrm{d}y\mathrm{d}z$，代入上式得

$$\frac{1}{2}(p_x-p_n)\mathrm{d}y\mathrm{d}z+\frac{1}{6}\rho F_x\mathrm{d}x\mathrm{d}y\mathrm{d}z=0$$

上式中的第二项与第一项相比为高阶无穷小，可略去不计，得

$$\frac{1}{2}(p_x-p_n)\mathrm{d}y\mathrm{d}z=0$$

上式为零，则只有 $p_x=p_n$。同理可以证明：$p_x=p_y=p_z=p_n$。即四面体各个表面的压强的大小是相等的。由于图 2-3 中的四面体是任意选取的，所以可认为：在静止状态下，任一点的静止静压强的大小与其作用面的方向无关。一般不同空间的流体静压强是各不相同的，

即流体静压强是空间坐标的连续函数：

$$p=p\ (x,\ y,\ z) \tag{2-4}$$

2.3 流体平衡微分方程及其积分

通过前面的学习可知，静止流体微团在质量力（重力）和表面力（压强）的共同作用下达到静止状态，可以建立质量力与表面力之间的方程关系。

2.3.1 流体平衡微分方程

在静止流体中任取一边长为 dx、dy、dz 的微小六面体，如图 2-4 所示。设其中点 Q'（x，y，z）的密度为ρ，流体静压强为 p（x，y，z），单位质量力为f_x、f_y、f_z。

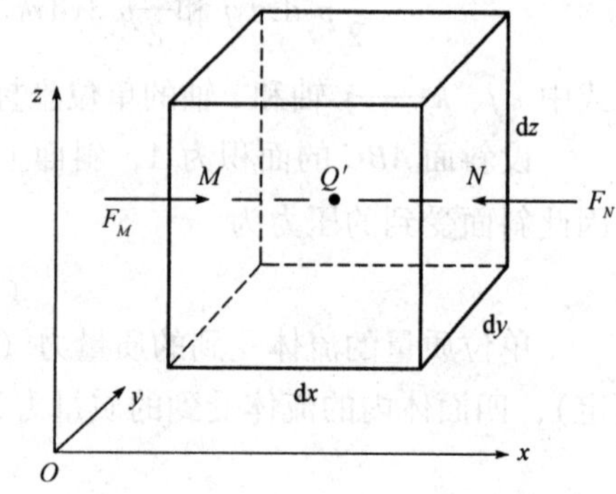

图 2-4 静止流体中微小六面体

静止流体中微小六面体所受的表面力，只有周围流体作用在其表面上的流体静压力。以 x 轴方向为例，压强在 x 轴方向上的变化率为$\frac{\mathrm{d}p}{\mathrm{d}x}$。过 Q'作平行于 x 轴的平行线与六面体左右两端面分别交于点 M（$x-\frac{1}{2}\mathrm{d}x$，y，z）和 N（$x+\frac{1}{2}\mathrm{d}x$，y，z），则点 M 和点 N 处的压强分别为

$$p_M=p-\frac{1}{2}\frac{\partial p}{\partial x}\mathrm{d}x$$

$$p_N=p+\frac{1}{2}\frac{\partial p}{\partial x}\mathrm{d}x$$

由于六面体各面的面积微小，可以认为平面中点的静压强即该面的平均静压强，于是可得作用在六面体左、右两端面上的表面力为

$$F_M=\left(p-\frac{1}{2}\frac{\partial p}{\partial x}\mathrm{d}x\right)\mathrm{d}y\mathrm{d}z$$

$$F_N=\left(p+\frac{1}{2}\frac{\partial p}{\partial x}\mathrm{d}x\right)\mathrm{d}y\mathrm{d}z$$

此外，作用在六面体上的质量力在 x 轴方向的分量为$f_x\cdot\rho\mathrm{d}x\mathrm{d}y\mathrm{d}z$。

根据流体平衡条件，作用在六面体上的表面力和质量力在 x 轴方向投影的代数和应为零，即

$$\left(p-\frac{1}{2}\frac{\partial p}{\partial x}\mathrm{d}x\right)\mathrm{d}y\mathrm{d}z-\left(p+\frac{1}{2}\frac{\partial p}{\partial x}\mathrm{d}x\right)\mathrm{d}y\mathrm{d}z+f_x\cdot\rho\mathrm{d}x\mathrm{d}y\mathrm{d}z=0$$

化简上式并整理得

$$f_x-\frac{1}{\rho}\frac{\partial p}{\partial x}=0 \tag{2-5a}$$

同理，考虑 y、z 方向可得

$$f_y - \frac{1}{\rho}\frac{\partial p}{\partial y} = 0 \tag{2-5b}$$

$$f_z - \frac{1}{\rho}\frac{\partial p}{\partial z} = 0 \tag{2-5c}$$

式（2-5）即流体静止的微分方程，它是 1775 年由瑞士学者欧拉（L. Euler）首先提出的，故又称为欧拉平衡微分方程，对不可压缩流体和压缩流体均适用。

2.3.2　流体平衡微分方程的积分及等压面

在流体力学中经常使用等压面的概念，如水的自由表面就是等压面。等压面是指流体中压强相等的各点组成的平面或曲面。流体平衡的等压面微分方程，可通过对式（2-5）积分得到。

在给定质量力的作用下，为便于积分，将式（2-5）各式依次乘以任意的 dx、dy、dz，然后相加，整理得

$$\frac{\partial p}{\partial x}\mathrm{d}x + \frac{\partial p}{\partial y}\mathrm{d}y + \frac{\partial p}{\partial z}\mathrm{d}z = \rho\left(f_x\mathrm{d}x + f_y\mathrm{d}y + f_z\mathrm{d}z\right)$$

将 p 的全微分 $\mathrm{d}p = \frac{\partial p}{\partial x}\mathrm{d}x + \frac{\partial p}{\partial y}\mathrm{d}y + \frac{\partial p}{\partial z}\mathrm{d}z$ 代入上式得静止流体中任意两个邻近点的压强差为

$$\mathrm{d}p = \rho\left(f_x\mathrm{d}x + f_y\mathrm{d}y + f_z\mathrm{d}z\right) \tag{2-6}$$

在等压面上，p = 常数或 $\mathrm{d}p = 0$，将其代入式（2-6）便得到等压面的微分方程为

$$f_x\mathrm{d}x + f_y\mathrm{d}y + f_z\mathrm{d}z = 0 \tag{2-7a}$$

式（2-7a）也可写成矢量形式：

$$\boldsymbol{f} \cdot \mathrm{d}\boldsymbol{s} = 0 \tag{2-7b}$$

式中，$\mathrm{d}\boldsymbol{s} = \mathrm{d}x\boldsymbol{i} + \mathrm{d}y\boldsymbol{j} + \mathrm{d}z\boldsymbol{k}$，为等压面上任意线矢量。

由式（2-7b）知矢量乘积等于 0，则两矢量是相互垂直的，即等压面恒与质量力正交。在惯性坐标系下的静止流体的等压面近似一个与地球同心的球面，但在实际工程中，这个球面的有限部分可以看成水平面。

2.4　重力作用下流体静压强的基本方程

2.4.1　方程的推导

在工程实际中，流体受到的质量力只有重力。重力场中的静止流体成为流体静力学的主要研究对象。

在重力场中，流体受到的单位质量力只有 $f_z = -g$，则式（2-5）可简化为

$$-\rho g = \frac{dp}{dz} \tag{2-8}$$

流体的密度ρ变化较小，通常视为常数。单位质量力g随经度、纬度以及海拔高度而变，如赤道海平面$g=9.780\ 59\ m/s^2$，北京$g=9.801\ 71\ m/s^2$。本书取$g=9.8\ m/s^2$。

积分式（2-8）得

$$z+\frac{p}{\gamma}=C \tag{2-9}$$

式中　C——积分常数，可根据边界条件确定。

式（2-9）即重力作用下的流体静力学基本方程。

由式（2-9），静止流体中任意两点A、B，在重力场的坐标分别为z_A、z_B，压强分别为p_A、p_B，则A、B两点的压强应满足下式：

$$z_A+\frac{p_A}{\gamma}=z_B+\frac{p_B}{\gamma}=C$$

整理得

$$p_B=p_A+\gamma\ (z_A-z_B) \tag{2-10}$$

如图2-5所示，若液面压强为p_0，则由式（2-10）可知流体内任一点的静压强为

$$p=p_0+\gamma\ (z_0-z)\ =p_0+\gamma h \tag{2-11}$$

式中　h——从液面算起的计算点的淹没深度。

式(2-11)称为不可压缩静止流体的压强计算公式。

由式（2-11）知，在重力场中静止流体中的压强随淹没深度线性规律增加，与流体的体积无关。

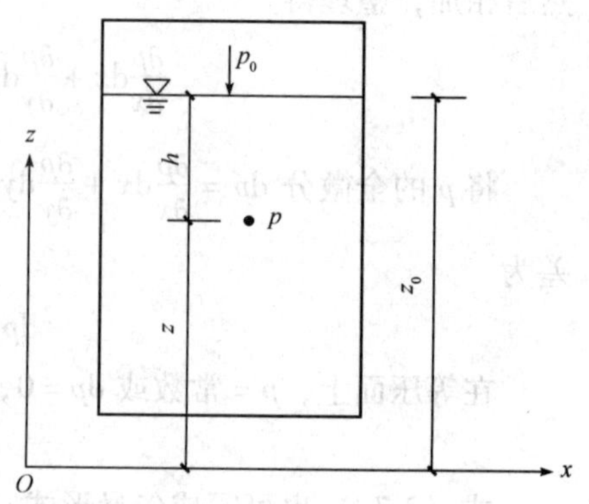

图2-5　重力作用下静止流体压强图

2.4.2　帕斯卡原理

由式（2-10）可知，若A点的压强增加Δp_A，即为$p_A+\Delta p_A$，则

$$\Delta p_B=[p_A+\Delta p_A+\gamma\ (z_A-z_B)]-[p_A+\gamma\ (z_A-z_B)]=\Delta p_A$$

可见：在平衡状态下，流体内（包括边界上）任意一点压强的变化，会等值地传递到流体中其他各点。这就是著名的压强传递的帕斯卡（B. Pascal）原理。该原理在水压机、水力起重机等水力机械设计中有广泛的应用。

2.4.3　连通器原理

如图2-6所示，在连通的静止流体中任意取两点A、B，由式（2-11）知A、B两点的静压强为

$$p_A=p_0+\gamma h_A$$
$$p_B=p_0+\gamma h_B$$

两点的压强差为

$$p_B-p_A=\gamma(h_B-h_A)=\gamma h \tag{2-12}$$

对于同一密度的流体，当 $h=0$ 时，两点压强相等，水平面就是等压面，这就是连通器原理。连通器原理在流体静压强的计算中经常用到。连通器原理必须满足三个前提：①静止流体；②同种液体；③连通容器。

例如，图 2-7 所示为装有三种流体的连通容器，其中 1、2、3、4 四点同高，5、6 两点同高。按连通器原理，可写出：

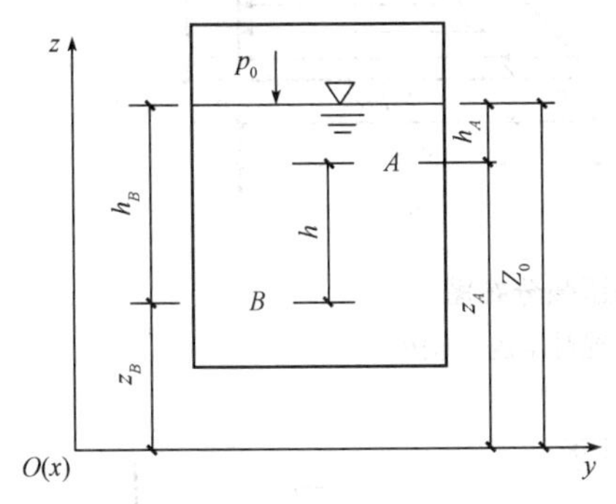

图 2-6　连通器原理

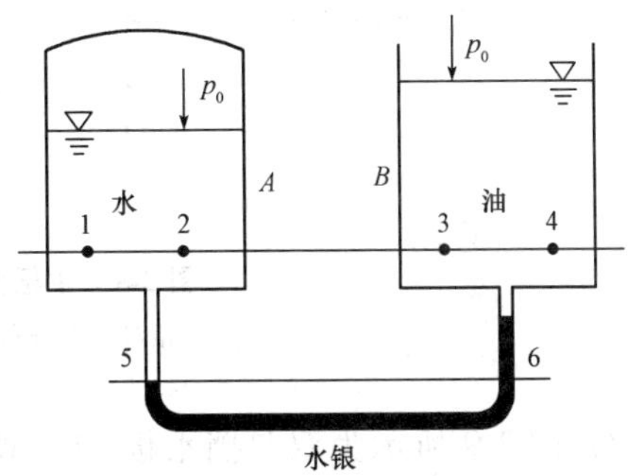

图 2-7　装有三种流体的连通容器

$$p_1=p_2,\ p_3=p_4,\ p_5=p_6$$

但 A、B 为两个被其他流体隔断了的不连通容器，故 $p_1 \neq p_3$。

2.4.4　流体静压强分布图

在实际工程中，常用流体静压强分布图来分析问题和进行计算。流体静压强分布图就是根据流体静力学基本方程和流体静压强的两个特性绘出作用在受压面上各点的静压强大小及方向的图示。下面仅对流体静压强分布图绘制方法进行介绍。

绘制流体静压强分布图的原则：

（1）以静压强 p 为横坐标，以淹没深度 h 为纵坐标；

（2）按一定比例用线段长度代表该点静压强的大小；

（3）用箭头表示静压强的方向，并与受压面垂直。

由不可压缩静止流体的压强计算公式 $p=p_0+\gamma h$ 可知，静止流体中，任一点的压强大小 p 与其所处的淹没深度 h 成正比。所以在流体静压强分布图绘制时，只任取关键点的静压强值，连成一直线，就可以绘出相对压强分布图。实际工程中，一般只画相对压强分布图，而不画绝对压强分布图。

下面举例说明不同情况下液体压强分布图的画法。

（1）图 2-8（a）所示为一铅直平板闸门 AB。A 点位于自由水面上，相对压强为零；B 点在水面下 h 处。作带箭头线段 CB，线段长度为 γh，并垂直指向 AB。连接直线 AC，并在三角形 ABC 内作数条平行于 CB 带箭头的线段，则图形 ABC 即表示 AB 面上的相对压强分布图。

如图 2-8（b）所示，A 点位于自由水面上，表面压强为 p_0；依据帕斯卡原理的压强等值传递的性质，故受表面压强 p_0 的影响，平板闸门绝对压强的分布图为图形 $ABDE$。

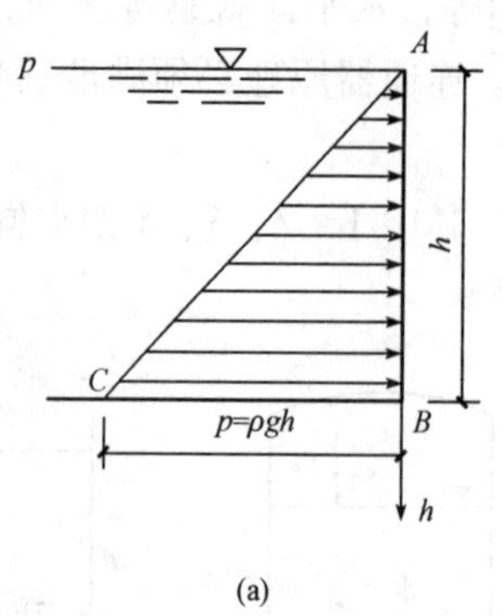

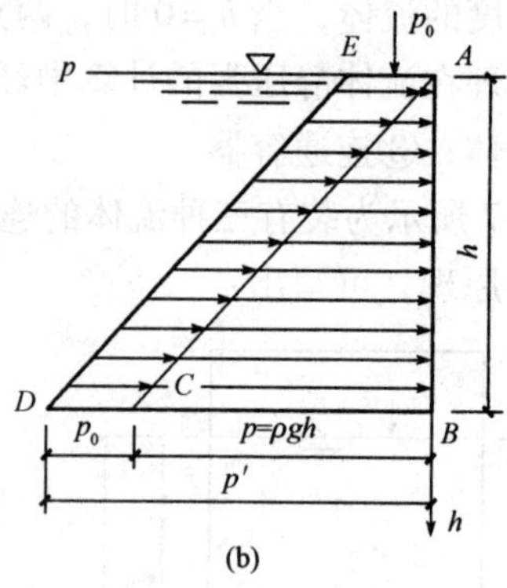

图 2-8　平板闸门的静压强分布图

(a) 相对压强分布图；(b) 绝对压强分布图

(2) 图 2-9 所示为双向挡水板 AB，两侧同时承受不同水深的静压力作用。这种情况下因闸门受力方向不同，可先分别给出左右受压面的压强分布图，然后两图叠加，消去大小相同、方向相反的部分，余下的梯形即静压强分布图。

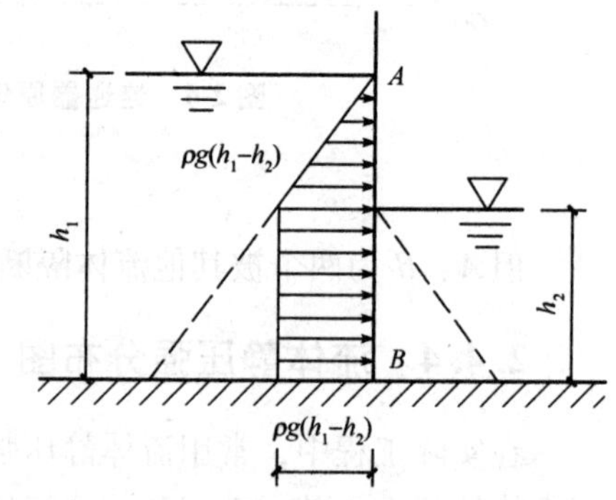

图 2-9　双向挡水板的静压强分布图

(3) 图 2-10 所示为受压面为折面的情况。AB 面的静压强分布情况按图 2-8 (a) 进行绘制。由于 B 点为两个平面的转折点，所以静压强的方向在 B 点改变。由静压强的特性知，B 点的流体静压强的各向等值。图 2-10 中 B 处的圆弧虚线表面 AB 与 BC 面上同一点的流体静压强相等，均为 ρgh_1；BC 面上的流体静压强分布图可依据图 2-8 (b) 进行绘制。

同理，可绘制出受两种不同密度流体作用的静压强分布图，如图 2-11 所示。

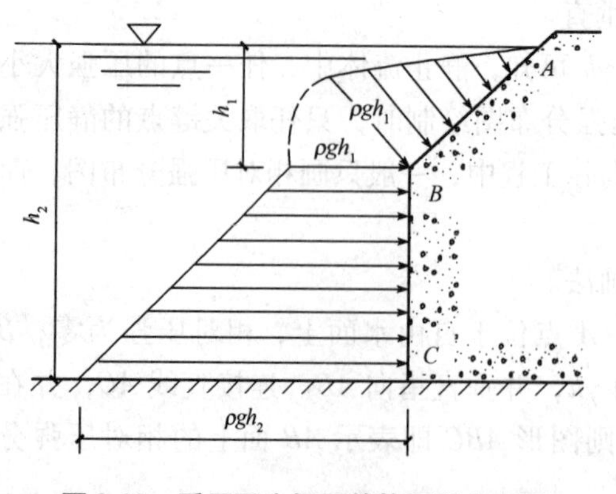

图 2-10　受压面为折面的静压强分布图

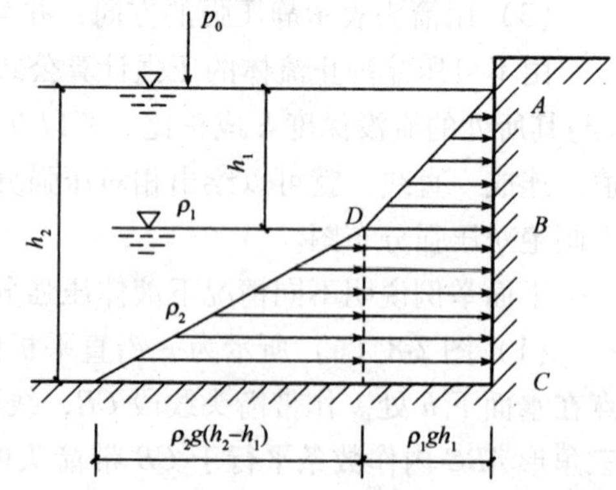

图 2-11　两种不同密度的流体静压强分布图

(4) 图 2-12 所示为受压面为曲面的情况。无论受压面是什么形状，静压强总是随水深呈线性变化，但方向会随曲面的变化而变化，形成曲线。为便于作图，可选若干个点计算其静水压强，最后用光滑的曲线连接，即曲面的静压强分布图。

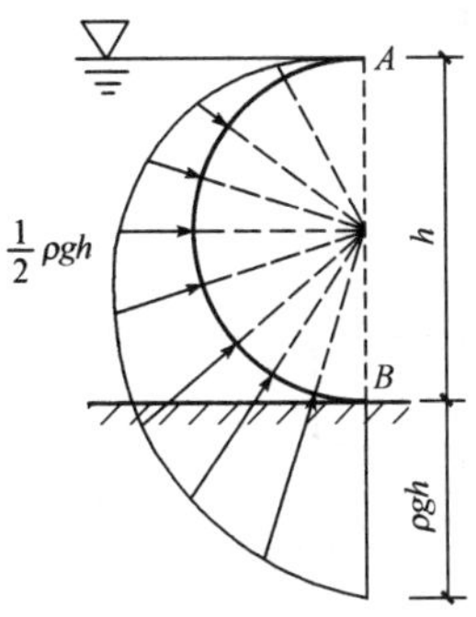

图 2-12　受压面为曲面的静压强分布图

2.5　流体压强的测量

2.5.1　流体压强的表示形式

大气压强的大小根据计量基准的不同有两种表示方法。

（1）相对压强。地球表面大气重力所产生的压强称为大气压强，以 p_a 表示。大气压强在不同地区、不同季节、不同气象条件下，数值不固定，所以又称当地大气压强。以当地大气压强为起点计算的压强称为相对压强，以 p 表示。在实际工程中，建筑物表面和自由液面多为当地大气压强 p_a，所以对建筑物进行的设计时采用相对压强可简化计算。工程上使用的测压仪表在大气压强作用下读数都为零，测出的是相对压强，因此相对压强又称为表压强。

（2）绝对压强。以设想的完全没有大气分子存在的绝对真空（或称完全真空）为起点来计算的压强，称为绝对压强，以 p'表示。

绝对压强和相对压强，是按两种不同的起量基准计算的压强，它们之间相差一个当地大气压强 p_a：

$$p = p' - p_a \tag{2-13}$$

绝对压强 p'总是正值，而相对压强 p 则可正可负。如果流体内某点的绝对压强小于当地大气压强 p_a，即其相对压强为负值，则称该点存在真空。当流体存在真空时，习惯上用真空值 p_v 来表示。真空值 p_v 是指该点绝对压强 p'小于当地大气压强 p_a 的数值，即

$$p_v = p_a - p' \tag{2-14}$$

根据式（2-13）、式（2-14），绘出几种压强之间的关系（图 2-13）。

从图 2-13 可以看出：当绝对压强高出当地大气压强（$p' > p_a$）时（如图 2-13 中的 A 点），相对压强为正（$p > 0$，称为正压）；绝对压强低于当地大气压强时（$p' < p_a$，如图 2-13 中的 B 点），相对压强为负（$p < 0$，称为负压）。而真空值（$p_v = p_a - p'$）是随着绝对压强的

减小而增大的，当 $p'=0$ 时达到最大，即 $p_{max}=p_a$；当 $p'=p_a$ 时 $p_{min}=0$。因此，真空值恒为正，且 $p_v=-p$，也可写为 $p_v=|p|$。

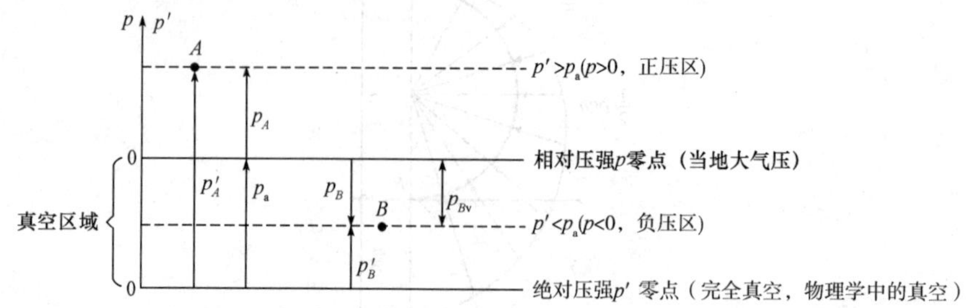

图 2-13　几种压强及真空值的相互关系

2.5.2　流体压强的度量

液体压强的度量单位有以下三种形式。

2.5.2.1　应力单位

应力单位即压强的定义单位，即单位面积上所承受的压力，其国际单位为帕斯卡（1 Pa = 1 N/m^2），或千帕（1 kPa = 1 kN/m^2）。若压强很大，常采用兆帕（1 MPa = 10^6 N/m^2）。

2.5.2.2　液柱单位

由于压强与液柱高度有 $h=\dfrac{p}{\gamma}$ 关系，所以可以用液柱高度来度量压强的大小，常用单位有米水柱（mH_2O）、毫米汞柱（mmHg）等。

2.5.2.3　大气压单位

压强的大小还可以用大气压的倍数来度量。因大气压随当地高程和气温变化而变动，作为度量单位必须给它以确定值。为便于计算，在工程技术中，当地大气压的大小常用一个工程大气压（相当于海拔 200 m 处的正常大气压强）来表示。一个工程大气强的大小规定为相当于 735 mmHg 或 10 mH_2O 对其柱底所产生的压强。

在我国计量单位中，压强的单位规定为牛顿/米^2（N/m^2）即帕斯卡（Pa）。在水力学中，为了计量方便也用米水柱（mH_2O）高来表示压强。它们之间的换算关系为

$$1\ \text{at}=98\ \text{kN/m}^2=98\ \text{kPa}=10\ \text{mH}_2\text{O}$$

【例 2.1】在如图 2-14 所示装置中，已知标高 $\nabla_1=9$ m，$\nabla_2=8$ m，$\nabla_3=7$ m，$\nabla_4=10$ m，外界大气压强为 1 个工程大气压，装置中液体均为水，试求 1、2、3、4 各点的绝对压强、相对压强（以液柱高度表示）及 M_2、M_4 两个压强表的表压强或真空值读数。

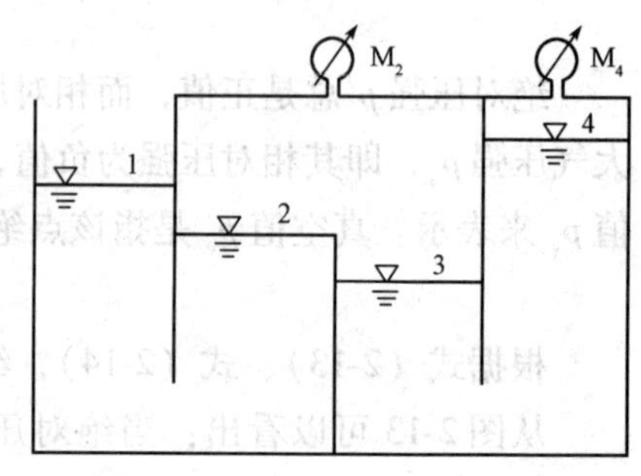

图 2-14　例 2.1 图

解：由图 2-14 可看出，水面 1 处与外界大气相连通，故

$$p_1'=p_a=98\ \text{kPa},\ p_1=0\ \text{mH}_2\text{O}$$

1 与 2 容器底部连通，根据液体静力学基本方程

$$p = p_0 + \gamma h$$

$$p_2' = p_1' + \gamma\ (\nabla_1 - \nabla_2)\ = 98 \times 10^3 + 1\ 000 \times 9.8 \times\ (9-8)\ = 1.078 \times 10^5\ (\mathrm{Pa})$$

$$p_2 = \gamma\ (\nabla_1 - \nabla_2)\ = 9 - 8 = 1\ (\mathrm{mH_2O})$$

M_2 的表压强

$$p_{表2} = 9.8 \times 10^3\ \mathrm{Pa} = 9.8\ \mathrm{kPa}$$

3、4 两点底部连通，有

$$p_4' = p_3' - \gamma(\nabla_4 - \nabla_3) = 1.078 \times 10^5 - 9.8 \times 10^3 \times\ (10-7)\ = 7.84 \times 10^4\ (\mathrm{Pa})$$

$$p_4 = p_3 - \gamma(\nabla_4 - \nabla_3) = 1 - (10-7) = -2\ (\mathrm{mH_2O})$$

M_4 可直接测得真空值：

$$p_{v4} = -p_4 = 19.6\ \mathrm{kPa}$$

2.6　流体压强的测量仪器

工程实际中经常需要测量流体的压强，如在水流模型实验中经常直接测量水流中某点的压强或两点的压强差；水泵、风机、压缩机、锅炉等均装有压力表和真空表，以便随时观测压强的大小来监测其工作状况。

流体静压强的测量仪表主要有金属式测压计、电测式测压计、液柱式测压计三类。

2.6.1　金属式测压计

金属式测压计使待测压强与金属弹性元件变形成比例，其量程较大，多用于液压传动。

2.6.2　电测式测压计

电测式测压计是将弹性元件的机械变形转化成电阻、电容、电感等进行测量压强的仪器，便于远距离测量及动态测量。

2.6.3　液柱式测压计

液柱式测压计是根据流体静压强的基本原理，利用液柱高度来表示液体静压强的测量仪器。液柱式测压计构造简单、直观、方便和经济，在工程上得到广泛应用。它的精度高，但量程小，一股用于低压实验场所。常见的有下列几种。

（1）测压管测压计。如图 2-15 所示，若在盛水封闭容器壁上任一点 A 处开一个小孔，连上一根上端与大气相通的玻璃管，称为测压管，在 A 点压强的作用下，液体将沿测压管升至 h_A 高度。从测压管看，A 点的相对压强 $p_A = \gamma h_A$，即

$$h_A = \frac{p_A}{\gamma}$$

可见，液体中任一点的相对压强可以用测压管内的液体高度（称为测压管高度）来表示。

在工程流体力学中，把任一点的相对压强高度（即测压管高度）$\frac{p}{\gamma}$与该点相对于基准面的位置高度 z 之和称为测压管水头。图 2-15 中 A 点的测压管水头便为 $z_A+\frac{p_A}{\gamma}$。由式（2-12）知，在连续均质的静止流体中，各点的测压管水头保持不变。

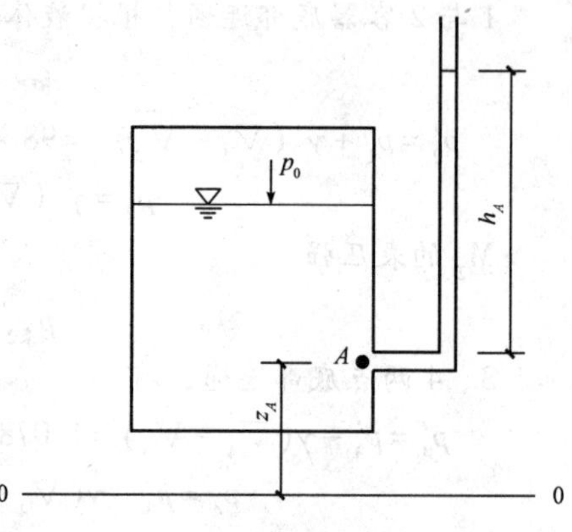

图 2-15　测压管

测压管测出的是绝对压强与当地大气压强之差，即相对压强，在图 2-15 中读出测压管中液柱高度后，就可算出点的相对压强。测压管的优点是结构简单，测量精度较高；缺点是只能测量较小的液体压强。当相对压强大于 0.2 个工程大气压时，就需要 2 m 以上高度的测压管，使用时很不方便。

（2）U 形管测压计。当被测流体压强较大或测量气体压强时，常采用图 2-16 所示的 U 形管测压计。U 形管中的液体，根据被测流体的种类及压强大小不同，一般可采用水、酒精或水银。由测压计上读出h、h_p后，根据流体静力学基本方程式（2-12），有

$$p_1=p_A+\gamma h$$

$$p_2=\gamma_p h_p$$

由于 U 形管 1、2 两点在同一等压面上，$p_1=p_2$，由此可得 A 点的相对压强

$$p_A=\gamma_p h_p-\gamma h \tag{2-15}$$

当被测流体为气体时，由于气体重度较小，式（2-15）中最后一项可以忽略不计。

（3）U 形管真空计。当被测流体的绝对压强小于当地大气压强时，可采用如图 2-17 所示的 U 形管真空计测量其真空压强（真空值）。计算方法与 U 形管测压计类似，图 2-17 中 A 点的真空值为

$$p_v=\gamma_p h_p+\gamma h \tag{2-16}$$

同样，若被测流体为气体时，式（2-16）中最后一项可忽略不计。

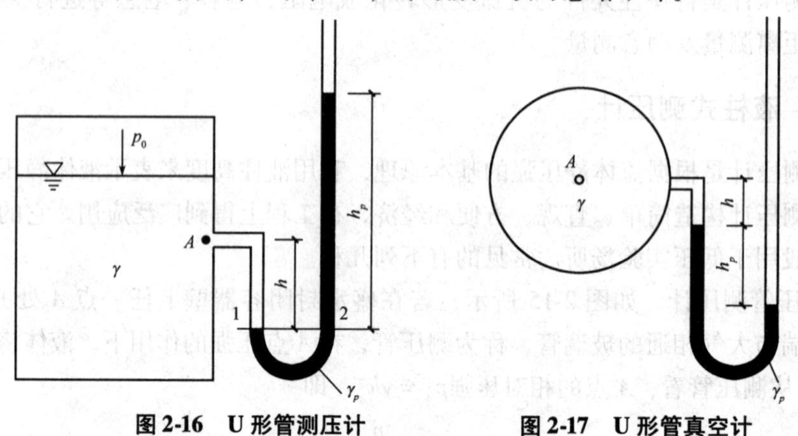

图 2-16　U 形管测压计　　　图 2-17　U 形管真空计

(4) U形管差压计。在需测定流体内两点的压强差或测定测压管水头差时，采用如图2-18所示的U形管差压计极为方便。由图2-18知

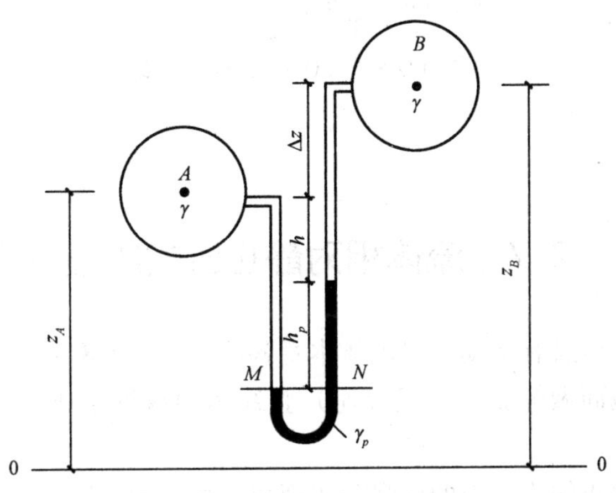

图2-18 U形管差压计

$$p_M = p_A + \gamma\ (h + h_p)$$
$$p_N = p_B + \gamma\ (\Delta z + h) + \gamma_p h_p$$

因为水平面 MN 为等压面，故$p_N = p_M$，即

$$p_A + \gamma\ (h + h_p) = p_B + \gamma\ (\Delta z + h) + \gamma_p h_p$$

整理上式，可得 A、B 压强差为

$$p_A - p_B = \gamma\Delta z + \ (\gamma_p - \gamma)\ h_p \tag{2-17}$$

若将$\Delta z = z_B - z_A$ 代入式(2-17)，化简整理可得 A、B 两压源的测压管水头差为

$$\left(z_A + \frac{p_A}{\gamma}\right) - \left(z_B + \frac{p_B}{\gamma}\right) = \left(\frac{\gamma_p}{\gamma} - 1\right)h_p \tag{2-18}$$

【例2.2】 如图2-19所示，密闭盛水容器侧壁上方装有读数 $h_p = 20$ cm 的U形管水银测压计，试求安装在液面下 $h = 3.0$ m 处的金属压力表读数。

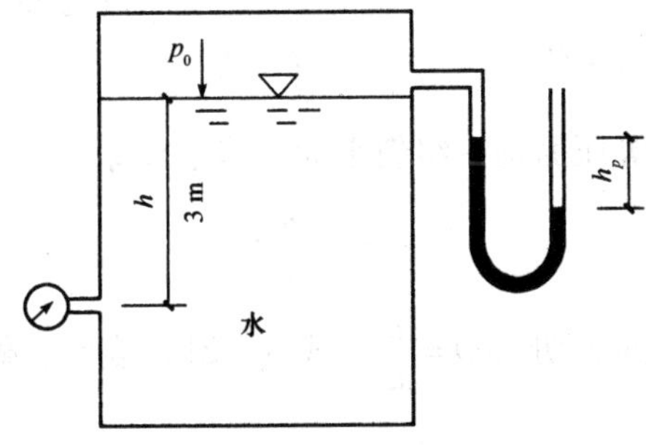

图2-19 例2.2图

解： 据U形管水银测压计可得容器液面相对压强

$$p_0 = 0 - \gamma_p h_p$$

则金属压力表读数

$$p = p_0 + \gamma h = -\gamma_p h_p + \gamma h$$
$$= \gamma\left(h - \frac{\gamma_p}{\gamma} h_p\right)$$
$$= 9\ 800 \times (3.0 - 13.6 \times 0.2) = 2\ 744\ (\text{Pa})$$

2.7　流体相对静止时的压强分布

若流体相对于地球虽有运动，但流体本身各质点之间没有相对运动，这种运动状态称为相对静止。相对于地面做等加速（或等速）直线运动或等角速旋转运动的容器中的流体都是相对静止的流体。

研究处于相对静止的流体中的压强分布规律，最好的方法是采用理论力学中处理相对运动问题的方法，即将坐标系置于运动容器上，流体相对于该坐标系是静止的，于是这种运动问题便可作为静力学问题来处理。但须注意：与重力作用下的静止流体不同，相对静止流体的质量力除了重力，还有牵连的惯性力。

2.7.1　做等加速度直线运动的流体的压强分布

如图2-20所示，容器及其内流体沿水平方向以等加速度 a 做直线运动。取 z 轴为海拔高度方向，x 轴向右。流体受到的质量力为

$$f_x = -a,\ f_z = -g$$

由静止流体中压强差公式（2-6）得

$$\mathrm{d}p = \rho\ (-a\mathrm{d}x - g\mathrm{d}z) \tag{2-19}$$

等压面 $\mathrm{d}p = 0$ 时的微分方程是

$$-a\mathrm{d}x - g\mathrm{d}z = 0$$

对上式积分得

$$z = -\frac{a}{g}x + C \tag{2-20}$$

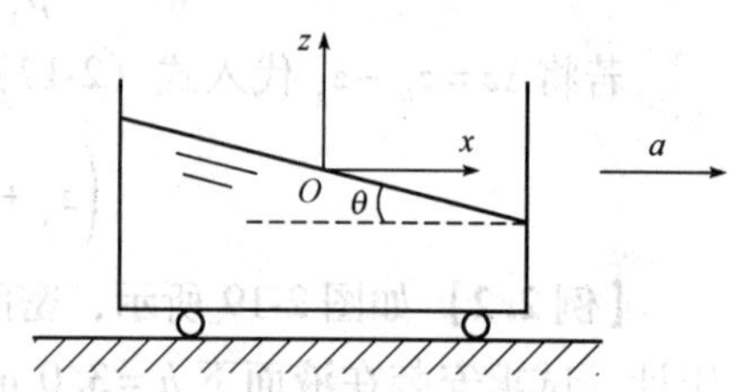

图 2-20　做等加速直线运动的流体

从式（2-20）可看出，等压面是一组斜平面。将坐标原点取在液面上，则液面的方程为

$$z_0 = -\frac{a}{g}x \tag{2-21}$$

显然，斜面的水平倾角的正切 $\tan\theta = \frac{a}{g}$。式（2-21）表明，做等加速直线运动的流体中各点的测压管水头不相等。

对式（2-19）积分得

$$p = \rho(-ax - gz) + C$$

坐标原点处流体的压强等于大气压 p_{a}，因此上式的积分常数 $C = p_{\mathrm{a}}$，代入上式整理得

$$p - p_{\mathrm{a}} = \rho g\left(-\frac{a}{g}x - z\right) = \rho g(z_0 - z) = \rho g h \tag{2-22}$$

这里，$h=z_0-z$ 是淹没深度。式（2-22）表明，做等加速直线运动的流体中各点的静压强随淹没深度的变化仍是线性关系。

2.7.2　等角速旋转容器内的流体的压强分布

如图 2-21 所示，盛有流体的容器绕其中心铅垂线做等角速旋转时，由于重力和离心惯性力的作用，流体表面成为一个类似漏斗形状的旋转面。取 x、y 轴在水平面上，z 轴为旋转轴，竖直向上。设任意一点到 z 轴的距离为 r，流体质点在该点的向心加速度为 $a_r=\omega^2 r$，惯性力为离心力。单位质量的流体的质量力沿各方向的分量分别为

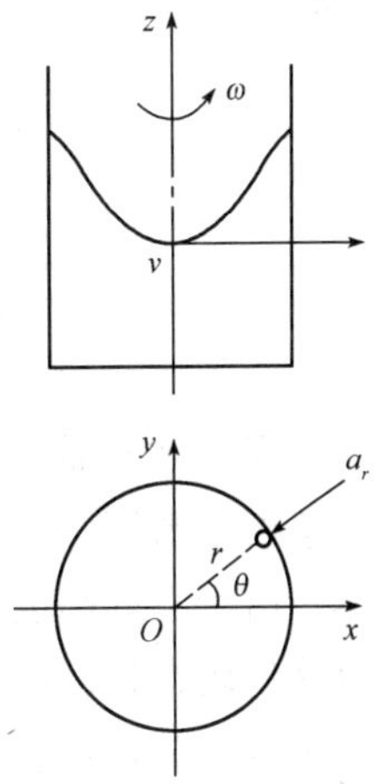

$$f_x=\omega^2 r\cos\theta=\omega^2 x$$

$$f_y=\omega^2 r\sin\theta=\omega^2 y$$

$$f_z=-g$$

图 2-21　等角速旋转容器内的流体

代入静力学微分方程式（2-6）得

$$\mathrm{d}p=\rho\left(\omega^2 x\mathrm{d}x+\omega^2 y\mathrm{d}y-g\mathrm{d}z\right)$$

等压面 $\mathrm{d}p=0$ 时的微分方程为

$$\omega^2(x\mathrm{d}x+y\mathrm{d}y)-g\mathrm{d}z=0$$

对上式积分得

$$\omega^2\frac{x^2+y^2}{2}-gz=C \tag{2-23}$$

从式（2-23）可看出，等压面是一组旋转抛物面。设坐标原点在流体表面中心的最低点，则流体表面方程为

$$z_0=-\frac{1}{2g}\omega^2 r^2 \tag{2-24}$$

压强分布为

$$p=\rho g\left(\frac{1}{2g}\omega^2 r^2-z\right)+C \tag{2-25}$$

由于坐标原点的压强为大气压 p_a，因此积分常数 $C=p_a$，故

$$p-p_a=\rho g\left(\frac{1}{2g}\omega^2 r^2-z\right)=\rho g(z_0-z)=\rho gh \tag{2-26}$$

淹没深度 h 从流体表面起算。由式（2-26）可看出，等角速旋转容器内的流体在同一个水平面上，$z=$常数，r 越大，流体的压强越大。

【例 2.3】 用离心铸造机铸造车轮时，铁液密度 $\rho=7\ 000\ \mathrm{kg/m^3}$，已知 $h=200\ \mathrm{mm}$，$\omega=20\pi\ \mathrm{rad/s}$，$D=900\ \mathrm{mm}$（见图 2-22），求铁液对于圆平面 A—A 的总压力。

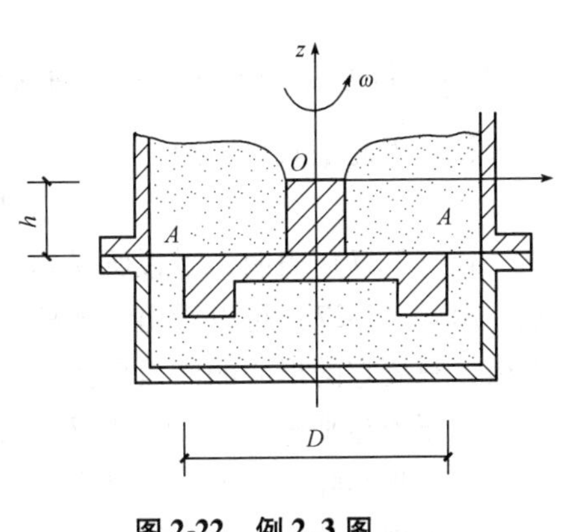

图 2-22　例 2.3 图

解： 铁液的压强分布为

$$p-p_a=\rho g\left(\frac{1}{2g}\omega^2 r^2-z\right)$$

在平面 A—A 上，$z=-h$，A—A 面受到的铁液的总压力为

$$F=\int_0^r(p-p_a)\ 2\pi r\mathrm{d}r=2\pi\rho g\left(\frac{\omega^2}{2g}\frac{r^4}{4}+\frac{1}{2}hr^2\right)$$

将 $\rho=7\ 000\ \mathrm{kg/m^3}$，$\omega=20\pi\ \mathrm{rad/s}$，$r=D/2=0.45\ \mathrm{m}$，$h=0.2\ \mathrm{m}$ 代入上式得 $F=897.4\ \mathrm{kN}$。

2.8 静止流体作用在平面上的总压力

工程上常常需要计算桥墩、油箱、水坝、闸门等建筑物上所受到的流体静压力。对于气体，忽略其密度，压强处处相等，所以总压力的大小等于压强与受压面面积的乘积；而对于液体，由于不同高度处压强不相等，计算总压力时就需考虑压强的分布。本节将讨论如何确定液体作用在接触面上的总压力，包括其大小、方向和作用点。

确定流体作用在平面上的静压力的方法有解析法与图算法两种。

2.8.1 解析法

如图 2-23 所示，有一块平板，其水平倾角为 θ，左边承受流体压力，右边承受大气压力。设此平板所在的平面与流体表面的交线为 x 轴，y 轴沿板面朝下，坐标原点设在流体表面上。为了展示平板的形状，图 2-23 中画出了在流体一侧观察到的平面形状图。

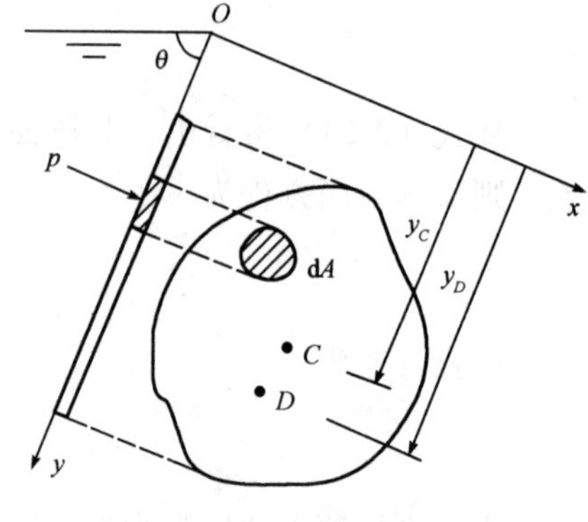

图 2-23 双侧受压平板

在此平板上任取一个微元面积 dA，则其受到的总静压力为

$$\mathrm{d}F=p\mathrm{d}A=\rho gh\mathrm{d}A=\rho gy\sin\theta\mathrm{d}A$$

上式中淹没深度为 h，显然 $h=y\sin\theta$。对上式积分得

$$F=\int_A p\mathrm{d}A=\rho g\sin\theta\int_A y\mathrm{d}A$$

式中，$\int_A y\mathrm{d}A$ 表示图形面积对 x 轴的静矩，它等于图形的面积 A 与其形心 C 到 x 轴的距离 y_C 的乘积。因此上式可写成

$$F=\rho gy_C A\sin\theta=\rho gh_C A \tag{2-27}$$

式（2-27）表明，平板所受到的总静压力等于平板形心 C 的相对压强与平板面积的乘积。由式（2-27）可以看出，平板所受到的总静压力的大小与倾角、形状无关，对于某一块平板，只要它的形心的淹没深度 h_C 不变，无论倾角如何变化，总静压力的大小是不变的；由于总压力与平板面垂直，所以平板倾角变化后总静压力的作用方向是随之变化的。

在工程实际中，不但要确定总静压力 F 的大小，还要确定总静压力的作用位置。利用合力矩定理，就可求出总静压力的作用位置。

图 2-23 所示平板所受到的总静压力可按式（2-27）计算，设此总静压力的作用点为 D，坐标值为 x_D、y_D，于是合力对 x 轴的矩为 Fy_D。

微元面积 dA 所受到的压力对于 x 轴的矩等于所有微元面积上的压力对该轴的矩，则有

$$\mathrm{d}M = \rho g y^2 \sin\theta \mathrm{d}A$$

对上式积分得

$$M_x = \rho g \sin\theta \int_A y^2 \mathrm{d}A = \rho g \sin\theta J_x$$

同理，合力对 y 轴的矩为

$$M_y = \rho g \sin\theta \int_A xy \mathrm{d}A = \rho g \sin\theta J_{xy}$$

式中　J_x——面积图形对 x 轴的惯性矩；

J_{xy}——面积图形对 x、y 两轴的惯性矩。

根据平行移轴原理，任何平面图形对某轴的惯性矩等于它对平行于该轴的形心轴的惯性矩与图形面积乘以两轴之距离的二次方的和，任何平面图形对于两条互相垂直的轴的惯性积等于它对平行于该两轴的形心轴的惯性积与面积乘以两平行轴间距的乘积之和，即

$$J_x = J_{Cx} + y_C{}^2 A$$

$$J_{xy} = J_{Cxy} + x_C y_C A$$

因此总静压力作用点的坐标为

$$y_D = y_C + \frac{J_{Cx}}{y_C A} \tag{2-28a}$$

$$x_D = x_C + \frac{J_{Cxy}}{y_C A} \tag{2-28b}$$

惯性积 J_{Cxy} 可正可负，故 x_D 可能大于也可能小于 x_C。如果平板对称，则 $J_{Cxy}=0$，$x_D = x_C$。而 $J_{Cx}>0$，故 $y_D > y_C$，即总静压力作用点总是在形心 C 的下方。

实际工程中受压平面常为轴对称平面（对称轴与 y 轴平行），如矩形、梯形、圆形等，则总静压力的作用点 D 必然位于此对称轴上，即 $x_D = x_C$。若受压面为非对称平面，则还应求出 x_D，以确定总静压力的作用点 D 的位置。

为便于计算，现将工程上常用的几何平面图形的图形面积、形心位置、惯性矩列于表 2-1，以供参考。

表 2-1　工程学上用的几何平面特性

几何图形	图形形状及有关尺寸	面积 A	形心位置	惯性矩
矩形	y_C　C　h　b	bh	$\frac{h}{2}$	$\frac{bh^3}{12}$

续表

几何图形	图形形状及有关尺寸	面积 A	形心位置	惯性矩
三角形	y_C, h, C, b	$\frac{bh}{2}$	$\frac{2h}{3}$	$\frac{bh^3}{36}$
梯形	a, y_C, C, h, b	$\frac{h(a+b)}{2}$	$\frac{h(a+2b)}{3(a+b)}$	$\frac{h^3(a^2+4ab+b^2)}{36(a+b)}$
圆形	r, C, y_C	πr^2	r	$\frac{\pi r^4}{4}$
半圆形	r, y_C, C	$\frac{\pi r^2}{2}$	$\frac{4r}{3\pi}$	$\frac{(9\pi^2-64)r^4}{72\pi}$
椭圆	y_C, C, $2a$, $2b$	πab	a	$\frac{\pi a^3 b}{4}$

【例 2.4】 如图 2-24 所示，在蓄水池垂直挡水墙上的泄水孔处，装有尺寸为 $b\times h=1\ \text{m}\times0.5\ \text{m}$ 的矩形闸门，闸门上 A 点用铰链与挡水墙相连，A 点距液面高度 $h_0=2\ \text{m}$，开启闸门的锁链连接于闸门下缘 B 点，并与水面成 45°。忽略闸门自重及铰链的摩擦力，求开启闸门所需的最小拉力 T。

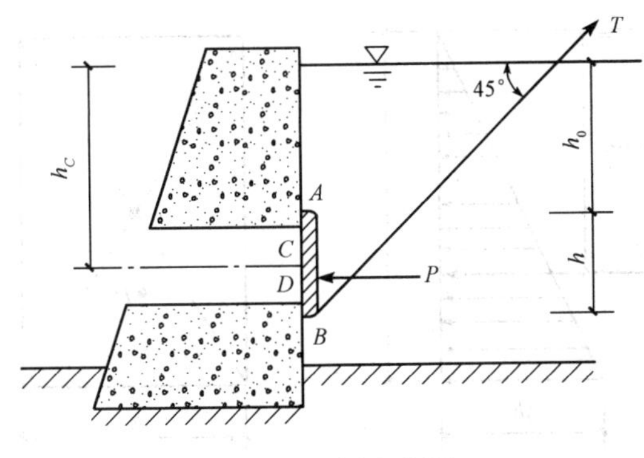

图 2-24　例 2.4 图

解：闸门形心水深

$$h_C = h_0 + \frac{h}{2} = 2 + \frac{0.5}{2} = 2.25\ (\text{m})$$

由式（2-27）计算闸门所受的静水总压力

$$P = \rho g h_C A = 1\,000 \times 9.8 \times 2.25 \times 1 \times 0.5 = 11.025\ (\text{kN})$$

由式（2-28）得总静压力的作用点 D 位置

$$y_D = y_C + \frac{J_{Cx}}{y_C A} = 2.25 + \frac{\frac{1}{12} \times 1 \times 0.5^3}{2.25 \times 1 \times 0.5} = 2.26\ (\text{m})$$

对铰链 A 列力矩平衡关系式 $\sum m_A = 0$，得

$$T\cos45°h = P\ (y_D - h_0)$$

则

$$T = \frac{P\ (y_D - h_0)}{\cos45°h} = \frac{11.025 \times\ (2.26 - 2)}{0.5 \times \frac{\sqrt{2}}{2}} = 8.11\ (\text{kN})$$

当 $T \geqslant 8.11$ kN 时，闸门被开启。

2.8.2　图算法

工程中的平板闸门、水池边壁等多为上、下边与流体面平行的矩形受压平面，对于这些特殊的受压平面，图算法能够很简捷地求得流体静压力的大小和位置，并且便于直观地进行受压结构受力分析。图算法需先绘出流体静压强分布图，然后根据压强分布图计算总静压力。

如图 2-25 所示，取高为 h、宽为 b 的铅直矩形平面，其顶面恰好与自由流体面齐平。引用静止流体作用在平面上的总静压力公式（2-27），有

$$F = \rho g \frac{h}{2} bh = \frac{1}{2}\rho g h^2 b = \frac{1}{2}\gamma h^2 b$$

式中　$\frac{1}{2}\gamma h^2$——静压强分布图示的面积（用 A_P 表示）。因此上式可写成

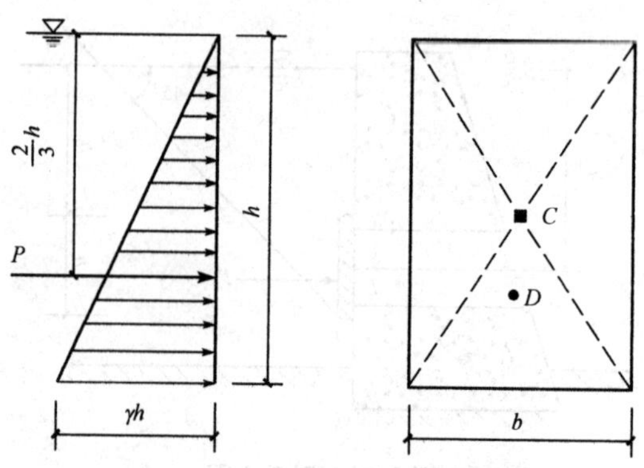

图 2-25　矩形平面的压强分布图

$$F = A_P b \tag{2-29}$$

式（2-29）表明，静止流体作用在矩形平面上的总静压力恰等于以压强分布图的面积为底，高度为 b 的柱体体积，而通过其重心所引出的水平线与受压面的交点便是总静压力的作用点 D。不难看出，在图 2-25 所示这一具体情况下，D 点位于自由流体面下 $\frac{2}{3}h$ 处。

【例 2.5】用图算法计算例 2.4。

解：绘出压强分布如图 2-26 所示，由式（2-29）得流体静压力的大小为

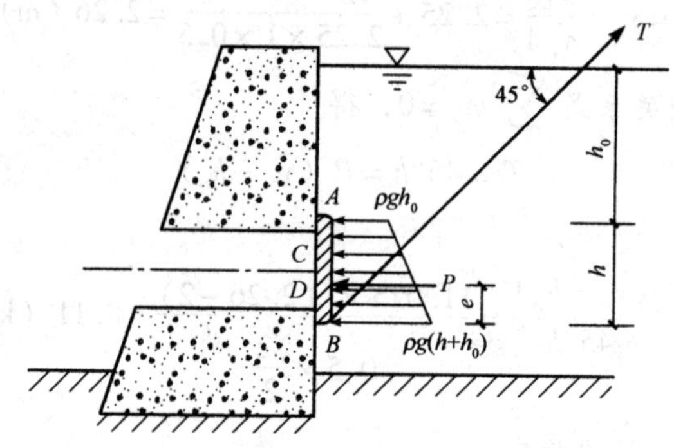

图 2-26　例 2.5 图

$$\begin{aligned} P = A_P b &= \frac{1}{2}\rho g(2h_0 + h)hb \\ &= \frac{1}{2} \times 1 \times 9.8 \times (2 \times 2 + 0.5) \times 0.5 \times 1 \\ &= 11.025\ (\text{kN}) \end{aligned}$$

由式（2-28）计算总静压力作用点 D 距 B 点的距离

$$e = \frac{h\ (3h_0 + h)}{3\ (2h_0 + h)} = \frac{0.5 \times (3 \times 2 + 0.5)}{3 \times (2 \times 2 + 0.5)} = 0.24\ (\text{m})$$

对铰链 A 列力矩平衡关系式 $\sum m_A = 0$，得

$$T\cos 45° h = P\ (h - e)$$

则

$$T=\frac{P\ (h-e)}{\cos45°h}=\frac{11.025\times\ (0.5-0.24)}{0.5\times\frac{\sqrt{2}}{2}}=8.11\ (\mathrm{kN})$$

当 $T\geqslant8.11$ kN 时，闸门被开启。

由此可见，解析法和图算法得到的结果是相同的。

2.9　静止流体作用在曲面上的总压力

曲面分为二维曲面和三维曲面。二维曲面是母线在一条曲线（准线）上连续滑动所形成的曲面，也称柱面。二维曲面只有一个主曲率。三维曲面也称空间曲面，它有两个主曲率。工程上使用的曲面多为二维曲面，如弧形闸门、水管壁面等。本节主要讨论二维曲面的总压力。

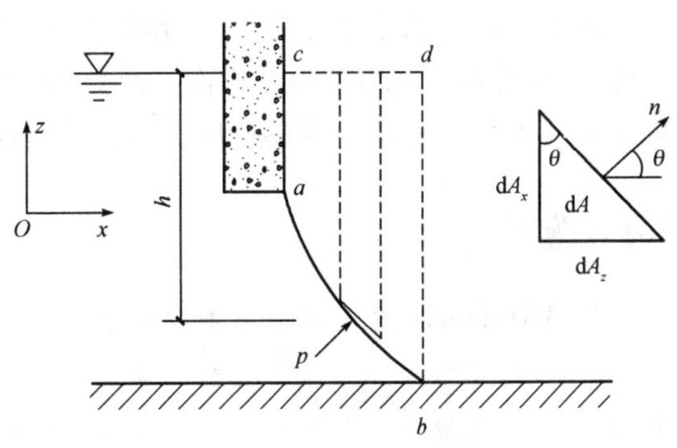

图 2-27　双侧受压的曲面

图 2-27 中的 ab 为二维曲面，其母线与纸面垂直。曲面左侧承受液体压力，右侧承受大气压。在曲面上任取一个微元面积 $\mathrm{d}A$，设其形心的淹没深度为 h，它受到的液体压力为

$$\mathrm{d}F=p\mathrm{d}A=\rho gh\mathrm{d}A$$

对上式积分得

$$F=\rho g\int_A h\mathrm{d}A$$

设合力 $\mathrm{d}F$ 的作用方向与水平的 x 轴的夹角为 θ。显然不同位置的微元面积的水平夹角是不同的，曲面上各处的压力就组成一个空间力系。将这个空间力系投影到坐标方向。曲面所受到的总压力在 x 轴方向的分量为

$$F_x=\rho g\int_A h\mathrm{d}A\cos\theta$$

设 A_x 是曲面 ab 在 x 轴方向的投影面积，则有

$$F_x=\rho g\int_A h\mathrm{d}A_x=\rho gh_{x_c}A_x \tag{2-30}$$

式中，$\int_A h\mathrm{d}A_x$ 表示平面 $\mathrm{d}A_x$ 对 x 轴的静矩，由理论力学知识知 $\int_A h\mathrm{d}A_x$ 等于投影面积 A_x 与其形心 C 到 x 轴的距离 h_{x_c} 的乘积。由式（2-30）可见曲面所受到的液体总压力在 x 轴方向的分量等于曲面在 x 轴方向的投影面积 A_x 的形心处的压强 ρgh_{x_c} 与面积投影值 A_x 的乘积。

同理得曲面 ab 在 z 轴方向的分力

$$F_z = \rho g\int_A h\mathrm{d}A\sin\theta = \rho g\int_A h\mathrm{d}A_z$$

式中，$\int_A h\mathrm{d}A_z$ 为曲面 ab 上的液柱体积，常称为压力体，记为 v_p，故上式可写成

$$F_z = \rho g v_p \tag{2-31}$$

由此可见，作用在曲面 ab 上的总压力的铅垂分力 F_z 等于其压力体的液重。

已知 F_x 和 F_z，便可求出总压力 F 的大小和方向：

$$F = \sqrt{F_x^{\ 2} + F_z^{\ 2}} \tag{2-32}$$

$$\alpha = \arctan\frac{F_z}{F_x} \tag{2-33}$$

式中　α——总压力 F 的作用线与水平线间的夹角。

由于总压力的水平分力 F_x 的作用线通过 A_x 的压力中心，铅垂分力 F_z 的作用线通过压力体 v_p 的重心，且均指向受压面，故总压力的作用线必通过上述两条作用线的交点，其方向由式（2-33）确定。这条总压力作用线与曲面的交点即总压力在曲面上的作用点。

习　题

1. 350 mmHg 的压强等于多少 Pa？[46.66 kPa]

2. 一封闭水箱如2题图所示，金属测压计测得的压强值为4 900 Pa，测压计中心比 A 点高0.5 m，A 点在液面下1.5 m处。求液面的绝对压强及相对压强。[−4 900 Pa，93 100 Pa]

3. 如3题图所示，一直立的煤气管，为求管中煤气的密度，在高度差 $H=20$ m 的两个断面上安装U形管测压计，其内工作液体为水。已知管外空气的密度为 $\rho=1.28\ \mathrm{kg/m^3}$，测压计读数 $h_1=100$ mm，$h_2=115$ mm。若忽略U形管测压计中空气密度的影响，试求煤气管中煤气的密度。[5.25 N/m^3]

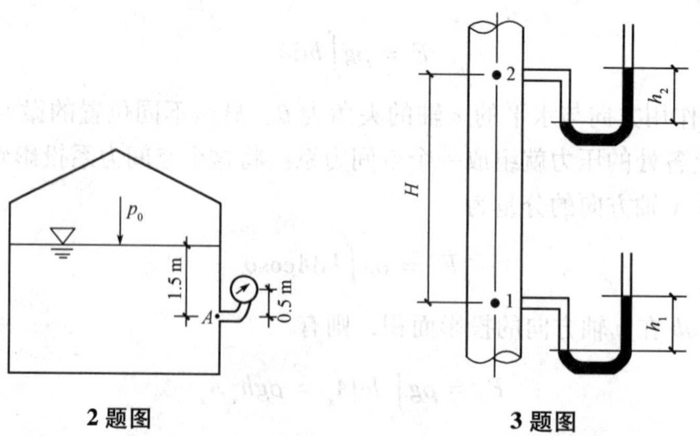

2题图　　　　3题图

4. 如4题图所示，$h_1=0.25$ m，$h_2=1.61$ m，$h_3=1$ m，试根据水银压力计的读数，求水管 A 内的真空度及绝对压强（设大气压的压力水头为10 m）。[68 015 Pa，33 310 Pa]

5. 5题图所示为量测容器中 A 点压强的真空计。已知 $z=1$ m，$h=2$ m，求 A 点的真空值。[9 800 Pa]

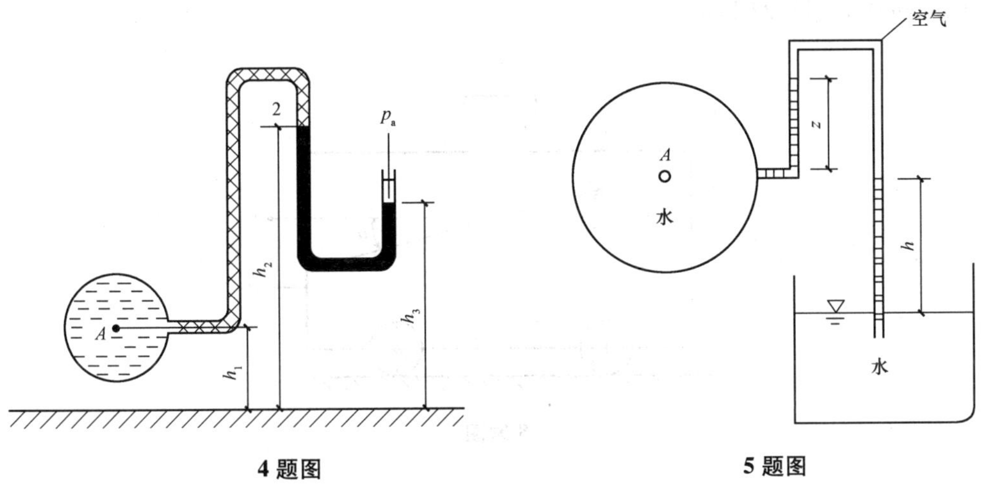

4 题图　　　　5 题图

6. 如 6 题图所示，根据复式水银（水银重度为 133.28 kN/m^3）测压计所示读数，z_1 = 1.8 m，z_2 = 0.8 m，z_3 = 2.0 m，z_4 = 0.9 m，z_A = 1.5 m，z_0 = 2.5 m，求压力水箱液面的相对压强 p_0。[252.5 kPa]

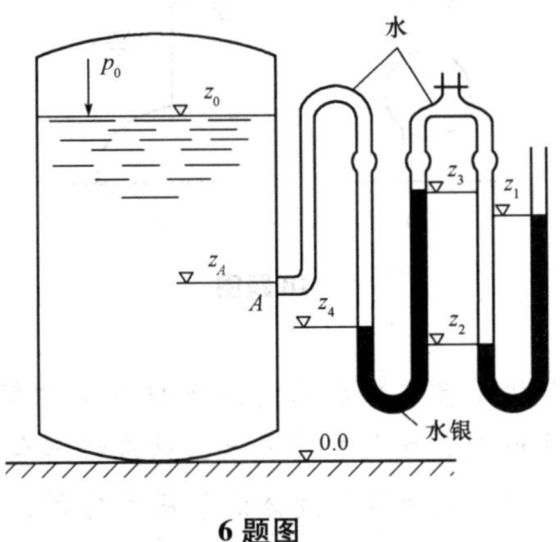

6 题图

7. 画出 7 题图中各 AB 面上的液体静压强分布图。

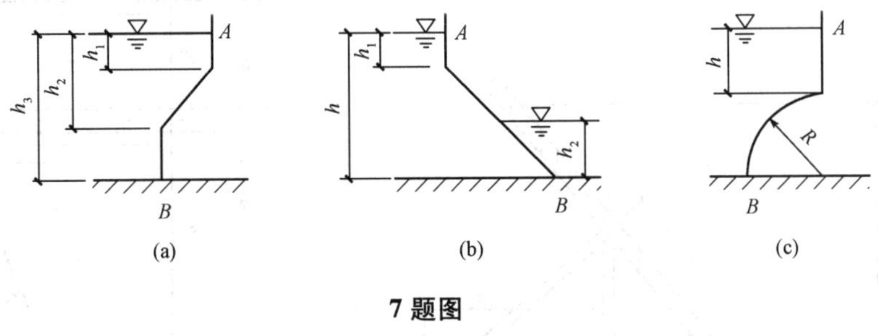

7 题图

8. 一洒水车以等加速度 a = 0.98 m/s^2 向前行驶，如 8 题图所示，试求车内自由液面与水平面的夹角 α；若 A 点在运动前位于 x_A = −1.5 m，z_A = −1.0 m，试求 A 点的相对压强

p_A。[arctan 0.1，11.27 kPa]

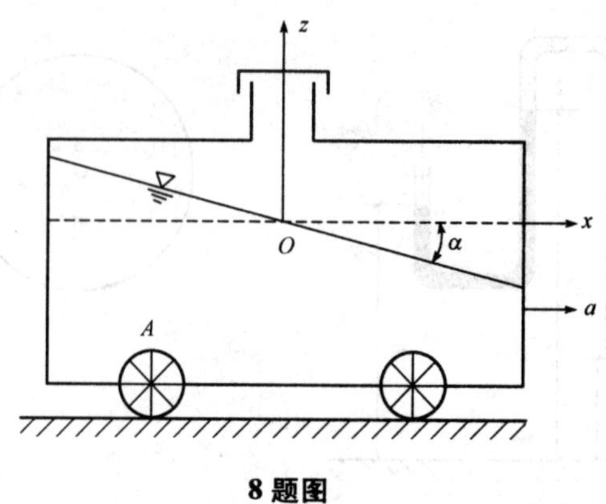

8 题图

9. 设有一密闭盛水容器的水面压强为 p_0，试求该容器做自由落体运动时，容器内水的压强分布规律。

10. 绘出 10 题图中各个曲面上的压力体，并标示出曲面所受的垂直分力的作用方向。

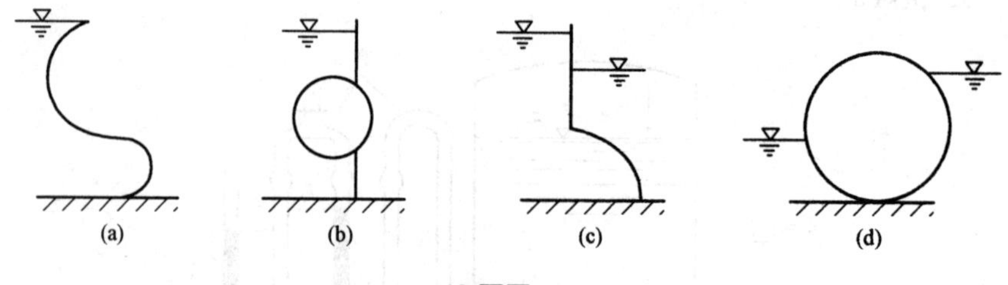

10 题图

11. 如 11 题图所示，自动开启式矩形闸门铰链 O 转动的倾角 $\alpha=60°$，当闸门左侧水深 $h_1=2$ m，右侧水深 $h_2=0.4$ m 时，闸门自动开启，试求铰链至水闸下端的距离 x。[0.8 m]

12. 如 12 题图所示，闸门一侧受两种液体的静压力作用，其倾角 $\alpha=60°$，上部的油层深 $h_1=1$ m，下部水深 $h_2=2$ m，油的重度 $\gamma_p=8$ kN/m^3，试求作用在闸门 ab 单位宽度上的液体总压力。[45.72 kN]

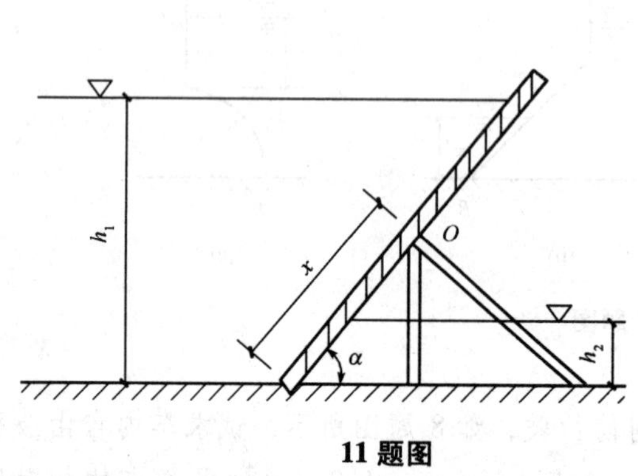

11 题图

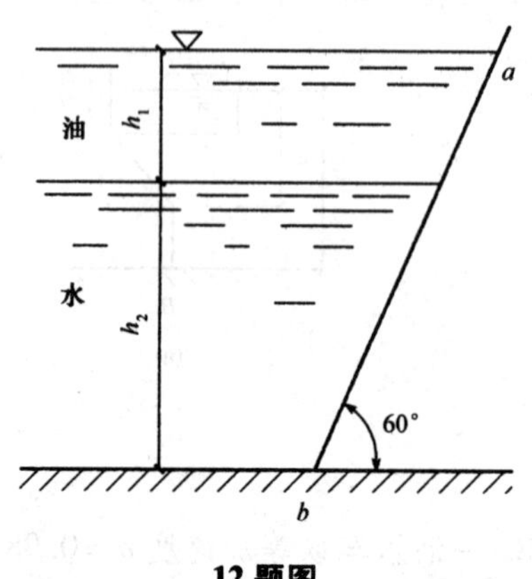

12 题图

13. 如13题图所示，一弧形闸门，门前水深H为3 m，α为45°，半径R为4.24 m，试计算1 m宽的门面上所受的静水总压力并确定其方向。[45.6 kN]

14. 14题图所示为一个球形容器由两个半球用n个螺栓连接而成，内盛重度为γ的液体，求每一连接螺栓所受的拉力。[$T=\frac{1}{n}\gamma\pi R^2\left(H+\frac{R}{3}\right)$]

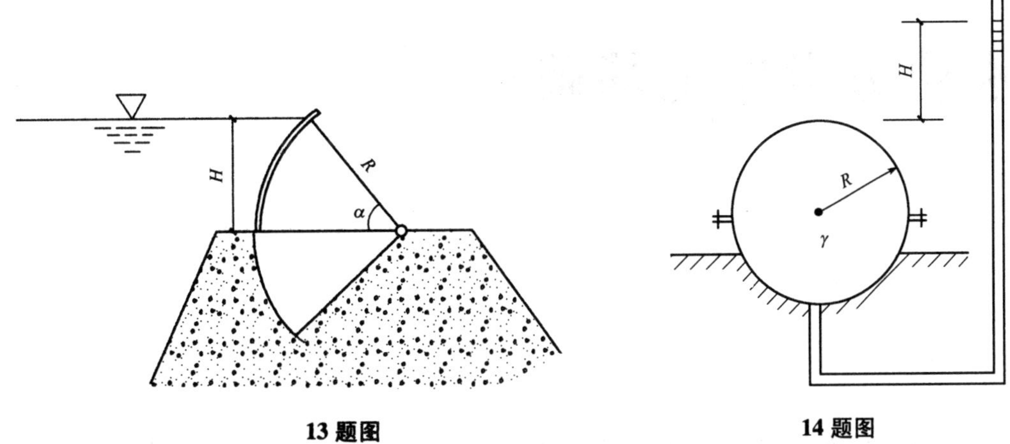

13题图　　14题图

第3章

水动力学理论基础

流体运动和其他物质运动一样，都遵循物质运动的普遍规律。本章根据物理学理论和理论力学中的质量守恒定律、牛顿运动定律以及动量定理和动量矩定理等，建立流体力学基本方程，为以后各章的学习奠定必要的理论基础。

由于实际流体存在黏性，流体运动的分析十分复杂。为了摆脱黏性在分析流体运动时在数学上的某些困难，在研究方法上，先以忽略黏性的理想流体为研究对象，然后在此基础上研究实际流体。在某些工程问题中，可以根据工程实际情况将实际流体近似地按理想流体进行估算。

3.1 流体运动的描述

流体运动时，表征运动特性的物理量或运动参数一般都随时间和空间位置变化，流体是由无穷多个流体质点组成的连续介质，流体运动便是这无穷多个流体质点运动总和。怎样用数学的方法来描述流体呢？常用的描述流体运动的方法有两种：拉格朗日法和欧拉法。

3.1.1 拉格朗日法

拉格朗日法着眼于流体各质点的运动情况，研究各质点的运动历程，然后通过综合所有被研究流体质点的运动情况来获得整个流体的运动规律。这种方法与一般力学中研究质点与质点系的运动方法是一样的。

为了区别不同的流体质点，必须给出流体质点的标志。拉格朗日法以某一起始时刻 $t=t_0$ 流体质点所在空间位置的坐标（a，b，c）作为该流体质点的标志。由于不同的质点在 t_0 时有着不同的空间位置坐标，因此，用空间位置坐标作为标志就可以区别出不同的质点。对于空间连续的流体质点，它的标志（a，b，c）也连续，对于某一质点来说，它的位置因时刻 t 不同而不同；对于同一时刻 t 来说，不同的质点运动到达的位置也不同，因此，质点的位置坐标不是独立的变量，而是起始坐标 a、b、c 和时间变量 t 的函数，即

$$\left.\begin{aligned} x&=x\ (a,\ b,\ c,\ t)\\ y&=y\ (a,\ b,\ c,\ t)\\ z&=z\ (a,\ b,\ c,\ t)\end{aligned}\right\}\tag{3-1}$$

变量 a、b、c、t 统称为拉格朗日变量。

拉格朗日法尽管对流体运动描述得比较全面，从理论上讲，可以求出每个运动流体质点的轨迹，但是由于流体运动的轨迹非常复杂，用拉格朗日法分析流体运动，在数学上将遇到很多困难，同时实际上也不需要给定流体质点的运动规律，所以除少数情况（如研究波浪运动）外，在流体力学中通常不采用这种方法，而采用较为简便的欧拉法。

3.1.2　欧拉法

欧拉法以考察不同流体质点通过固定的空间点的运动情况来研究整个流动空间内的流动情况。用欧拉法来研究流体运动时，需选定一空间点，观察不同时刻占据该空间点的各个流体质点的运动参数的变化情况，综合流动空间中的所有点，便可得到整个流动空间流体的运动情况。

欧拉法用质点的空间坐标（x，y，z）与时间变量 t 来表达流场中的流体运动规律，(x，y，z，t)称为欧拉变数。欧拉变数不是各自独立的，因为流体质点的空间位置 x、y、z 与运动过程中的时间变量有关。不同的时间，各个流体质点对应不同的空间坐标，因而对任一流体质点来说，其位置变量 x、y、z 是时间 t 的函数。因此流场中各空间点的流速组成的流速场可表示为

$$\left.\begin{aligned} u_x&=u_x\ (x,\ y,\ z,\ t)\\ u_y&=u_y\ (x,\ y,\ z,\ t)\\ u_z&=u_z\ (x,\ y,\ z,\ t)\end{aligned}\right\}\tag{3-2}$$

时间 t 变化而 x、y、z 不变时，表示固定的空间点上，质点的各运动参数随时间的变化情况；x、y、z 变化而 t 不变时，表示在同一瞬时不同空间点上运动参数的分布情况。

在数学上，将每一空间点都对应着某个物理量的一个确定值的空间区域，定义为该物理量的场。因此，以欧拉法来研究流体运动问题就归结为研究含有时间 t 为参变量的流场（运动流体所占据的空间）中各物理量的变化规律，包括矢量场（速度场等）和标量场（压强场、密度场和温度场等）。

3.1.3　流体质点加速度和质点导数

在欧拉法中，各运动参数是空间坐标和时间的函数。对运动质点而言，其位置坐标也随时间变化，即描述质点运动的坐标变量 x、y、z 对质点而言也是时间 t 的函数。在欧拉法中，流体质点的某运动参数对时间的变化率必须按复合函数的微分法则进行推导。由于运动质点的坐标对时间的导数等于该质点的速度分量，即

$$\frac{\mathrm{d}x}{\mathrm{d}t}=u_x;\ \frac{\mathrm{d}y}{\mathrm{d}t}=u_y;\ \frac{\mathrm{d}z}{\mathrm{d}t}=u_z$$

可得加速的空间坐标 x、y、z 方向的分量为

$$\left.\begin{aligned}a_x&=\frac{\mathrm{d}u_x}{\mathrm{d}t}=\frac{\partial u_x}{\partial t}+u_x\frac{\partial u_x}{\partial x}+u_y\frac{\partial u_x}{\partial y}+u_z\frac{\partial u_x}{\partial z}\\a_y&=\frac{\mathrm{d}u_y}{\mathrm{d}t}=\frac{\partial u_y}{\partial t}+u_x\frac{\partial u_y}{\partial x}+u_y\frac{\partial u_y}{\partial y}+u_z\frac{\partial u_y}{\partial z}\\a_z&=\frac{\mathrm{d}u_z}{\mathrm{d}t}=\frac{\partial u_z}{\partial t}+u_x\frac{\partial u_z}{\partial x}+u_y\frac{\partial u_z}{\partial y}+u_z\frac{\partial u_z}{\partial z}\end{aligned}\right\}\tag{3-3a}$$

或者写成矢量形式

$$\vec{a}=\frac{\mathrm{d}\vec{u}}{\mathrm{d}t}=\frac{\partial\vec{u}}{\partial t}+(\vec{u}\cdot\nabla)\vec{u}\tag{3-3b}$$

式中，$\frac{\partial\vec{u}}{\partial t}$、$(\vec{u}\cdot\nabla)\vec{u}$ 分别为加速度矢量和流速矢量。

由此可见，用欧拉法描述流体运动时，流体质点的加速度由两部分组成：第一部分 $\frac{\partial\vec{u}}{\partial t}$ 称为时变加速度或者当地加速度，表示通过固定空间点的流体质点速度随时间的变化率；第二部分 $(\vec{u}\cdot\nabla)\vec{u}$ 称为迁移加速度或者位变加速度，它表示流体质点所在空间位置的变化引起的速度变化率。例如，一水箱的出水管中 A、B 两点，如图 3-1 所示。在出水过程中，某水流质点占据 A 点，另一水流质点占据 B 点，经 $\mathrm{d}t$ 时间后，两质点分别从 A 点移到 A' 点，从 B 点移到 B' 点。如果水箱水面保持不变，管内流动不随时间变化，则 A 点和 B 点的流速都不随时间变化，因此时变加速度都是 0。在管径不变处，A 点、A' 点的流速相同，位变加速度也为 0，所以 A 点没有加速度；而在管径改变处，B' 点的流速大于 B 点的流速，B 点的位变加速度不等于 0。如果水箱水面随着出水过程不断下降，则管内各处流速都会随时间逐渐减小。另一方面，管道收缩，同一时刻收缩管内各点的流速又沿程增加，因此 A 点处引起的加速度就是当地加速度，而在管径改变的 B 处，除了有时变加速度以外，还有位变加速度，B 点的加速度是两部分加速度的总和。

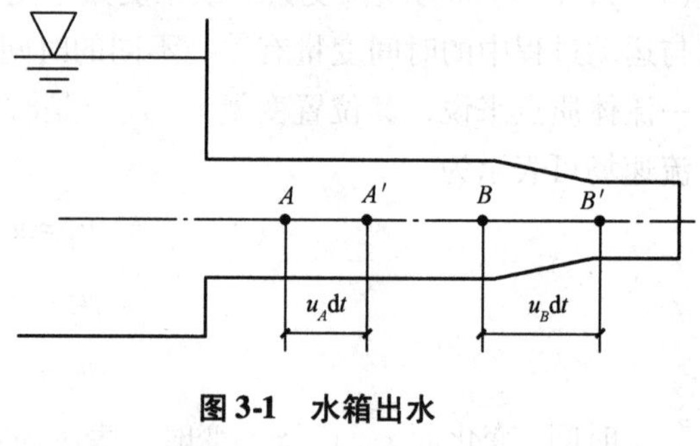

图 3-1　水箱出水

流体力学是要研究整个流体的运动。拉格朗日法是由一个选定的流体质点入手，然后由一个质点转到另一个质点，从而了解整个流体的情况。欧拉法则从一个选定的空间点入手，然后由一个空间点转到另一个空间点，这样也能了解到整个流体的情况。因此这两种方法只不过是观察同一客观事物的不同途径而已。

3.2 研究流体运动的若干概念

按欧拉法的观点，不同时刻，流场中每个流体质点都有一定的空间位置、流速、加速度、压强等，从而形成速度场、加速度场、压强场等。研究流体运动就是求解流场中运动参数的变化规律。为深入研究流体运动的规律，需要继续引入有关流体运动的一些基本概念。用欧拉法描述流体的运动，各运动参数是空间坐标和时间变量的函数，可按不同的时空标准对流动进行分类。

3.2.1 恒定流与非恒定流

在流场中，各空间点上的任何运动参数均不随时间变化，这种流动称为恒定流；否则为非恒定流。恒定流时，流体的所有运动参数只是空间坐标的函数，而与时间无关，即

$$\left.\begin{aligned}u_x&=u_x(x,y,z)\\u_y&=u_y(x,y,z)\\u_z&=u_z(x,y,z)\\p&=p(x,y,z)\\\rho&=\rho(x,y,z)\end{aligned}\right\}$$

它们的时变加速度为0，即

$$\left.\begin{aligned}&\frac{\partial u_x}{\partial t}=\frac{\partial u_y}{\partial t}=\frac{\partial u_z}{\partial t}=0\\&\frac{\partial p}{\partial t}=0\\&\frac{\partial \rho}{\partial t}=0\end{aligned}\right\}$$

对于恒定流，由于无时间变量t，流动问题的求解将得到很大的简化。实际工程中，多数系统在正常运行时，其中的流动参数不随时间发生变化，或随时间变化缓慢，可以作为恒定流处理。确定流动是恒定流还是非恒定流与坐标的选择有关。例如，船在静止的水中等速直线行驶，确定船两侧的水流流动是恒定流还是非恒定流，将因坐标系选取的不同而不同。如果将坐标系固定在岸上，则船两侧的水流流动是非恒定流，但是如果将坐标系固定在行驶中的船上（即对于坐在船上的人看到的情况），船两侧水流的流动则是恒定流，它相当于船不动，水流从远处以船行驶速度流向船。由于恒定流比非恒定流简单，所以只要有可能，人们总是通过选择坐标系将非恒定流转化为恒定流来研究。

3.2.2 一元流、二元流和三元流

根据流场的各运动要素与空间坐标的关系，流体可分为一元流、二元流和三元流。运动要素仅随一个坐标（包括曲线坐标）变化的流动称为一元流。以空间坐标为标准，若各空间点上的运动参数是三个空间坐标的函数，该流动为三维流动。任何实际流动从本质上讲都是在三维空间中发生的，但由于三维流动的复杂性，现在数学上处理起来有相当大的困难，

工程实际中常常根据问题的性质把它简化为二维流动或一维流动。二维流动和一维流动是在一些特定情况下对实际流动的简化与抽象。在工程流体力学中，运用一元分析法可以方便地解决管道与渠道中的很多流动问题。

3.2.3 流线与迹线

用欧拉法研究流场中同一时刻不同质点的运动情况，引入了流线的概念；用拉格朗日法研究流体中各质点在不同时刻（自始至终的连续时间内）运动的变化情况，引入了迹线的概念。流线是某一时刻在流场中画出的一条空间曲线，在该时刻，曲线上所有质点的流速矢量均与这条曲线相切，如图3-2所示，因此，一条某时刻的流线表明了该时刻这条曲线上各点的流速方向。流线的形状一般与固体边界的形状有关，离边界越近，受边界的影响越大。在运动流体的整个空间，可绘出一系列的流线，称为流线簇。流线簇构成的流线图称为流谱。

流线和迹线是两个完全不同的概念，流线是同一时刻与许多质点的速度矢量相切的空间曲线，而迹线是同一质点在一个时间段内运动的轨迹线。这里主要介绍流线。

流线具有以下特性：

（1）流线不能彼此相交和转折，只能平滑过渡。流线的这一性质是显而易见的。因为若流线相交和转折，在相交和转折的同一空间点上，将出现两个速度矢量，这样就违背了流体作为连续介质，其流动参数是空间和时间的单值连续函数的条件。所以，根据流线的这一性质可知，在流场中的同一空间点上，只有一条流线通过。

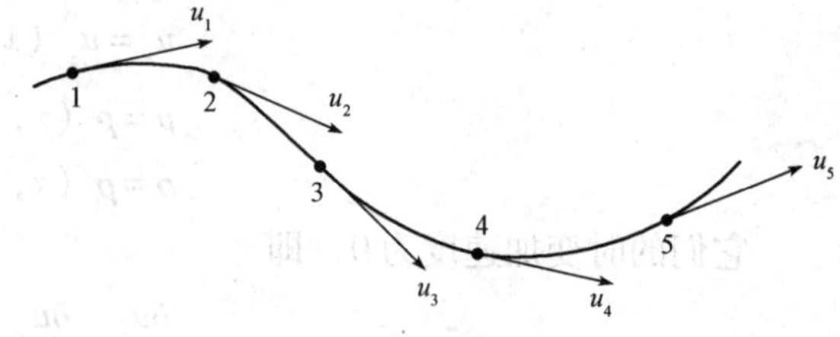

图3-2 流线

（2）在定常流动中，流线不随时间改变其位置和形状，流线和迹线重合。

（3）对于不可压缩流体，流线簇的疏密程度反映了该时刻流场中各点的速度大小。

实际上，流线是空间流速分布的形象化，是流场的几何描述。它类似电磁场中的电力线与磁力线。如果能获得某一时刻的许多流线，也就了解到该时刻整个流体的运动图像。根据流线上任一点的速度方向与流线相切的性质，可以建立起流线的微分方程。

设流线上任意一点的流速矢量为 $\vec{u}=u_x\vec{i}+u_y\vec{j}+u_z\vec{k}$，流线上的微元线段矢量为 $\mathrm{d}\vec{s}=\mathrm{d}x\vec{i}+\mathrm{d}y\vec{j}+\mathrm{d}z\vec{k}$，根据流线的定义，可得用矢量表示的流线微分方程：

$$\vec{u}\cdot\mathrm{d}\vec{s}=0 \tag{3-4}$$

写成投影形式：

$$\frac{\mathrm{d}x}{u_x}=\frac{\mathrm{d}y}{u_y}=\frac{\mathrm{d}z}{u_z} \tag{3-5}$$

【**例3.1**】有一平面流场，其速度分布为 $u_x=-ky$，$u_y=kx$，求流线方程。

解：因为流动为二维定常流动，所以流线的微分方程为

$$\frac{\mathrm{d}x}{u_x}=\frac{\mathrm{d}y}{u_y}$$

将已知的速度分量代入上式得

$$\frac{dx}{-ky}=\frac{dy}{kx}$$

整理得　　$x dx + y dy = 0$

对上式积分得　　$x^2 + y^2 = c$

即流线簇为圆心在坐标原点的同心圆。

3.2.4　流管、元流、总流、过流断面

（1）流管。在流场中，任取一条非流线的封闭曲线 L，在同一时刻，通过该封闭曲线上的每个点作流线，由这些流线围成的管状曲面称为流管，如图 3-3 所示。根据流线的定义，流管在流动中的作用好像是真正的管壁，在该时刻，液体只能在流管内部或沿流管表面流动，而不能穿越管壁。

（2）元流。当封闭曲线 L 所包围的面积无限小时，充满微小流管内的液流称为元流或微小流速。

（3）总流。总流可认为是无数元流的叠加。总流过流断面上的运动参数一般为非均匀分布，各点的值不相同，如用参数的断面平均值代替实际值，并沿总流的流动方向取坐标 s，总流问题也可简化为仅与空间坐标 s 有关的一维流动。由于元流的过流断面面积无限小，因而元流同一断面上各点的运动要素（如流速、动压强等）在同一时刻被认为是相等的，但对于总流来说，同一过流断面上各点的运动要素却不一定相等。

（4）过流断面。垂直于元流或总流流线的断面称为过水断面或过流断面，即过水断面处处与流线相垂直。因此，过水断面不一定是平面，当流线相互平行时，过水断面是平面，但当流线不平行时，过水断面则为曲面。

3.2.5　流量、断面平均流速

（1）流量。单位时间内通过过水断面的液体的数量，称为流量。其流体数量可以用体积来计量，也可以用质量来计量，分别称为体积流量 Q 和质量流量 Q_m。若曲面为元流或总流的过流断面，由于速度方向与过流断面垂直，如图 3-4 所示，其体积流量为

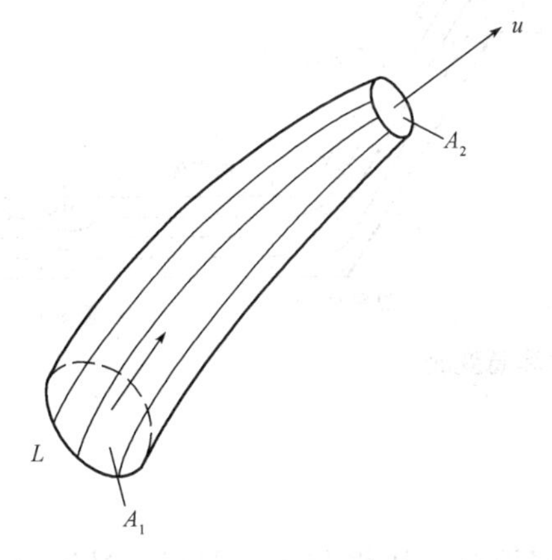

图 3-3　流管与流束

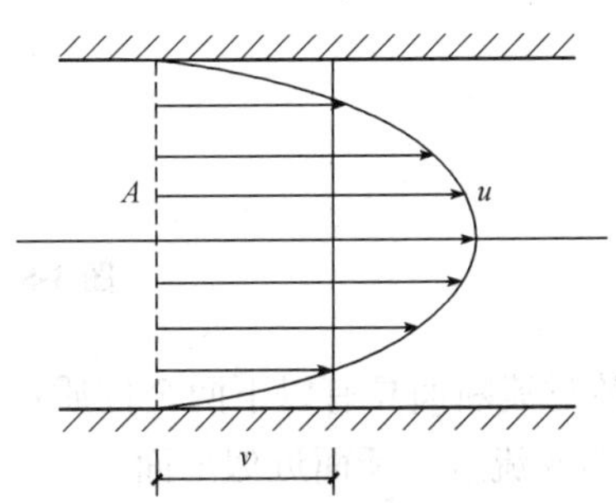

图 3-4　流速分布与平均流速

元流 $$dQ = u\mathrm{d}A \tag{3-6}$$

总流 $$Q = \int u\mathrm{d}A \tag{3-7}$$

（2）断面平均流速。由于液体的黏性及液流边界的影响，总流过水断面上各点的流速是不相同的，即过水断面上流速分布不均匀。在工程实际中，为研究简便，引入断面平均流速的概念，即假想均匀分布在过流断面上的流速，如图 3-4 所示的管道流动。其大小等于体积流量与过流断面面积的比值：

$$v = \frac{Q}{A} = \frac{\int_A u\mathrm{d}A}{A} \tag{3-8}$$

3.2.6 均匀流与非均匀流

按各点运动要素（主要是速度）是否随位置而变化，流动可分为均匀流和非均匀流。流场中，在给定的某一时刻，各点速度都不随位置而变化的流动称为均匀流；反之，称为非均匀流。均匀流的所有流线都是平行直线，过流断面是一平面，且大小和形状都沿程不变。非均匀流的所有流线不是一组平行直线，过流断面不是一平面，且大小或形状沿程改变。均匀流中，流动参数具有对空间的不变性，迁移加速度等于零。

3.2.7 渐变流与急变流

按流线沿程变化的缓急程度，非均匀流可分为渐变流与急变流。各流线接近于平行直线的流动，称为渐变流。此时，各流线之间的夹角很小，且流线的曲率半径很大。反之，称为急变流。由于渐变流的所有流线是一组几乎平行的直线，其过流断面可认为是一平面。渐变流的极限情况就是均匀流。如图 3-5 所示，流体在直管中的流动为渐变流，而经过弯管、阀门等管件的流动为急变流。

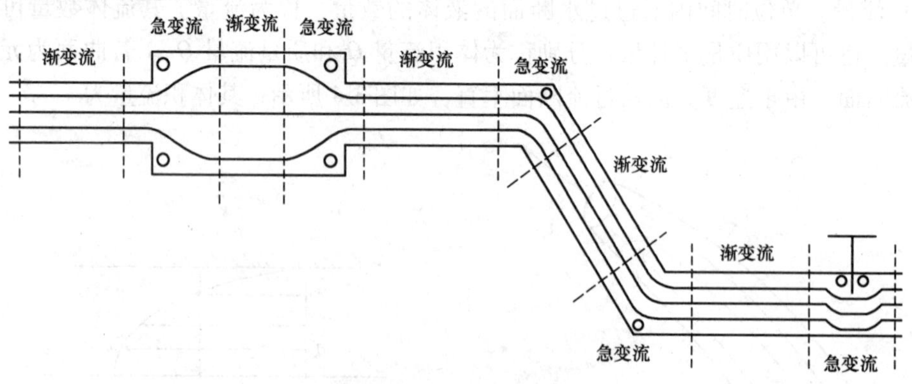

图 3-5 渐变流和急变流

渐变流过流断面具有以下两个性质：

（1）渐变流过流断面近似平面。

（2）恒定渐变流过流断面上流体动压强近似地按静压强分布，即同一过流断面上 $z + \frac{p}{\gamma} \approx$ 常数。

3.2.8　系统与控制体

用理论分析方法研究流体运动规律时，除了应用上面介绍的一些概念外，还要用到系统与控制体的概念。

质量守恒定律、牛顿运动定律等物质运动普遍规律的原始形式都是对“系统”进行表述的。所谓系统，就是包含确定不变的物质的集合。在流体力学中，系统就是指由确定的流体质点所组成的流体团（即质点或质点系）。显然，如果使用系统来研究流体运动，意味着采用拉格朗日法，即以确定的流体质点所组成的流体团作为研究对象。

对于大多数流体力学的实际问题来说，人们对各个流体质点的运动规律往往并不需要了解，而感兴趣的是流体流过坐标系中某些固定位置时的情况。因此，在处理流体力学问题时，通常采用的是欧拉法，与此相对应，需引入控制体的概念。控制体是指相对于某个坐标系来说，有流体流过的固定不变的任何体积。控制体的边界称为控制面，它总是封闭表面。占据控制体的流体质点是随时间而改变的。例如在恒定流中，由流管侧表面和两端面所包围的体积就是控制体，占据控制体的流束即流体系统。

【例 3.2】　已知半径为 r_0 的圆管中，过流断面上的流速分布为 $u=u_{max}\left(\frac{y}{r_0}\right)^{\frac{1}{7}}$，式中 u_{max} 是轴线上断面最大流速，y 为距管壁的距离（见图 3-6）。试求：(1) 通过的流量和断面平均流速；(2) 过流断面上，速度等于平均流速的点距管壁的距离。

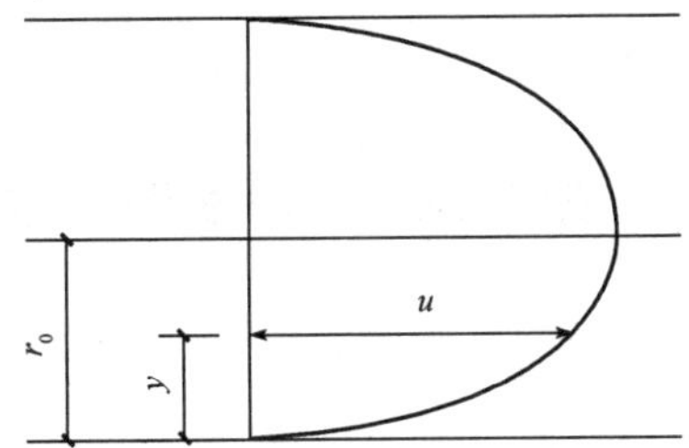

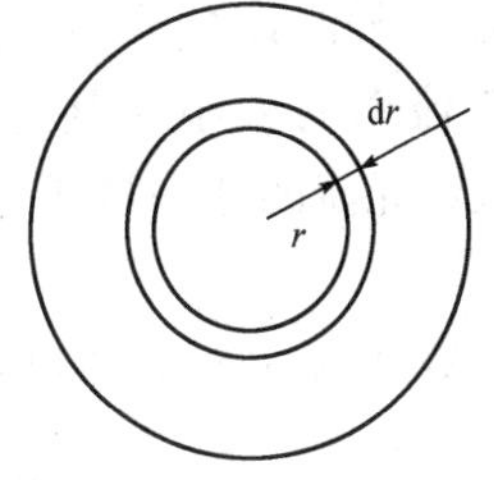

图 3-6　例 3.2 图

解：(1) 在过流断面 $r=r_0-y$ 处，取环形微元面积 $dA=2\pi r dr$，环面上各点流速 u 相等，则通过的流量为

$$Q=\int_A u dA=\int_0^{r_0} u_{max}\left(\frac{y}{r_0}\right)^{\frac{1}{7}} 2\pi(r_0-y)d(r_0-y)$$

$$=\frac{2\pi u_{max}}{r_0^{\frac{1}{7}}}\int_0^{r_0}(r_0-y)y^{\frac{1}{7}}dy=\frac{49}{60}\pi r_0^2 u_{max}$$

断面平均流速为

$$v=\frac{Q}{A}=\frac{\frac{49}{60}\pi r_0^2 u_{max}}{\pi r_0^2}=\frac{49}{60}u_{max}$$

(2) 依题意，令 $u_{max}\left(\frac{y}{r_0}\right)^{\frac{1}{7}}=\frac{49}{60}u_{max}$，可得 $y=0.242\ r_0$。

3.3 流体运动的连续性方程

连续性方程是水力学的基本方程之一，方程的实质是液体运动的质量守恒定律。本节讨论一元恒定流，建立液体一元流动的连续性方程。

在恒定流中取过水断面1—1到2—2的流动空间（控制体）来讨论，如图3-7所示。

设进口过水断面1—1的面积为dA_1，中心点流速为u_1，出口过水断面2—2的面积为dA_2，中心点流速为u_2，由于在恒定流条件下，元流的形状和位置不随时间而改变，从而控制体的形状及位置也不随时间而变，且不可能有液体经元流的侧面流进或流出。液体是连续性的介质，元流内部不存在空隙，元流过水断面极小，所以可认为过水断面上各点流速相等。根据质量守恒定律，在dt时段内流入的质量应与流出的质量相等，即

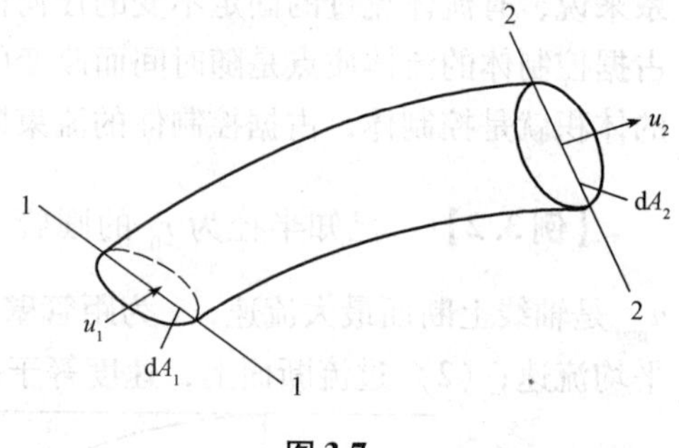

图3-7

$$\rho u_1 dA_1 dt = \rho u_2 dA_2 dt$$

化简得

$$u_1 dA_1 = u_2 dA_2 = dQ$$

$$dQ_1 = dQ_2 = dQ \tag{3-9}$$

式（3-9）就是不可压缩液体恒定一元流微小流束的连续性方程。该公式表明对于不可压缩液体，恒定元流流束的大小与其过水断面面积成反比，还表明恒定元流的任一过水断面的流量相等，或流入控制体的流量等于流出控制体的流量。

若将式（3-9）对总流过水断面积分便可得总流的连续性方程

$$\int_A dQ = \int_{A_1} u_1 dA_1 = \int_{A_2} u_2 dA_2 = Q$$

应用积分中值定理得

$$v_1 A_1 = v_2 A_2 = Q \tag{3-10}$$

式（3-10）即恒定总流的连续性方程。v_1、v_2分别为总流过水断面的断面平均流速。该式说明，在不可压缩液体恒定总流中，任意两个过水断面的平均流速与过水断面面积成反比，任意两个过水断面所通过的流量相等。也就是说，上游断面流进多少流量，下游任何断面也必然流出多少流量。

在建立连续性方程时，未涉及作用力，因而连续性方程是运动学方程，无论对于理想液体还是实际液体都是适用的。

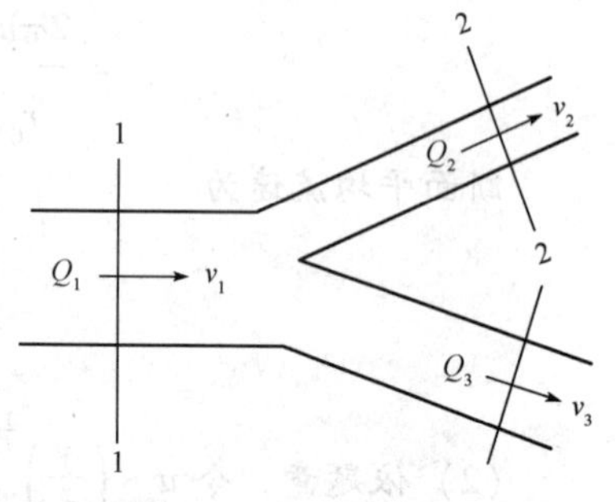

图3-8 恒定流过水断面

恒定总流的连续性方程在流量沿程不变的条件下导得。若沿程有流量流入或流出，则总流的连续性方程在形式上需要做相应的修正。如图3-8所示，其总流的连续

性方程可写为

$$Q_1 = Q_2 + Q_3 \tag{3-11}$$

【例 3.3】某段变直径水管，如图 3-9 所示。已知管径 $d_1 = 2.5$ cm，$d_2 = 5$ cm，$d_3 = 10$ cm。试求当流量为 4 L/s 时，各段的平均流速。

解：根据不可压缩恒定总流的连续性方程

$$Q = v_1 A_1 = v_2 A_2 = v_3 A_3$$

得

$$v_1 = \frac{Q}{A_1} = \frac{4 \times 10^{-3}}{\frac{\pi}{4} \times (2.5 \times 10^{-2})^2} = 8.15(\mathrm{m/s})$$

$$v_2 = v_1 \frac{A_1}{A_2} = v_1 \left(\frac{d_1}{d_2}\right)^2 = 8.15 \times \left(\frac{2.5 \times 10^{-2}}{5 \times 10^{-2}}\right)^2 = 2.04(\mathrm{m/s})$$

$$v_3 = v_1 \left(\frac{d_1}{d_3}\right)^2 = 8.15 \times \left(\frac{2.5 \times 10^{-2}}{10 \times 10^{-2}}\right)^2 = 0.51\ (\mathrm{m/s})$$

【例 3.4】输水管道经三通管分流，如图 3-10 所示。已知管径 $d_1 = d_2 = 200$ mm，$d_3 = 100$ mm，断面平均流速 $v_1 = 2$ m/s，$v_2 = 1.5$ m/s。试求断面平均流速 v_3。

解：根据不可压缩流体恒定总流的连续性方程，有

$$Q_1 = Q_2 + Q_3$$

$$v_1 A_1 = v_2 A_2 + v_3 A_3$$

$$v_3 = (v_1 - v_2)\left(\frac{d_1}{d_3}\right)^2 = (2 - 1.5) \times \left(\frac{200}{100}\right)^2 = 2\ (\mathrm{m/s})$$

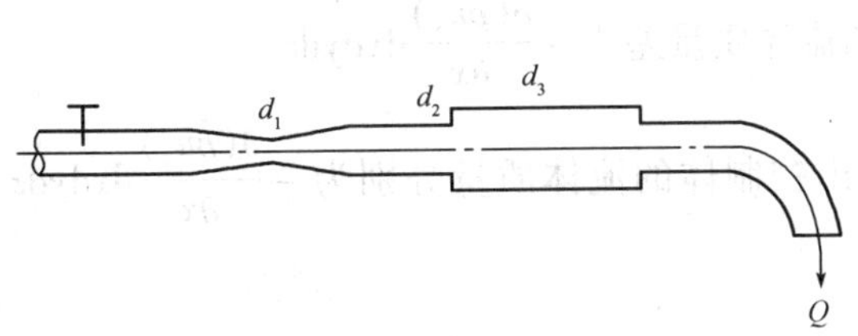

图 3-9　例 3.3 图

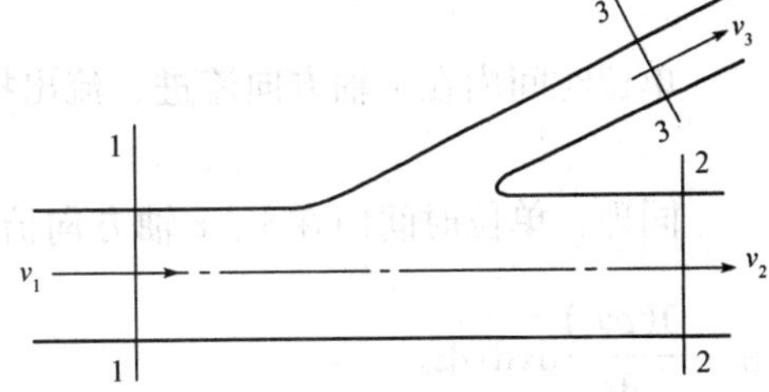

图 3-10　例 3.4 图

3.4　流体运动的连续性微分方程

在流场中任取一点 O'（x，y，z）为中心的微小六面体为控制体，如图 3-11 所示。控制体是在流场中选取的一个相对某一坐标系固定不变的空间，其形状、位置固定不变，流体可不受影响地通过，控制体的封闭截面称为控制面，控制体边长分别为 dx、dy、dz。设某时刻通过 O'点流体质点的三个流速分量为 u_x、u_y、u_z，密度为 ρ。将各流速分量按泰勒级数展开，并略去高阶微量，可得该时刻通过各控制面中心点的流体质点运动流速和密度。例如，

x 方向左右两控制面中心点 M 和 N 的流速、密度分别为 $u_x - \frac{1}{2}\frac{\partial u_x}{\partial x}\mathrm{d}x$、$\rho - \frac{1}{2}\frac{\partial \rho}{\partial x}\mathrm{d}x$ 和 $u_x + \frac{1}{2}\frac{\partial u_x}{\partial x}\mathrm{d}x$、$\rho + \frac{1}{2}\frac{\partial \rho}{\partial x}\mathrm{d}x$。由于六面体无限小，可以认为在其各表面上流速均匀、密度均匀分布。

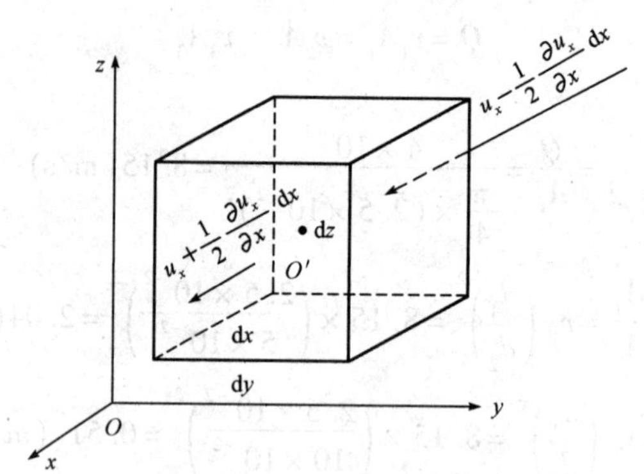

图 3-11　连续性微分方程

因此，单位时间内沿 x 轴方向流进控制体的流体质量为

$$\left(\rho - \frac{1}{2}\frac{\partial \rho}{\partial x}\mathrm{d}x\right)\left(u_x - \frac{1}{2}\frac{\partial u_x}{\partial x}\mathrm{d}x\right)\mathrm{d}y\mathrm{d}z$$

流出控制体的流体质量为

$$\left(\rho + \frac{1}{2}\frac{\partial \rho}{\partial x}\mathrm{d}x\right)\left(u_x + \frac{1}{2}\frac{\partial u_x}{\partial x}\mathrm{d}x\right)\mathrm{d}y\mathrm{d}z$$

单位时间内在 x 轴方向流进、流出控制体的流体质量差为 $-\frac{\partial(\rho u_x)}{\partial x}\mathrm{d}x\mathrm{d}y\mathrm{d}z$。

同理，单位时间内在 y、z 轴方向流进和流出控制体的流体质量分别为 $-\frac{\partial(\rho u_y)}{\partial x}\mathrm{d}x\mathrm{d}y\mathrm{d}z$ 和 $-\frac{\partial(\rho u_z)}{\partial x}\mathrm{d}x\mathrm{d}y\mathrm{d}z$。

因流体是连续介质，根据质量守恒定律，单位时间内流进、流出控制体的流体质量差应等于控制体内流体因密度变化所引起的质量增量，即

$$-\left[\frac{\partial(\rho u_x)}{\partial x} + \frac{\partial(\rho u_y)}{\partial y} + \frac{\partial(\rho u_z)}{\partial z}\right]\mathrm{d}x\mathrm{d}y\mathrm{d}z = \frac{\partial \rho}{\partial t}\mathrm{d}x\mathrm{d}y\mathrm{d}z$$

整理上式，得

$$\frac{\partial \rho}{\partial t} + \frac{\partial(\rho u_x)}{\partial x} + \frac{\partial(\rho u_y)}{\partial y} + \frac{\partial(\rho u_z)}{\partial z} = 0 \tag{3-12}$$

或写成矢量形式

$$\frac{\partial \rho}{\partial t} + \nabla(\rho \vec{u}) = 0 \tag{3-13}$$

式（3-13）是流体运动的连续性微分方程的一般形式，它表达了任何可能存在的流体运

动所必须满足的连续性条件，即质量守恒条件。

对于恒定流，$\frac{\partial\rho}{\partial t}=0$，式（3-12）或式（3-13）成为

$$\frac{\partial(\rho u_x)}{\partial x}+\frac{\partial(\rho u_y)}{\partial y}+\frac{\partial(\rho u_z)}{\partial z}=0 \tag{3-14}$$

或

$$\nabla(\rho\vec{u})=0 \tag{3-15}$$

对于不可压缩流体，ρ 为常数，式（3-14）或式（3-15）成为

$$\frac{\partial u_x}{\partial x}+\frac{\partial u_y}{\partial y}+\frac{\partial u_z}{\partial z}=0 \tag{3-16}$$

或

$$\nabla\vec{u}=0 \tag{3-17}$$

3.5　流体的运动微分方程及其积分

3.5.1　理想流体的运动微分方程

在运动的理想流体中，取一微元六面体（见图3-12），正交的三个边长为 dx、dy、dz，其中心点 O' 坐标（x，y，z），速度为 $\vec{u}$，压强为 p。分析该微元六面体的受力和运动情况，以 x 轴方向为例进行说明。

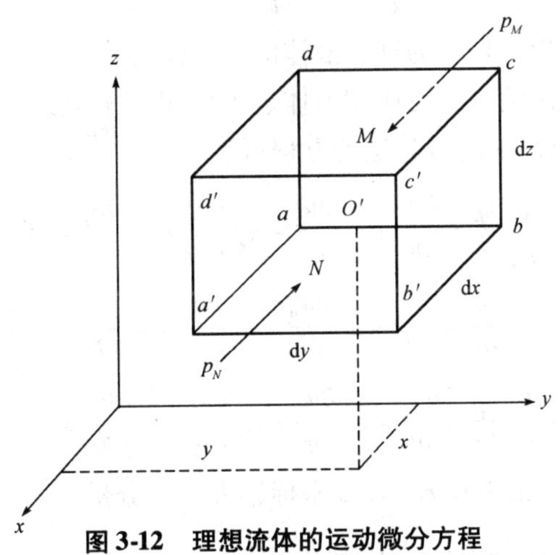

图3-12　理想流体的运动微分方程

由于讨论的是理想流体没有黏性，因此不存在切应力，微元六面体的表面力只有压力。微元六面体在 x 轴方向的表面力为

后表面　$$p_M A=\left(p-\frac{\partial p}{\partial x}\frac{\mathrm{d}x}{2}\right)\mathrm{d}y\mathrm{d}z$$

前表面 $$p_N A = \left(p + \frac{\partial p}{\partial x}\frac{\mathrm{d}x}{2}\right)\mathrm{d}y\mathrm{d}z$$

微元六面体在 x 轴方向的质量力为 $f_x\rho\mathrm{d}x\mathrm{d}y\mathrm{d}z$，由牛顿第二定律（ $\sum F_x = ma_x$ ）得

$$\left(p - \frac{\partial p}{\partial x}\frac{\mathrm{d}x}{2}\right)\mathrm{d}y\mathrm{d}z - \left(p + \frac{\partial p}{\partial x}\frac{\mathrm{d}x}{2}\right)\mathrm{d}y\mathrm{d}z + f_x\rho\mathrm{d}x\mathrm{d}y\mathrm{d}z = \rho\mathrm{d}x\mathrm{d}y\mathrm{d}z\frac{\mathrm{d}u_x}{\mathrm{d}t}$$

化简，两边同时除以微元体质量 $\rho\mathrm{d}x\mathrm{d}y\mathrm{d}z$，可得

$$\begin{cases} F_x - \dfrac{1}{\rho}\dfrac{\partial p}{\partial x} = \dfrac{\mathrm{d}u_x}{\mathrm{d}t} \\ F_y - \dfrac{1}{\rho}\dfrac{\partial p}{\partial y} = \dfrac{\mathrm{d}u_y}{\mathrm{d}t} \\ F_z - \dfrac{1}{\rho}\dfrac{\partial p}{\partial z} = \dfrac{\mathrm{d}u_z}{\mathrm{d}t} \end{cases} \tag{3-18}$$

将加速度项代入，整理得

$$\begin{cases} f_x - \dfrac{1}{\rho}\dfrac{\partial p}{\partial x} = \dfrac{\partial u_x}{\partial t} + u_x\dfrac{\partial u_x}{\partial x} + u_y\dfrac{\partial u_x}{\partial y} + u_z\dfrac{\partial u_x}{\partial z} \\ f_y - \dfrac{1}{\rho}\dfrac{\partial p}{\partial y} = \dfrac{\partial u_y}{\partial t} + u_x\dfrac{\partial u_y}{\partial x} + u_y\dfrac{\partial u_y}{\partial y} + u_z\dfrac{\partial u_y}{\partial z} \\ f_z - \dfrac{1}{\rho}\dfrac{\partial p}{\partial z} = \dfrac{\partial u_z}{\partial t} + u_x\dfrac{\partial u_z}{\partial x} + u_y\dfrac{\partial u_z}{\partial y} + u_z\dfrac{\partial u_z}{\partial z} \end{cases} \tag{3-19}$$

用矢量表示

$$\vec{f} - \frac{1}{\rho}\nabla p = \frac{\partial \vec{u}}{\partial t} + (\vec{u}\cdot\nabla)\vec{u} \tag{3-20}$$

式（3-19）和式（3-20）均称为理想液体的运动微分方程，又称为欧拉运动微分方程。该方程对于恒定流、非恒定流、不可压缩流体、可压缩流体均适用。

在柱坐标系（r，θ，z）中的微分运动方程可表示为

$$\left.\begin{aligned} f_r - \frac{1}{\rho}\frac{\partial p}{\partial r} &= \frac{\partial u_r}{\partial t} + u_r\frac{\partial u_r}{\partial r} + u_\theta\frac{\partial u_r}{r\partial\theta} + u_z\frac{\partial u_r}{\partial z} - \frac{u_\theta^2}{r} \\ f_\theta - \frac{1}{\rho}\frac{\partial p}{\partial\theta} &= \frac{\partial u_\theta}{\partial t} + u_r\frac{\partial u_\theta}{\partial r} + u_\theta\frac{\partial u_\theta}{r\partial\theta} + u_z\frac{\partial u_\theta}{\partial z} + \frac{u_r u_\theta}{r} \\ f_z - \frac{1}{\rho}\frac{\partial p}{\partial z} &= \frac{\partial u_z}{\partial t} + u_r\frac{\partial u_z}{\partial r} + u_\theta\frac{\partial u_z}{r\partial\theta} + u_z\frac{\partial u_z}{\partial z} \end{aligned}\right\} \tag{3-21}$$

式中 f_r、f_θ、f_z——单位质量力在 r、θ、z 坐标轴方向的分量。

3.5.2 实际流体的运动微分方程

一切实际流体都是有黏性的，理想流体的运动微分方程存在局限性。因此，需要建立实际流体的运动微分方程。而由于黏性的存在，实际流体的应力状态要比理想流体复杂得多，这里仅从物理概念上做简单说明。

采用类似推导理想流体的运动微分方程的方法，取微元六面体，进行受力分析，根据牛顿第二定律得出相应的方程。

实际流体由于黏性作用，运动时出现切应力，所以实际流体的表面力包括压应力和切应力。实际流体的运动微分方程推导比较烦琐，可参考理论力学参考书，在此给出其结论：

$$\begin{cases} f_x - \dfrac{1}{\rho}\dfrac{\partial p}{\partial x} + \upsilon\nabla^2 u_x = \dfrac{\partial u_x}{\partial t} + u_x\dfrac{\partial u_x}{\partial x} + u_y\dfrac{\partial u_x}{\partial y} + u_z\dfrac{\partial u_x}{\partial z} \\ f_y - \dfrac{1}{\rho}\dfrac{\partial p}{\partial y} + \upsilon\nabla^2 u_y = \dfrac{\partial u_y}{\partial t} + u_x\dfrac{\partial u_y}{\partial x} + u_y\dfrac{\partial u_y}{\partial y} + u_z\dfrac{\partial u_y}{\partial z} \\ f_z - \dfrac{1}{\rho}\dfrac{\partial p}{\partial z} + \upsilon\nabla^2 u_z = \dfrac{\partial u_z}{\partial t} + u_x\dfrac{\partial u_z}{\partial x} + u_y\dfrac{\partial u_z}{\partial y} + u_z\dfrac{\partial u_z}{\partial z} \end{cases}$$

用矢量表示

$$\vec{f} - \frac{1}{\rho}\nabla p + \upsilon\nabla^2\vec{u} = \frac{\partial\vec{u}}{\partial t} + (\vec{u}\cdot\nabla)\vec{u}$$

式中　υ——流体的运动黏度；

∇^2——拉普拉斯算子，可用下式计算：

$$\nabla^2 = \frac{\partial^2}{\partial x^2} + \frac{\partial^2}{\partial y^2} + \frac{\partial^2}{\partial z^2}$$

3.5.3　欧拉运动微分方程的积分

欧拉运动微分方程与连续性方程，是求解理想流体运动问题的一组基本方程。理想流体的运动微分方程式中共有八个物理量，单位质量力 f_x、f_y、f 通常是已知的，对于不可压缩流体，p 为常数，三个方程，四个未知量，u_x、u_y、u_z、p 与连续性方程联立，理论上方程组封闭可解。流体运动微分方程只有积分成普通方程式，才可以用来解决实际流动问题。但由于其为非线性偏微分方程组，目前尚未找到它的通解，只有特定条件下的积分。其中最著名的伯努利积分，是在以下限定条件下得到的：

（1）恒定流，此时$\dfrac{\partial u_x}{\partial t} = \dfrac{\partial u_y}{\partial t} = \dfrac{\partial u_z}{\partial t} = \dfrac{\partial p}{\partial t} = 0$，故有

$$\frac{\partial p}{\partial x}\mathrm{d}x + \frac{\partial p}{\partial y}\mathrm{d}y + \frac{\partial p}{\partial z}\mathrm{d}z = \mathrm{d}p$$

（2）流体为不可压缩的，ρ = 常数。

（3）作用在流体上的质量力有势。则存在质量力势函数 $W(x,\ y,\ z)$，对于恒定的有势质量力：$f_x\mathrm{d}x + f_y\mathrm{d}y + f_z\mathrm{d}z = \mathrm{d}W$。

（4）沿流线积分（在恒定流条件下也是沿迹线积分）。此时

$$\frac{\mathrm{d}x}{\mathrm{d}t} = u_x;\quad \frac{\mathrm{d}y}{\mathrm{d}t} = u_y;\quad \frac{\mathrm{d}z}{\mathrm{d}t} = u_z$$

现将欧拉运动微分方程式分别乘以 $\mathrm{d}x$、$\mathrm{d}y$、$\mathrm{d}z$，然后相加，得

$$(f_x\mathrm{d}x + f_y\mathrm{d}y + f_z\mathrm{d}z) - \frac{1}{\rho}\left(\frac{\partial p}{\partial x}\mathrm{d}x + \frac{\partial p}{\partial y}\mathrm{d}y + \frac{\partial p}{\partial z}\mathrm{d}z\right) = \frac{\mathrm{d}u_x}{\mathrm{d}t}\mathrm{d}x + \frac{\mathrm{d}u_y}{\mathrm{d}t}\mathrm{d}y + \frac{\mathrm{d}u_z}{\mathrm{d}t}\mathrm{d}z$$

利用上述四个条件，得

$$\mathrm{d}W-\frac{1}{\rho}\mathrm{d}p=u_x\mathrm{d}u_x+u_y\mathrm{d}u_y+u_z\mathrm{d}u_z=\mathrm{d}\left(\frac{u^2}{2}\right)$$

因ρ=常数，故上式可写成

$$\mathrm{d}\left(W-\frac{p}{\rho}-\frac{u^2}{2}\right)=0$$

积分上式，有

$$W-\frac{p}{\rho}-\frac{u^2}{2}=\text{常数} \tag{3-22}$$

式（3-22）是伯努利积分式。它表明对于不可压缩的理想流体，在有势的质量力作用下做恒定流动时，在同一流线上$W-\frac{p}{\rho}-\frac{u^2}{2}$保持不变。但对于不同的流线，伯努利积分常数一般是不同的。

3.6 恒定总流伯努利方程（能量方程）

连续性方程只说明了流速与过水断面的关系，是一个运动学方程。从本节起将进一步根据动力学的观点来讨论水流各运动要素之间的关系。由于水流运动过程是在一定条件下的能量转化过程，因此水流各运动要素之间的关系可以通过分析水流的能量守恒定律求得。水流的能量方程就是能量守恒定律在水流运动中的具体表现。

3.6.1 理想流体恒定元流的伯努利方程

在恒定流场中选取一微小流束，如图 3-13 所示。在t时刻选取断面 1 和 2 间的元流段，以该元流段为研究对象，应用动能定理，导出恒定元流的能量方程。

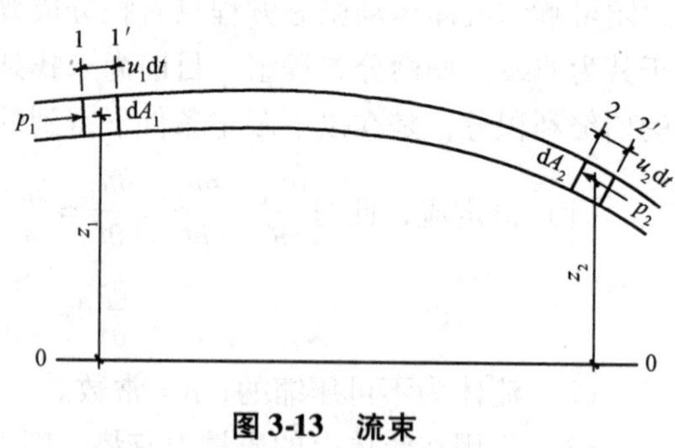

图 3-13　流束

设断面 1、2 的位置高度、微元面积、压强和流速分别为z_1、$\mathrm{d}A_1$、p_1、u_1和z_2、$\mathrm{d}A_2$、p_2、u_2。经过 dt 时段后，元流段从断面 1、2 间运动到断面 1′、2′间，断面 1、2 分别移动$u_1\mathrm{d}t$和$u_2\mathrm{d}t$的距离。对于理想流体，元流段受的表面力仅为压力。断面 1 所受压力为$p_1\mathrm{d}A_1$，做功为$p_1\mathrm{d}A_1u_1\mathrm{d}t$；断面 2 所受压力为$p_2\mathrm{d}A_2$，做功为$-p_2\mathrm{d}A_2u_2\mathrm{d}t$；元流侧表面无位移，压力不做功。表面力做功为

$$p_1\mathrm{d}A_1u_1\mathrm{d}t-p_2\mathrm{d}A_2u_2\mathrm{d}t=(p_1-p_2)\mathrm{d}Q\mathrm{d}t$$

对比一下流段在 dt 时段前后所占据的空间可以发现，尽管流段在 dt 时段前后所占据的空间有变化，但 1、2 两断面间的空间则是流段 dt 时段前后所共有。在这段空间内的流体，不但位能不变，动能也由于流动的恒定性，各点流速保持不变。所以，流段 dt 时段前后能量的变化，也就是位置 2—2′中流体的能量和位置 1—1′中流体的能量的差值。

对于不可压缩流体，位置 2—2′和 1—1′中流体的体积为 $\mathrm{d}Q\mathrm{d}t$，质量等于 $\rho\mathrm{d}Q\mathrm{d}t$，所以动能的增量为

$$\rho\mathrm{d}Q\mathrm{d}t\left(\frac{u_2^2}{2}-\frac{u_1^2}{2}\right)$$

位能的增量为

$$\rho gQ\mathrm{d}t(z_2-z_1)$$

代入动能定理得

$$(p_1-p_2)\mathrm{d}Q\mathrm{d}t=\rho g\mathrm{d}Q\mathrm{d}t(z_2-z_1)+\rho\mathrm{d}Q\mathrm{d}t\left(\frac{u_2^2}{2}-\frac{u_1^2}{2}\right)$$

上式各项除以 $\rho g\mathrm{d}Q\mathrm{d}t$，整理得

$$z_1+\frac{p_1}{\rho g}+\frac{u_1^2}{2g}=z_2+\frac{p_2}{\rho g}+\frac{u_2^2}{2g} \tag{3-23}$$

式（3-23）是理想不可压缩流体恒定元流的能量方程，或称为伯努利方程。它反映了恒定流体沿流动方向上各点位置高度 z、压强 p 和流速 u 之间的变化规律。当元流的过流断面面积为 0 时，元流变为一条流线，因此式（3-23）也是流线的能量方程。

3.6.2　理想流体伯努利方程的物理意义和几何意义

从物理角度看，能量方程中，z 是单位质量液体相对于某基准面（$z=0$ 的水平面）所具有的位能，又叫重力势能，工程技术中称为位置水头；$\frac{p}{\rho g}$表示单位质量流体所具有的压能（压强势能），工程技术中称为压强水头；$\frac{u^2}{2g}$表示单位质量流体所具有的动能，工程技术中称为流速水头。$z+\frac{p}{\rho g}$表示单位质量流体所具有的势能，工程技术中称为测压管水头；$z+\frac{p}{\rho g}+\frac{u^2}{2g}$表示单位质量流体所具有的总的机械能，工程技术中称为总水头。能量方程表明，元流从一个断面流到另一个断面的过程，单位质量流体所具有的总的机械能守恒，位能、压能和动能在一定的条件下可以互相转化。

伯努利方程的物理意义是在理想不可压缩流体恒定元流的任一过流断面的单位质量流体的总机械能相等。显然，理想不可压缩流体恒定元流的总水头线是水平的，这也可看成伯努利方程的几何意义。

实际流体的流动中，元流的摩擦阻力做负功，使机械能沿流向不断衰减，元流能量方程将变为

$$z_1+\frac{p_1}{\rho g}+\frac{u_1^2}{2g}=z_2+\frac{p_2}{\rho g}+\frac{u_2^2}{2g}+h'_{\mathrm{w}1-2}$$

式中，$h'_{\mathrm{w}1-2}$为元流中单位质量流体从断面 1—1 到断面 2—2 的机械能损失，又称元流的水头损失。

3.6.3　元流能量方程的应用举例

毕托管是一种测定液流或气流空间点流速的仪器，由测压管和测速管组合制成。毕托管

测速是应用元流能量方程的一个典型的例子。为了测量水流的流速，可以在同一流线上 A 点和 B 点各放一根如图 3-14 所示的管子。Ⅰ管的管口截面平行于流线，Ⅱ管的管口截面垂直于流线方向。

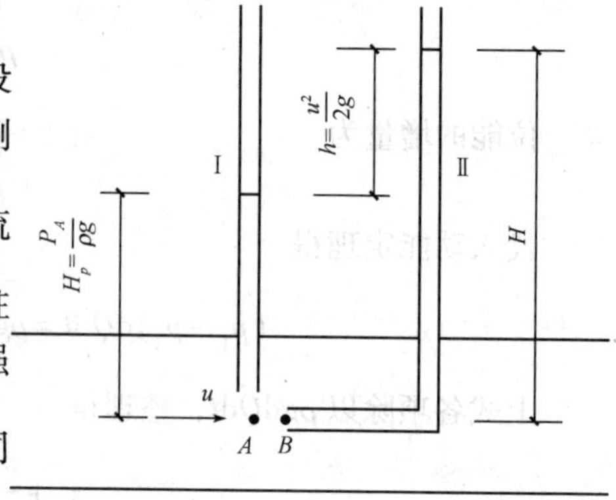

图 3-14　毕托管原理

假设两管的存在对于Ⅰ管的管口处原来的流动没有影响，u_A 即欲测的流速 u，则Ⅰ管测得的 A 点的测压管液柱高度 $H_p=\dfrac{p_A}{\rho g}$。而Ⅱ管的管口阻止流体的流动，在 B 点处液体运动质点的流速为 0，B 点称为驻点或滞止点。在驻点处，液流的动能全部转化成压强能，Ⅱ管中液面升高为 $H=\dfrac{p_B}{\rho g}$，H 比 H_p 高出 h，对同一流线上的 A、B 两点，应用理想液体恒定流沿流线的伯努利方程，有

$$\frac{p_A}{\rho}+\frac{u^2}{2}=\frac{p_B}{\rho}$$

得

$$u=\sqrt{\frac{2}{\rho}(p_B-p_A)}=\sqrt{2gh} \tag{3-24}$$

实际使用中，毕托管常将两管结合在一起，有多种构造形式，图 3-14 所示是普遍采用的一种。实际使用中，在测得 h，计算流速 u 时，考虑到实际流体为黏性流体以及毕托管对原流场的干扰等影响，引入毕托管修正系数 c，即

$$u=c\sqrt{2gh} \tag{3-25}$$

毕托管修正系数 c 与毕托管的构造、尺寸、表面光滑程度有关，应经过专门的率定实验来确定。

3.7　实际流体恒定总流的伯努利方程及其适用条件

3.7.1　实际液体恒定总流的伯努利方程

在实际工程中需要解决的往往是总流流动问题，如管路或渠道中的流动。因此，应该将元流的伯努利方程推广到总流中。

由元流的能量方程，有

$$z_1+\frac{p_1}{\rho g}+\frac{u_1^2}{2g}=z_2+\frac{p_2}{\rho g}+\frac{u_2^2}{2g}+h'_{w1-2}$$

方程两边乘以质量流量

$$\rho g\mathrm{d}Q=\rho gu_1\mathrm{d}A_1=\rho gu_2\mathrm{d}A_2$$

得到单位时间通过元流两过流断面的能量关系：

$$\left(z_1+\frac{p_1}{\rho g}+\frac{u_1^2}{2g}\right)\rho g\mathrm{d}Q=\left(z_2+\frac{p_2}{\rho g}+\frac{u_2^2}{2g}\right)\rho g\mathrm{d}Q+h'_{\mathrm{w}1-2}\rho g\mathrm{d}Q$$

总流由无数元流构成，对上式总流过流断面积分得

$$\int_{A_1}\left(z_1+\frac{p_1}{\gamma}+\frac{u_1^2}{2g}\right)\rho g\mathrm{d}Q=\int_{A_2}\left(z_2+\frac{p_2}{\gamma}+\frac{u_2^2}{2g}\right)\rho g\mathrm{d}Q+\int_Q h'_{\mathrm{w}1-2}\rho g\mathrm{d}Q \tag{3-26}$$

式（3-26）中有三种类型的积分，分别如下：

（1）$\rho g\int_A\left(z+\frac{p}{\gamma}\right)\mathrm{d}Q$，该积分表示单位时间内通过总流过水断面的液体势能的总和。如要求得该积分，则需要知道总流过水断面上各点的分布规律。为了能求解出上述积分，过水断面需要选择在均匀流或者渐变流流段上。均匀流或者渐变流过水断面上 $z+p/\gamma=$ 常数，这样可求得该积分为

$$\rho g\int_A\left(z+\frac{p}{\gamma}\right)\mathrm{d}Q=\rho g\left(z+\frac{p}{\gamma}\right)\int_A\mathrm{d}Q=\left(z+\frac{p}{\gamma}\right)\rho gQ \tag{3-27}$$

（2）$\rho g\int_A\frac{u^2}{2g}\mathrm{d}Q=\rho g\int_A\frac{u^3}{2g}\mathrm{d}A$，它表示单位时间内通过总流过水断面的液体动能的总和。流速 u 在过水断面上的分布一般是未知的，为求解出该积分，可采用断面平均流速来代替流速分布，并加一适当的修正系数 α，这样可计算出实际液体的总动能。

$$\rho g\int_A\frac{u^3}{2g}\mathrm{d}A=\alpha\rho g\int_A\frac{v^3}{2g}\mathrm{d}A=\rho g\frac{\alpha v^3}{2g}A=\frac{\alpha v^2}{2g}\rho gQ \tag{3-28}$$

式中，α 称为动能修正系数，它反映了用流速分布函数计算出的实际动能与用断面平均流速算出的动能的区别。由式（3-28）可得

$$\alpha=\frac{\int_A u^3\mathrm{d}A}{v^3A}$$

要计算 α，需要知道总流过水断面上流速分布 u 的分布函数。通常，由实验率定 α。对于一般的工程问题，由实验知，流速分布较均匀时，$\alpha=1.05\sim1.10$；流速分布不均匀时，α 较大，甚至可以达到 2.0。在工程问题的初步计算中，可取 $\alpha=1.0$。

（3）$\rho g\int_Q h'_{\mathrm{w}1-2}\mathrm{d}Q$，它是单位时间内总流液体从过水断面 1—1 流动到过水断面 2—2 的机械能损失，根据积分中值定理可得

$$\int_Q h'_{\mathrm{w}1-2}\rho g\mathrm{d}Q=h_{\mathrm{w}1-2}\rho gQ \tag{3-29}$$

将以上积分结果代入式（3-26）中，注意到恒定流时，$Q_1=Q_2=Q$，化简后得

$$z_1+\frac{p_1}{\rho g}+\frac{\alpha_1v_1^2}{2g}=z_2+\frac{p_2}{\rho g}+\frac{\alpha_2v_2^2}{2g}+h_{\mathrm{w}1-2} \tag{3-30}$$

式（3-30）即实际液体总流的伯努利方程，又称为总流能量方程。它与实际液体元流的伯努利方程类似。实际液体的总水头线如图 3-15 所示，总水头线（即 H 线）沿程单调下降，这是因为任意两断面都满足 $h_{\mathrm{w}1-2}>0$。实际流体沿单位流程上的水头损失称为总水头线坡度，或水力坡度，用 J 表示。设 l 表示流程坐标，有

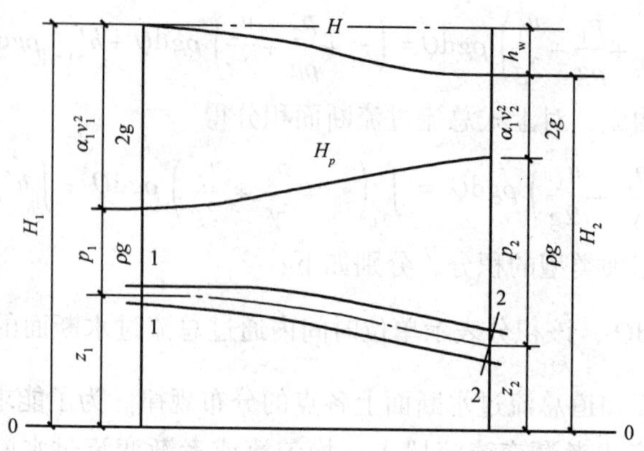

图 3-15　实际液体的总水头线

$$J=\frac{\mathrm{d}h_{\mathrm{w1-2}}}{\mathrm{d}l}=-\frac{\mathrm{d}H}{\mathrm{d}l} \tag{3-31}$$

因此 H 总是沿程减小的，即 $\frac{\mathrm{d}H}{\mathrm{d}l}<0$，因此 $J>0$。从式（3-31）可知，对于理想流体，$J=0$，因为不存在水头损失，故理想液体恒定总流的总水头线为一条水平直线。

类似地，单位流程上测压管水头 H_p 的减小值称为测压管坡度，以 J_p 表示：

$$J_p=-\frac{\mathrm{d}H_p}{\mathrm{d}l}=-\frac{\mathrm{d}}{\mathrm{d}l}\left(z+\frac{p}{\rho g}\right) \tag{3-32}$$

约定 H_p 减小时 J_p 为正，H_p 增加时 J_p 为负，故式（3-32）中添加了“-”号。H 总是沿程减少，但 H_p 沿程可以减少也可以增加。对于均匀流，有 $J_p=J=\frac{\mathrm{d}h_{\mathrm{w1-2}}}{\mathrm{d}l}$。

3.7.2　实际流体恒定总流能量方程的适用条件

（1）不可压缩流体的恒定流，质量力只有重力。

（2）两个过流断面符合均匀流或渐变流的条件（断面之间允许有急变流）。

（3）两过流断面除水头损失以外，没有能量的输入和输出。

当两断面间有能量的输出（例如中间有水轮机或汽轮机）或输入（例如中间有水泵或风机）时，条件（3）不能满足，应将能量方程修改成

$$z_1+\frac{p_1}{\rho g}+\frac{\alpha_1 v_1^2}{2g}+\Delta H=z_2+\frac{p_2}{\rho g}+\frac{\alpha_2 v_2^2}{2g}+h_{\mathrm{w1-2}} \tag{3-33}$$

式中　ΔH——输入水头，它表示给单位质量流体输入的机械能。机械能输出时 ΔH 取负值。

3.7.3　实际流体恒定总流能量方程附带的几点说明

（1）过流断面选取的要求，除必须选取渐变流或均匀流断面外，一般应选择包含较多已知量且包含需求未知量的断面。

（2）基准面可以任意选取，但必须是水平面，且对于两个不同的过流断面，必须选取同一基准面。

（3）过流断面上的计算点原则上可以任意选取，这是因为渐变流过流断面上各点情况相同，并且对于同一个过流断面，平均流速、水头相同。为了计算方便起见，通常对于管流取在管轴中心处，对于明渠流取在自由液面上。

（4）方程中的流体动压强 p_1、p_2 可取绝对压强或者相对压强，但在同一个方程中必须采用相同的压强度量标准。在土建工程中，构筑物多数在大气中，所以其水力计算多采用相对压强。

当两个过流断面之间的总流段存在质量的输入或输出时，条件（3）不能满足，但可采用流道分割法转化成简单流道。例如，如图 3-16 所示的分岔管，图中 ABC 为两股流体的分界面。把这两股流体看成两总流，可分别列出它们的总流能量方程。当过流断面 1—1、2—2 和 3—3 为渐变流的过流断面时，有

$$z_1+\frac{p_1}{\rho g}+\frac{\alpha_1 v_1^2}{2g}=z_2+\frac{p_2}{\rho g}+\frac{\alpha_2 v_2^2}{2g}+h_{w1-2} \tag{3-34}$$

$$z_1+\frac{p_1}{\rho g}+\frac{\alpha_1 v_1^2}{2g}=z_3+\frac{p_3}{\rho g}+\frac{\alpha_3 v_3^2}{2g}+h_{w1-3} \tag{3-35}$$

由于两总流的流动情况不同，一般有 $h_{w1-2}\neq h_{w1-3}$。

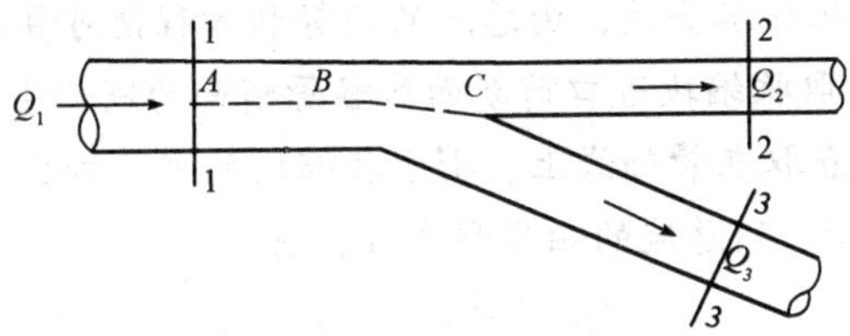

图 3-16　分岔管

3.7.4　恒定总流的能量方程应用举例

【例 3.5】　离心泵由吸水池抽水，如图 3-17 所示，已知抽水量 $Q=5.56$ L/s，泵的安装高度 $H_s=5$ m，吸水管直径 $d=100$ mm，吸水管的水头损失 $h_w=0.25$ m，试求水泵进口断面 2—2 的真空度。

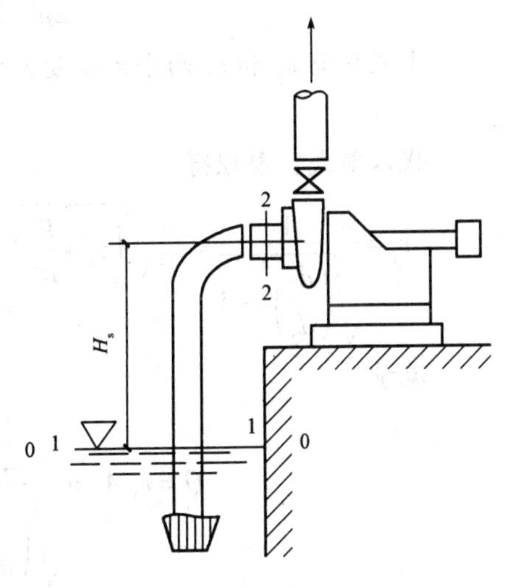

图 3-17　例 3.5 图

解：本题应用总流的伯努利方程求解，选取基准面 0—0 与吸水池水面重合。选取吸水池水面为断面 1—1，与所选基准面重合；水泵进口断面为 2—2 断面。则

$$z_1=0,\ p_1=0,\ v_1\approx 0;\ z_2=H_s,\ v_2=\frac{4Q}{\pi d^2}=0.708\ \text{m/s}$$

列出断面 1—1 到断面 2—2 恒定总流的伯努利方程，有

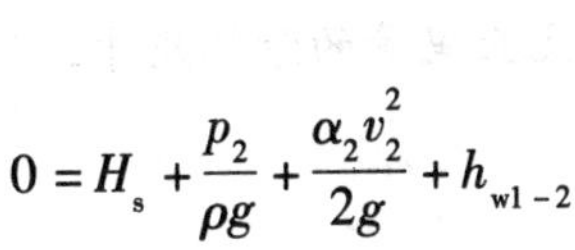

$$0=H_s+\frac{p_2}{\rho g}+\frac{\alpha_2 v_2^2}{2g}+h_{w1-2}$$

$$\frac{p_v}{\rho g}=\frac{-p_2}{\rho g}=H_s+\frac{\alpha_2 v_2^2}{2g}+h_{w1-2}=5.28\ \text{m}$$

【例 3.6】 文丘里流量计是一种测量有压管流中液体流量的仪器，它是一变直径的管段，由收缩段、喉管与扩大管组成，如图 3-18 所示。已知进口直径 $d_1=100$ mm，喉管直径 $d_2=50$ mm，实测水银差压计的水银面高差 $h_p=3.97$ cm，测压管水头差 $h=0.5$ m，流量计的流量系数（实际流量与不计水头损失的理论流量之比）$\mu=0.98$。试求管道通过的流量。

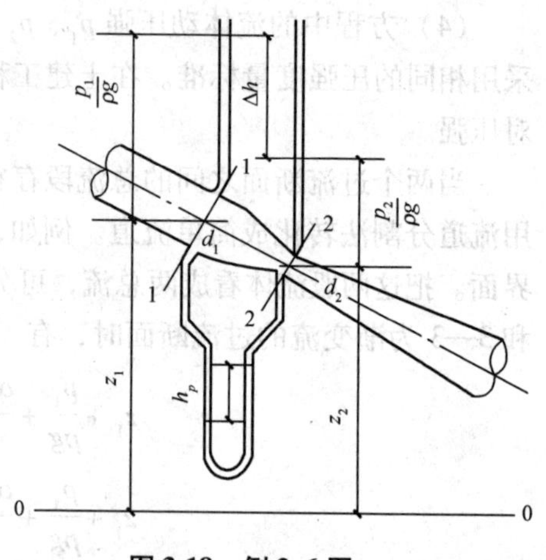

图 3-18　例 3.6 图

解：文丘里流量计是常用的测量管道流量的仪表，最初根据意大利物理学家文丘里对渐扩管的实验，运用伯努利方程原理制成。流量计由收缩段、喉管和扩大管三部分组成。管道过流时，因喉管断面缩小，流速增大，压强降低。据此，在收缩段进口前断面 1—1 和喉管断面 2—2 装测压管或压差计，只需测出两断面的测压管水头差，由总流的伯努利方程便可算出管道的流量。

选取基准面 0—0，选取收缩段进口前断面和喉管断面为断面 1—1 和断面 2—2，两者均为渐变流过流断面，计算点取在管轴线上。由于收缩段的水头损失很小，可以忽略不计，取动能修正系数 $\alpha_1=\alpha_2=1.0$。列总流的伯努利方程，有

$$z_1+\frac{p_1}{\rho g}+\frac{v_1^2}{2g}=z_2+\frac{p_2}{\rho g}+\frac{v_2^2}{2g}$$

$$\frac{v_2^2}{2g}-\frac{v_1^2}{2g}=\left(z_1+\frac{p_1}{\rho g}\right)-\left(z_2+\frac{p_2}{\rho g}\right)$$

上式含有 v_1 和 v_2 两个未知量，补充连续性方程

$$v_1A_1=v_2A_2$$

代入前式，整理得

$$v_1=\frac{1}{\sqrt{\left(\frac{d_1}{d_2}\right)^4-1}}\sqrt{2g}\sqrt{\left(z_1+\frac{p_1}{\rho g}\right)-\left(z_2+\frac{p_2}{\rho g}\right)}=\frac{1}{\sqrt{\left(\frac{d_1}{d_2}\right)^4-1}}\sqrt{2g\left[\left(z_1+\frac{p_1}{\rho g}\right)-\left(z_2+\frac{p_2}{\rho g}\right)\right]}$$

流量

$$Q=v_1A_1=\frac{\frac{1}{4}\pi d_1^2}{\sqrt{\left(\frac{d_1}{d_2}\right)^4-1}}\sqrt{2g\left[\left(z_1+\frac{p_1}{\gamma}\right)-\left(z_2+\frac{p_2}{\gamma}\right)\right]}$$

其中 $K=\frac{\frac{1}{4}\pi d_1^2}{\sqrt{\left(\frac{d_1}{d_2}\right)^4-1}}$，取决于文丘里管的结构尺寸，称为文丘里管系数。

本题中

$$Q=K\sqrt{\left(z_1+\frac{p_1}{\gamma}\right)-\left(z_2+\frac{p_2}{\gamma}\right)}$$

考虑到实际流体存在水头损失，若用水银差压计测势能差，则实际流体的流量为

$$Q'=\mu Q=\mu K\sqrt{\left(z_1+\frac{p_1}{\gamma}\right)-\left(z_2+\frac{p_2}{\gamma}\right)}=\mu K\sqrt{\left(\frac{\gamma_p}{\gamma}-1\right)h_p}=6.83\ \mathrm{L/s}$$

3.8　恒定总流的动量方程

流体动量方程是自然界动量守恒定律在流体力学中的具体表达式，反映了流体动量变化与作用力之间的关系。工程中许多流体力学问题，例如水在弯管中流动时对管壁的作用力，射流对壁面的冲击力，快艇在水中航行时水流给快艇的巨大推力，水流作用于闸门上的动水总压力等，都需要用流体动量方程来分析。

3.8.1　恒定总流动量方程的推导

质点系运动的动量定律可表述为：质点系的动量在某一方向的变化，等于作用于该质点系上所有外力的冲量在同一方向上投影的代数和，即

$$\sum F=\frac{\mathrm{d}K}{\mathrm{d}t}=\frac{\mathrm{d}\left(\sum m\vec{u}\right)}{\mathrm{d}t}$$

可利用上式来推导适合恒定总流的动量方程。如图 3-19 所示，将恒定总流置于坐标系 $Oxyz$ 中，取过流断面 1—1、2—2 为渐变流断面，面积为 A_1、A_2，以过流断面及总流的侧表面围成的空间为控制体，经 dt 时段后，控制体中的流体运动到新位置 1′—2′。

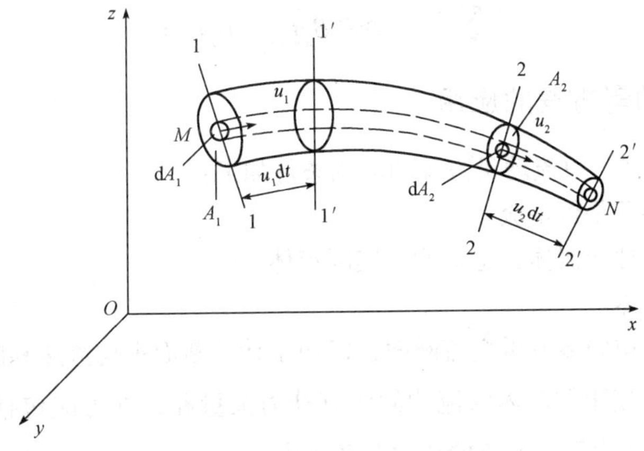

图 3-19　恒定总流动量方程推导

在流过的控制体总流内，任取元流 1—2，断面面积为 dA_1、dA_2，点流速为 u_1、u_2。dt

时段元流动量的增量为

$$dK = K_{1'-2'} - K_{1-2} = (K_{1'-2} + K_{2-2'})_{t+dt} - (K_{1-1'} + K_{1'-2})_t$$

因为恒定流，dt 前后 $K_{1'-2}$无变化，则有 d$k = k_{2-2'} - k_{1-1'}$。

因为过流断面为渐变流断面，各点速度平行，按平行矢量和的法则，定义 $\vec{i}_2$ 为 $\vec{u}_2$ 方向的基本单位矢量，$\vec{i}_1$ 为 $\vec{u}_1$ 方向的基本单位矢量，则 dt 时段内总流动量的增量为

$$dK = \left(\int_{A_2} \rho_2 u_2 dtdA_2 \vec{u}_2\right)\vec{i}_2 - \left(\int_{A_1} \rho_1 u_1 dtdA_1 \vec{u}_1\right)\vec{i}_1$$

对于不可压缩流体，$\rho_1 = \rho_2 = \rho$，引入修正系数 β_1、β_2，以断面平均流速 v 代替点流速 u，积分得

$$\begin{aligned} dK &= (\rho dt\beta_2 v_2^2 A_2)\vec{i}_2 - (\rho dt\beta_1 v_1^2 A_1)\vec{i}_1 \\ &= \rho dt\beta_2 v_2 A_2 \vec{v}_2 - \rho dt\beta_1 v_1 A_1 \vec{v}_1 = \rho dtQ(\beta_2 \vec{v}_2 - \beta_1 \vec{v}_1) \end{aligned}$$

β 是为修正以断面平均速度计算的动量与实际动量的差值而引入的修正系数，称为动量修正系数：

$$\beta = \frac{\int_A u^2 \, dA}{v^2 A}$$

常取 $\beta = 1.0$。

由动量定律，对于总流有

$$\sum F = \rho Q(\beta_2 \vec{v}_2 - \beta_1 \vec{v}_1) \tag{3-36}$$

式（3-36）即液体恒定总流在没有分流或汇流情况下的动量方程。它是一个矢量方程，在笛卡儿坐标系中可将该方程写为三个投影形式的代数方程：

$$\begin{cases} \sum F_x = \rho Q(\beta_2 \vec{v}_{2x} - \beta_1 \vec{v}_{1x}) \\ \sum F_y = \rho Q(\beta_2 \vec{v}_{2y} - \beta_1 \vec{v}_{1y}) \\ \sum F_z = \rho Q(\beta_2 \vec{v}_{2z} - \beta_1 \vec{v}_{1z}) \end{cases} \tag{3-37}$$

3.8.2 总流动量方程的应用

由以上推导过程知，总流动量方程的应用条件如下：

（1）液体流动必须是恒定流。

（2）不仅适用于理想流体，也适用于实际流体。

（3）不可压缩流体。

（4）有效断面为均匀流或缓变流断面，以便于计算断面平均流速和断面上的压力。

（5）$\sum F$ 是指作用于控制体内流体的所有外力矢量和，外力应包括质量力，以及作用在断面上的压力和固体边界对液流的压力及摩擦力。

3.8.3 总流动量方程的解题步骤

（1）选控制体。根据问题的要求，将所研究的两个或多个渐变流断面之间的流体所占

的固定空间取为控制体。

(2) 选坐标系。选定坐标系的方向，各作用力及流速的分量与坐标系方向一致的为正，逆向为负。

(3) 作计算简图。分析控制体流体的受力情况（含重力），并在控制体上标出全部作用力的方向。对于方向未知的待求力，方向可任意设定，实际方向由计算结果的正、负号确定。结果为正，表示与设定方向一致；结果为负，表示与设定方向相反。

(4) 列动量方程求解。注意与伯努利方程、连续性方程联合使用。

3.8.4　推论

若流进或流出控制体的控制断面不止一个，则方程应修正为

$$\sum(\rho Q\beta v)_{流出} - \sum(\rho Q\beta v)_{流进} = \sum F$$

式中　$\sum(\rho Q\beta v)_{流出}$——各控制断面上单位时间流出控制体的动量矢量和；

$\sum(\rho Q\beta v)_{流进}$——各控制断面上单位时间流进控制体的动量矢量和。

如图 3-20 所示，当液流有分流或汇流的情况时，可由与推导有分、汇流时的连续性方程类似的方法写出其总流动量方程。

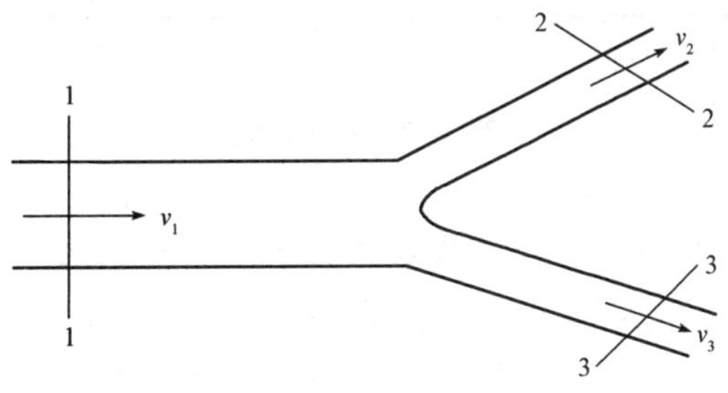

图 3-20　分流

【例 3.7】 求图 3-21 所示中流体作用于弯管的力。

解： 图 3-21 表示一水平弯管的等径管路。由于液流在弯道改变了流动方向，也就改变了动量，于是就会产生作用于管壁的压力。因此在设计管道时，在管路拐弯处必须考虑这个作用力，并设法加以平衡，以防管道破裂。

利用总流的动量方程来确定水流对弯管的作用力。取过流断面 1—1 与断面 2—2 以及管内壁所组成的封闭曲面为控制体。

建立坐标轴 x 与 y，作用在控制体内流体上的表面力，以及流进与流出控制体的流速如图 3-21 所示，其中 R_x 和 R_y 为弯管对水流的反作用力，p_1 和 p_2 分别是断面 1—1 与断面 2—2 的形心点相对压强，作用在两断面上的总压力分别为

$$P_1 = p_1 A_1，\ P_2 = p_2 A_2$$

控制体内流体的重力因与所研究的水平面垂直，故不必考虑。$\beta = 1$，沿 x 轴方向的动量方程为

$$p_1 A_1 - p_2 A_2 \cos\theta - R_x = \rho Q(v_2 \cos\theta - v_1)$$

则

$$R_x = p_1A_1 - p_2A_2\cos\theta - \rho Q(v_2\cos\theta - v_1)$$

同理，沿 y 轴方向的动量方程为

$$0 - p_2A_2\sin\theta + R_y = \rho Q(v_2\sin\theta - 0)$$

则

$$R_y = p_2A_2\sin\theta + \rho Qv_2\sin\theta$$

从以上公式可求出 R_x 和 R_y，从而可以计算出 R：

$$R = \sqrt{R_x^2 + R_y^2}$$

水流对弯管的作用力与 R 大小相等，方向相反。

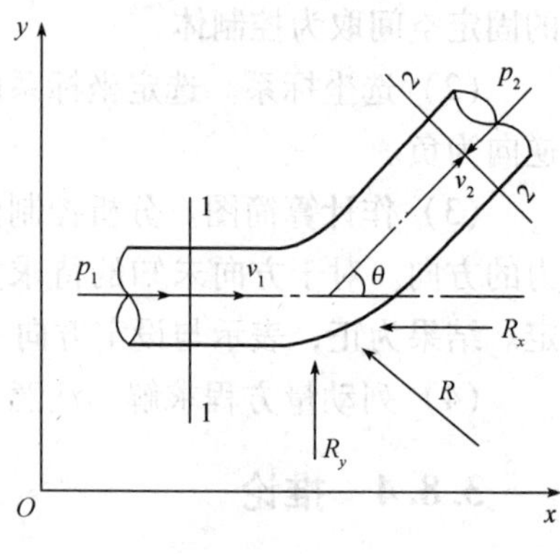

图 3-21　例 3.7 图

【例 3.8】如图 3-22 所示，过水堰位于一水平河床中，上游水深 $h_1 = 1.8$ m，下游收缩断面水深 $h_2 = 0.6$ m，在不计水头损失的情况下，求水流对单宽堰段的水平推力。

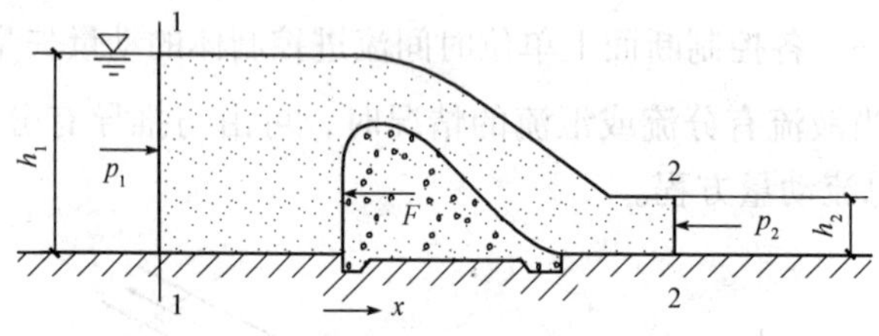

图 3-22　例 3.8 图

解：取上游过流断面 1—1 与下游流线基本平行的收缩断面 2—2 以及自由液面、上下游河床、过水堰面所包围的封闭曲面为控制体。

建立坐标轴 x，如图 3-22 所示，作用在控制体内水流上的质量力只有重力，但在 x 轴方向没有投影；p_1 和 p_2 分别是断面 1—1 与断面 2—2 的形心点相对压强，作用在两断面上的总压力可按照流体静力学方法计算。

对于单宽上游过流断面 1—1

$$P_1 = p_1A_1 = \frac{1}{2}\gamma h_1 \times h_1 \times 1 = 15.88\ \text{kN}$$

对于单宽下游过流断面 2—2

$$P_2 = p_2A_2 = \frac{1}{2}\gamma h_2 \times h_2 \times 1 = 1.76\ \text{kN}$$

设 F 为堰对水流的反作用力，堰 x 轴方向的动量方程为

$$p_1A_1 - p_2A_2 - F = \rho Q(v_2 - v_1)$$

式中　v_1、v_2——未知量，需通过其他方程求解。由连续性方程，有

$$v_1 = v_2\frac{h_2}{h_1}$$

取上游过流断面 1—1 和下游过流断面 2—2，渠底作为 0—0 基准面，列能量方程

$$h_1 + \frac{v_1^2}{2g} = h_2 + \frac{v_2^2}{2g}$$

由连续性方程和能量方程得

$$v_2=\frac{1}{\sqrt{1-\left(\frac{h_2}{h_1}\right)^2}}\sqrt{2g(h_1-h_2)}=\frac{1}{\sqrt{1-\left(\frac{0.6}{1.8}\right)^2}}\times\sqrt{2\times9.8\times(1.8-0.6)}=5.14\ (\text{m/s})$$

$$v_1=v_2\frac{h_2}{h_1}=5.14\times\frac{0.6}{1.8}=1.71\ (\text{m/s})$$

$$Q=v_2h_2=5.14\times0.6=3.09\ (\text{m}^3/\text{s})$$

代入动量方程得

$$F=p_1A_1-p_2A_2-\rho Q(v_2-v_1)=3.43\ \text{kN}$$

水流对单宽过水堰段的水平推力与 F 互为反作用力，大小为 3.43 kN，方向水平向右。

习　题

1. 已知流速场

$$\begin{cases}u_x=2t+2x+2y\\u_y=t-y+z\\u_z=t+x-z\end{cases}$$

求流场中点（2，2，1）在 $t=2$ 时的加速度。[$a=34i+3j+11k$]

2. 已知平面流动速度分布为

$$\begin{cases}u_x=\dfrac{-cy}{x^2+y^2}\\u_y=\dfrac{cx}{x^2+y^2}\end{cases}$$

其中 c 为常数，求流线方程。[$x^2+y^2=$常数]

3. 过流断面上各点流速按下列抛物线方程轴对称分布：

$$u=u_{\max}\left[1-\left(\frac{r}{r_0}\right)^2\right]$$

式中，管道半径 $r_0=3$ cm，管轴上最大流速 $u_{\max}=0.15$ m/s。试求总流量 Q 和断面平均流速 v。[$Q=0.212$ L/s，$v=7.5$ cm/s]

4. 有一输油管道，在内径为 20 cm 的截面上流速为 2 m/s，求另一内径为 5 cm 截面上的流速以及管道内的流量。已知油的相对密度为 0.85。[32 m/s，53.4 kg/s]

5. 如5题图所示，以平均速度 $v=0.15$ m/s 流入直径 $D=2$ cm 的排孔管中的液体，全部经 8 个直径 $d=1$ mm 的排孔流出，假定每孔流速依次降低 2%，问第 1 孔与第 8 孔的出流速度。[8.04 m/s，6.98 m/s]

6. 如6题图所示，水从水箱流经直径为 $d_1=10$ cm，$d_2=5$ cm，$d_3=2.5$ cm 的管道流入大气。当出口流速为 10 m/s 时，求：(1) 体积流量；(2) d_1 及 d_2 管段的流速。[0.004 908 7 m^3/s，$v_1=0.625$ m/s，$v_2=2.5$ m/s]

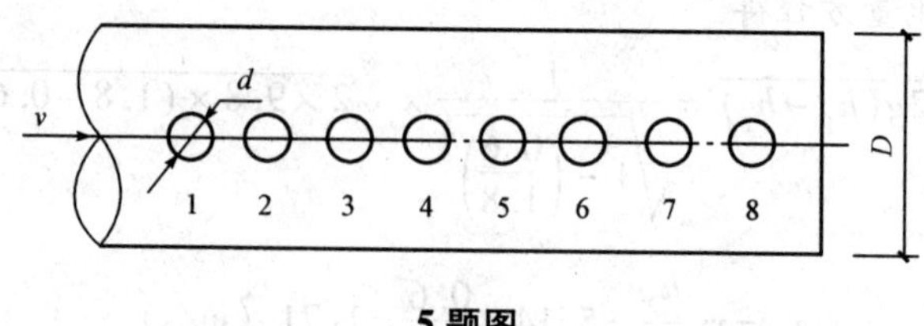

5 题图

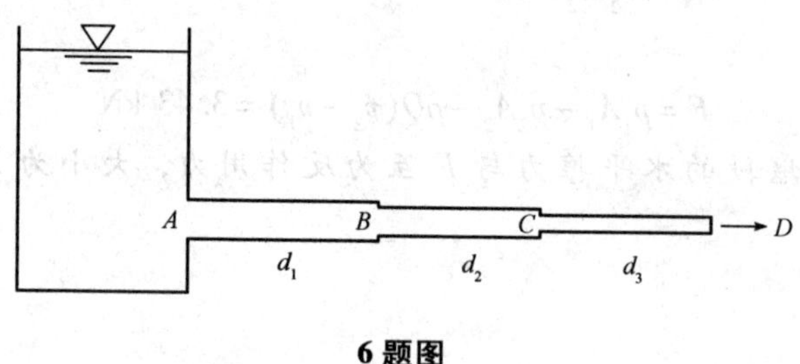

6 题图

7. 利用毕托管原理测量输水管中的流量 qv。已知输水管直径 $d = 200$ mm，水银差压计读数 $h_p = 60$ mm，断面平均流速 $v = 0.84v_{max}$，其中 v_{max} 为毕托管前管轴上未扰动的水流速度。问输水管中的流量 Q 为多大。[$Q = 102$ L/s]

8. 如 8 题图所示，有一管路，由两根不同直径的管子与一渐变连接管组成。已知，$d_A = 200$ mm，$d_B = 400$ mm，A 点相对压强 $p_A = 6.86 \times 10^4$ Pa，B 点相对压强 $p_B = 3.92 \times 10^4$ Pa；B 点处的断面平均流速 $v_B = 1$ m/s。A、B 两点的高差 $\Delta z = 1$ m。要求判别流动方向，并计算这两断面间的水头损失 h_w。[$A \to B$，$h_w = 2.565$ m]

9. 如 9 题图所示，一水平变截面管段接于输水管路中，管段进口直径 $d_1 = 0.1$ m，出口直径 $d_2 = 0.05$ m。当进口断面平均流速 $v_1 = 1.4$ m/s，相对压强 $p_1 = 5.88 \times 10^4$ Pa 时，若不计两截面间的水头损失，试计算出口断面的压强 p_2。[44.1 kPa]

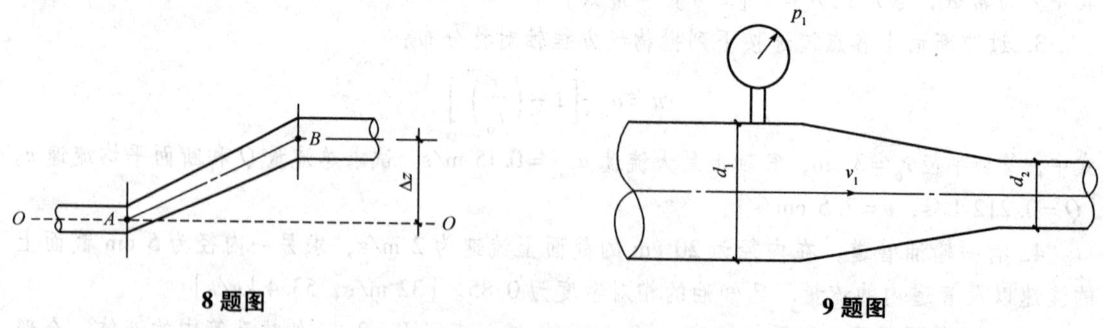

8 题图　　9 题图

10. 如 10 题图所示，水平管路中装一支文丘里流量计。已知 $D = 50$ mm，$d = 25$ mm，$p_1 = 9.8$ kPa，水的流量 $Q = 2.5$ L/s。问连接于该管路收缩断面上的水管可将水自容器内吸上的高度 h_v（不计损失）。[0.24 m]

11. 如 11 题图所示，水管通过的流量 $Q = 9$ L/s，若测压管水头差 $h = 100.6$ cm，直径 $d_2 = 5$ cm，试确定直径 d_1（假定水头损失可忽略不计）。[100 mm]

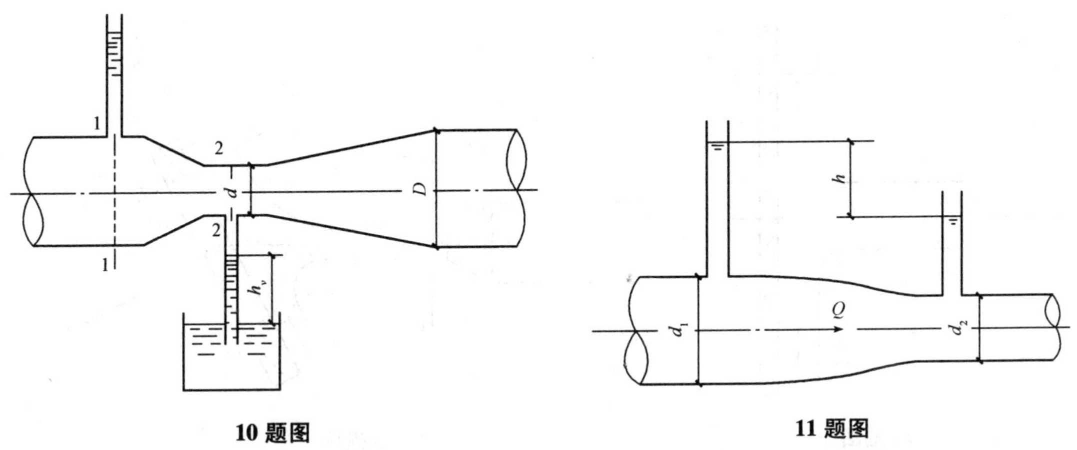

10 题图　　　　11 题图

12. 如12题图所示，一矩形断面平底渠道，其底宽 $b=2.7$ m，河床在某断面处抬高0.3 m，抬高前的水深 $h_1=1.8$ m，抬高后的水深 $h_2=1.38$ m。若水头损失 h_w 为尾渠速度水头的一半，求流量 Q。[6.0 m^3/s]

13. 如13题图所示，离心式通风机借集流器 A 从大气中吸入空气。在直径为 d 的圆柱形管道部分接一根玻璃管，管的下端插入水槽中。若玻璃管中的水上升 $H=0.15$ m，求每秒所吸取的空气量 Q（空气的密度 $\rho=1.29$ kg/m^3）。[1.5 m^3/s]

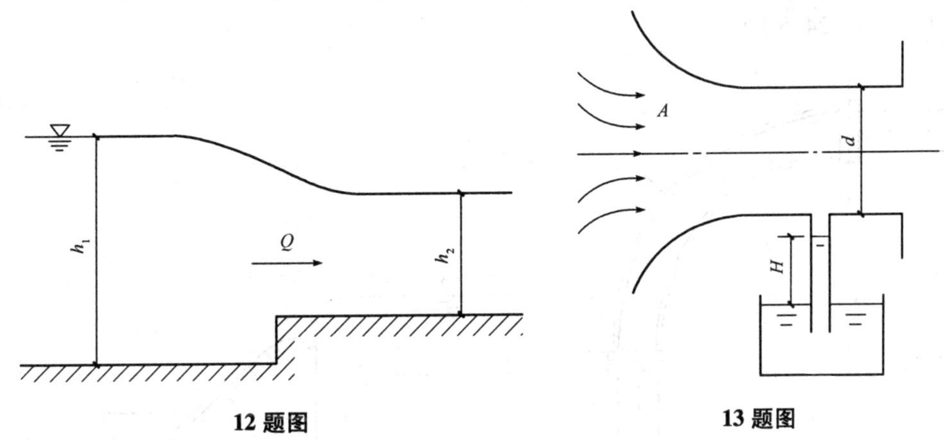

12 题图　　　　13 题图

14. 如14题图所示，一股水平方向上的水流冲击一垂直于水平面的光滑平板。已知射流来流速度为 $v_1=2$ m/s，流量 $Q=0.35$ m^3/s。不计重力及流动损失，求射流对平板的作用力。[700 N]

15. 一股水平方向上的射流冲击一斜置的光滑平板，如15题图所示，已知射流来流速度为 v_0，流量为 Q，密度为 ρ，平板倾斜角度为60°。不计重力及流动损失，试求射流对平板的作用力及分流流量 Q_1 和 Q_2。[$F=-\rho Q v_0 \sin 60°$，$Q=0.75Q$，$Q_2=0.25Q$]

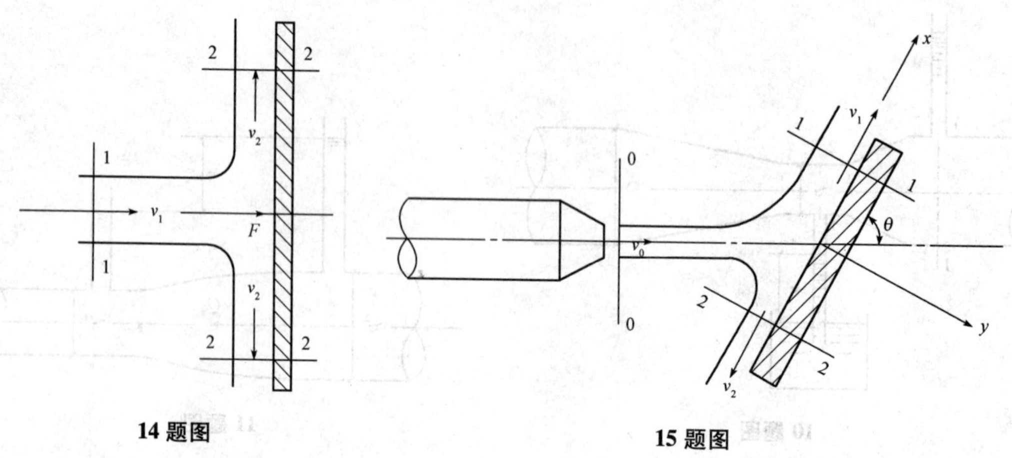

14 题图　　　　15 题图

16. 有一铅垂放置的弯管如16题图所示，弯头转角90°，已知断面1—1与终止断面2—2间的轴线长度为3.14 m，两断面中心高差 $\Delta z=2$ m，断面1—1中心处动水压强 $p_1=117.6\ \mathrm{kN/m^2}$，断面之间水头损失为0.1 m，管径 $d=0.2$ m。试求当管中通过流量 $Q=0.06\ \mathrm{m^3/s}$ 时，水流对弯头的作用力。[$F_x=3.80$ kN，$F_z=3.42$ kN]

17. 17题图所示为一道溢流坝，已知单位宽度流量 $q=15\ \mathrm{m^3/(s\cdot m)}$，上游断面水深 $h_1=2.1$ m，求下游断面水深 h_2 和水流对单位坝宽的水平作用力（略去水头损失及摩擦阻力）。[1.63 m，24.5 kN]

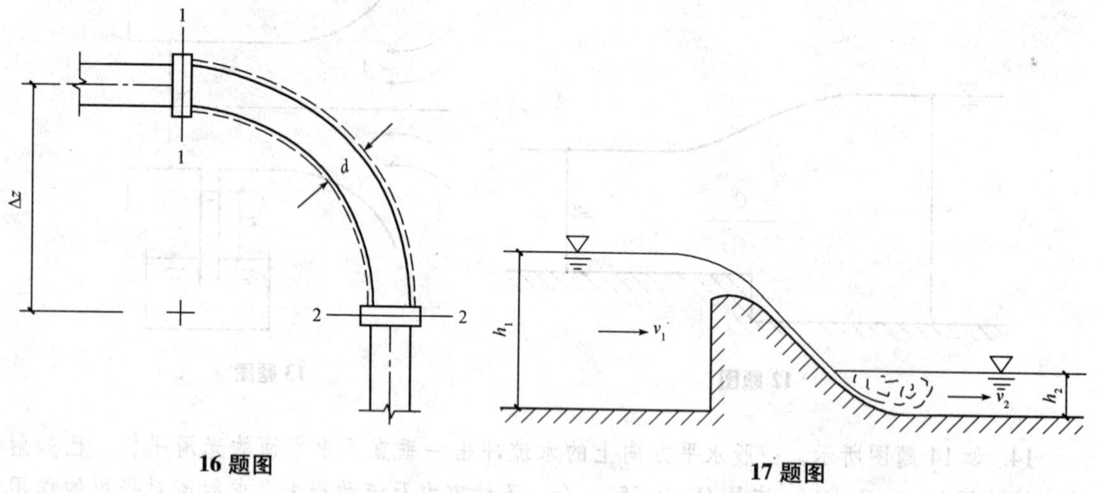

16 题图　　　　17 题图

第4章

量纲分析和相似原理

前面阐述了流体流动的基本方程，求解这些方程是解答水力学问题的一个基本途径。但由于边界条件的复杂性，求解这些方程在数学上常常会遇到困难，因此，还需要借助科学实验的手段来弥补理论分析的不足。在水力学中，实验研究是一种重要的研究方法。实验研究可以在实际流动（原型）中进行，也可以在模型流动中进行。在实践中，由于实验中可变因素多且受实验条件的限制，往往更多采用模型实验。对于工程应用问题的模型实验，必须研究如何确定实验条件（模型尺寸、模型中的流动介质、来流条件等），实验中应测得哪些物理量，如何整理实验成果，如何将实验结果换算到原型中等问题。量纲分析就是指导分析实验的重要方法。通过量纲分析和相似原理可以合理正确地组织、简化实验及整理成果。

4.1 量纲分析概述

4.1.1 量纲和单位

在水力学（或流体力学）研究中需用密度、黏滞系数、长度、速度、时间和力等物理量来表述水流现象及其运动规律。这些物理量按其性质的不同可分为各种类别，各类别可用量纲（或称因次）来标志，它们的名称、符号和量纲如表4-1所示。

表4-1 流体力学中常见物理量的量纲

名称	符号	量纲	名称	符号	量纲
长度	l	L	压力、切应力	p、τ	$ML^{-1}T^{-2}$
时间	t	T	重力加速度	g	LT^{-2}
质量	m	M	密度	ρ	ML^{-3}

续表

名称	符号	量纲	名称	符号	量纲
力	F	LMT^{-2}	动力黏性系数	μ	$ML^{-1}T^{-1}$
速度	v	LT^{-1}	运动黏性系数	ν	L^2T^{-1}
加速度	a	LT^{-2}	动量	J	MLT^{-1}
面积	A	L^2	流量	q	L^3T^{-1}

量度各种物理量数值大小的标准，称为单位。如长度为 1 m 的管道，可用 100 cm、3 市尺或 3.28 英尺等不同的单位来表示。所选用的单位不同，数值也不同。但上述单位均属长度类，即所有测量长度的单位（米、厘米、英尺等）均具有同一量纲，以［L］表示。

量纲可分为基本量纲和诱导量纲。

基本量纲是相互独立的，即一个基本量纲不能从其他基本量纲推导出来，也就是不依赖于其他基本量纲，如长度［L］、时间［T］和质量［M］是相互独立的，不能从［L］［T］中得出［M］，也不能从［T］［M］中得出［L］。诱导量纲则是由基本量纲中推导出来的，也称为导出量纲，如面积$[A]=[L]^2$、速度$[v]=\frac{[L]}{[T]}$、加速度$[a]=\frac{[L]}{[T]^2}$等。

在各种力学问题中，任何一个力学量的量纲都可以由［L、T、M］导出，故一般取长度［L］、时间［T］及质量［M］为基本量纲。但需指出，基本量纲并不是理论上规定必须取 3 个，也可以采用 4 个或少于 3 个。与国际单位制（SI）相对应，通常采用［L、T、M］为基本量纲，力［F］是诱导量纲，$[F]=\frac{[M][L]}{[T]^2}$。过去也有采用［L、T、F］为基本量纲的，目前已经很少采用。

4.1.2 无量纲数

力学中任何一个其他物理量的量纲，一般均可用三个基本量纲的指数乘积形式来表示。如 X 为任一物理量，其量纲可用下式表示：

$$[X]=[L^{\alpha}T^{\beta}M^{\gamma}] \tag{4-1}$$

式（4-1）称为量纲公式。量 X 的性质可由量纲指数 α、β、γ 来反映，如 α、β、γ 指数有一个不等于零时，就可以说 X 为一有量纲的量。

当 $\alpha\neq0$，$\beta=0$，$\gamma=0$ 时，X 为一个几何学的量。如面积 A、体积 V 等。

当 $\alpha\neq0$，$\beta\neq0$，$\gamma=0$ 时，X 为一个运动学的量。如流速 u、加速度 a、流量 Q 等。

当 $\alpha\neq0$，$\beta\neq0$，$\gamma\neq0$ 时，X 为一个动力学的量。如力 F、密度 ρ、压强 P 等。

当 $\alpha=0$，$\beta=0$，$\gamma=0$ 时，则

$$[X]=[L^0T^0M^0]=1 \tag{4-2}$$

X 为无量纲量（数），也称纯数，它具有数值的特性。

无量纲数可以是两个相同量的比值。例如坡度 J 是高差对流程长度的比值，$J=\frac{\Delta h}{l}$，量纲式为$[J]=\frac{[L]}{[L]}=[1]$，即为无量纲数。其他如应变$\frac{\Delta l}{l}$和体积相对压缩值$\frac{dV}{V}$等均是无量

纲数。

无量纲数也可以由几个有量纲量通过乘除组合而成，即组合结果各个基本量纲的指数为零，满足了式（4-2）。如水力学中的雷诺数 Re 和佛汝德数 Fr 等即无量纲数。现以雷诺数 $Re=\frac{vd}{\upsilon}$ 为例说明如下：

已知流速 v 的量纲为 $[L][T]^{-1}$，管径 d 的量纲为 $[L]$，运动黏滞系数 υ 的量纲为 $[L]^2[T]^{-1}$，则雷诺数的量纲 $Re=\frac{[L][T]^{-1}[L]}{[L]^2[T]^{-1}}=[T^0L^0M^0]=[1]$，为无量纲数。

无量纲数既无量纲又无单位，其数值大小与选用的单位无关。因此，尽管水力模型实验中的模型与原型的几何尺寸相差很大，但只要保持原型水流和模型水流相似，反映其流动特征的相应的无量纲数也就不变。所以，无量纲数在水力学相似理论中具有十分重要的地位。在进行水力相似模型实验时，往往要求原型水流与模型水流相应的无量纲数一致。

4.2　量纲和谐原理

凡是正确反映客观规律的物理方程，其各项的量纲都必须是一致的，这称为量纲和谐原理，或称量纲一致性原理。显然，只有两个同类型的物理量才能相加减，也就是相同量纲的量才可以相加减；把两个不同类型的物理量相加减是没有意义的，例如把流速与质量加在一起是完全没有意义的。所以，一个方程式中各项的量纲必须是相同和一致的。但不同类型的物理量却可以相乘除，从而得到诱导量纲的另一物理量，如流速和质量相乘可得动量 $[MLT^{-1}]$。

下面举例说明量纲和谐原理的重要性。

（1）一个方程式在量纲上是和谐的，则方程的形式不随量度单位的改换而变化。量纲和谐原理可用来检验新建方程或经验公式的正确性和完整性。例如伯努利方程为

$$z_1+\frac{P_1}{\gamma}+\frac{u_1^2}{2g}=z_2+\frac{P_2}{\gamma}+\frac{u_2^2}{2g}+h_w$$

各项的量纲都是长度量纲 $[L]$，因而该式是量纲和谐的。各项的单位不管是用米或英尺，该方程的形式均不变；如用方程中任一项分别除式中各项，则可得到无量纲项组成的方程式：

$$1+\frac{P_1}{\gamma z_1}+\frac{u_1^2}{2gz_1}=\frac{z_2}{z_1}+\frac{P_2}{\gamma z_1}+\frac{u_2^2}{2gz_1}+\frac{h_w}{z_1}$$

即得到由无量纲数组成的方程，而不改变原方程的本质，这样既可以避免因选用的单位不同而引起的数值不同，又可使方程的参变量减少。

如一个方程式在量纲上是不和谐的，应重新检查方程式是不是完整，所用的单位是不是一致，在数学分析中是不是有错误等。这一原理对代数方程、微分方程和积分方程均适用。

（2）量纲和谐原理可用来确定公式中物理量的指数。圆管中层流的流量 Q 与管段长 l

成反比，与两端的压差 Δp 成正比，与圆管半径 r 的 n 次方成正比，与液体黏滞系数 μ 成反比，可写成如下形式：

$$Q \propto \frac{\Delta p r^n}{l\mu}$$

现由量纲和谐原理求未知指数 n。

采用［L、T、F］为基本量纲。各物理量的量纲为 $[Q] = [L^3T^{-1}]$，$[\Delta p] = [FL^{-2}]$，$[\mu] = [FTL^{-2}]$，$[r^n] = [L^n]$，$[l] = [L]$，代入上式：

$$[L^3T^{-1}] = [L^{n-1}T^{-1}]$$

根据量纲和谐原理，$n-1=3$，得 $n=4$。

（3）量纲和谐原理可用来建立物理方程式。以单摆周期公式为例，假设我们只见过单摆的物理现象，而还不知这个表明单摆周期的关系式，可以根据和摆动有关的物理量，用量纲法进行如下探索。从实验中观察到，只要摆动的幅度小，周期 t 是随着 l 和 g 变化的。

$$t = \text{常量} \cdot l^{\alpha} \cdot m^{\beta} \cdot g^{\gamma}$$

其中指数 α、β 和 γ 是待定的未知数。式中的变量用它们的量纲代替后，得到量纲关系式

$$T = L^{\alpha} \cdot M^{\beta} \cdot (LT^{-2})^{\gamma} = L^{\alpha+\gamma} \cdot M^{\beta} \cdot T^{-2\gamma}$$

根据上式两端量纲和谐可得

$$\begin{aligned} &L:\ \alpha+\gamma=0 \\ &M:\ \beta=0 \\ &T:\ -2\gamma=0 \end{aligned}$$

解得 $\alpha=\frac{1}{2}$；$\beta=0$；$\gamma=-\frac{1}{2}$。

故 $t = \text{常量} \cdot l^{\frac{1}{2}} \cdot g^{-\frac{1}{2}}$ 或 $\text{常量} = t\sqrt{\frac{l}{g}}$。

在实验中，用摆长不同的摆，测量它们摆动的时间。我们发现，只要摆幅小，若测得摆动的时间各为 t_1，t_2，t_3…，杆的长度各为 l_1，l_2，l_3…，将得出不变的结果，即

$$t_1\sqrt{\frac{l_1}{g}} = t_2\sqrt{\frac{l_2}{g}} = t_3\sqrt{\frac{l_3}{g}} = 2\pi$$

由此就得到了熟悉的单摆周期公式

$$t = 2\pi\sqrt{\frac{l}{g}}$$

必须指出，尽管正确的物理方程式应该是量纲和谐的，但也有一些方程式的量纲是不和谐的，这一般是指单纯依据实验观测资料所建立的经验关系式。这类经验式在应用上是有局限性的。

例如，在渠道设计中过去应用好几十年的一个使渠道既不被冲刷又不会淤积的流速公式——肯尼迪（Kennedy）公式就是不和谐的。

在量纲上不和谐的原因是：这个公式是纯经验性的，没有从理论上考虑公式应有的结构形式，而是单纯地从实测数据建立的关系。

对这类量纲不和谐的经验公式，必须指明应采取的单位。这些经验公式虽然在一定时期内仍在生产实际中使用着，但从量纲上看是不和谐的，说明人们对客观事物的认识还不够全面和充分，只能用不完全的经验关系来表示局部的规律性。这就要求人们继续研究，力求得到符合量纲和谐原理的正确反映客观规律的公式。随着理论水平的不断提高，量纲不和谐的公式会逐渐被淘汰。

4.3　量纲分析法

当某个流动现象未知或复杂得难以用理论分析写出其物理方程时，量纲分析法就是一种强有力的科学方法。这时只需仔细分析这些现象所包含的主要物理量，并通过量纲分析和换算，将含有较多物理量的方程转化为数目较少的无量纲数组方程，就能为解决问题理出头绪，找出解决问题的方向，这就是量纲分析法的价值。

量纲分析法有两种：一种适用于比较简单的问题，称雷利法。另一种是具有普遍性的方法，称为 π 定理。

4.3.1　雷利法

雷利法是量纲和谐原理的直接应用，其计算步骤为：

（1）确定与所研究的物理现象有关的 n 个物理量；

（2）写出各物理量之间的指数乘积的形式，如 $F_D = kD^x u^y \rho^z \mu^a$；

（3）根据量纲和谐原理，即等式两端的量纲应该相同，确定物理量的指数 x、y、z、a，代入指数方程式即得各物理量之间的关系式。但是这里要注意，一般情况下，要求相关变量未知数 n 小于等于 5 个。

【例 4.1】 确定黏性流体流经竖置的单位长度长直圆柱体时的绕流阻力表达式。

解：单位长度所受的阻力 $F_D = F/L$（F 为柱的整体阻力，L 为柱长），影响阻力的因素包括柱的直径 D，流体密度 ρ，黏度 μ，以及行近流速 u，依据量纲和谐原理，上式可写成量纲方程

$$F_D = kD^x u^y \rho^z \mu^a$$

应用［M、L、T］制，并代入相应的量纲

$$[\mathrm{M} \cdot \mathrm{L}^0 \cdot \mathrm{T}^{-2}] = [\mathrm{L}]^x \cdot [\mathrm{L} \cdot \mathrm{T}^{-1}]^y \cdot [\mathrm{ML}^{-3}]^z \cdot [\mathrm{ML}^{-1} \cdot \mathrm{T}^{-1}]^a$$

为满足量纲的和谐，相应的量纲指数必须相同。因此

$$[\mathrm{M}]:\ 1 = z + a$$

$$[\mathrm{L}]:\ 0 = x + y - 3z - a$$

$$[\mathrm{T}]:\ -2 = -y - a$$

得
$$x = 1 - a,\ y = 2 - a,\ z = 1 - a$$

故
$$F_D = kD^{1-a} u^{2-a} \rho^{1-a} \mu^a$$

或
$$F_D = k(\rho u^2 D)\left(\frac{Du\rho}{\mu}\right)^{-a}$$

由 $Re = \dfrac{Du\rho}{\mu}$ 得

$$F_D = kReDu^2\rho$$

【例 4.2】 确定圆管流动中边壁切应力的表达式 τ_0。

解：影响 τ_0 的独立影响因素有液体的密度 ρ、液体的动力黏度 μ、圆管直径 D、管壁材料的粗糙度 Δ 以及管中断面平均流速 v。拟定函数关系式为

$$\tau_0 = k\rho^a\mu^b D^c\Delta^d v^e$$

写出量纲关系式为

$$[\mathrm{M}\cdot\mathrm{L}^{-1}\cdot\mathrm{T}^{-2}] = [\mathrm{M}\cdot\mathrm{L}^{-3}]^a\cdot[\mathrm{M}\cdot\mathrm{L}^{-1}\cdot\mathrm{T}^{-1}]^b\cdot[\mathrm{L}]^c\cdot[\mathrm{L}]^d\cdot[\mathrm{L}\cdot\mathrm{T}^{-1}]^e$$

排列量纲和谐方程求各指数：

$$[\mathrm{M}]:\ 1 = a + b$$
$$[\mathrm{L}]:\ -1 = -3a - b + c + d + e$$
$$[\mathrm{T}]:\ -2 = -b - e$$

联立以上三式解得：$b = 1 - a$，$c = a - d - 1$，$e = a + 1$。

将各指数值代入函数关系式得

$$\tau_0 = k\rho^a\mu^{1-a}D^{a-d-1}\Delta^d v^{1+a}$$

整理得

$$\tau_0 = k\left(\frac{\rho Dv}{\mu}\right)^a\cdot\left(\frac{\Delta}{D}\right)^d\cdot\left(\frac{\mu}{\rho Dv}\right)\cdot\rho v^2 = k\left(\frac{\rho Dv}{\mu}\right)^{a-1}\cdot\left(\frac{\Delta}{D}\right)^d\cdot\rho v^2 = f\left(Re,\ \frac{\Delta}{D}\right)\rho v^2$$

令
$$f\left(Re,\ \frac{\Delta}{D}\right) = \frac{\lambda}{8}$$

故
$$\tau_0 = \frac{\lambda}{8}\rho v^2$$

这就是边壁切应力 τ_0 的表达式，其中 λ 的具体形式应通过实验来确定。

4.3.2 π 定理

对于某个物理现象，如果存在 n 个变量互为函数，即

$$f(x_1,\ x_2,\ \cdots,\ x_n) = 0 \tag{4-3}$$

而这些变量中含有 m 个基本量，则可排列这些变量成（$n-m$）个无量纲数的函数关系来描述：

$$F(\pi_1,\ \pi_2,\ \cdots,\ \pi_{n-m}) = 0 \tag{4-4}$$

即可合并 n 个物理量为（$n-m$）个无量纲 π，因为这些无量纲数是用 π 来表示，故称为 π 定理。该定理由布金-汉（Bucking ham）于 1914 年根据物理方程式和谐的原理导出，所以又称为布金-汉定理。它将原方程的 n 个物理量的关系式改写成有（$n-m$）个无量纲表达式，从而使问题得到了简化，有利于实验处理和分析求解。在 π 定理中，m 个基本物理量的量纲应该是相互独立的，它们不能组成一个无量纲数的表达式。对于不可压缩液体运动，一般 $m=3$。常分别选取几何学的量（水头 H、管径 d 等）、运动学的量（速度 v、加速度 g

等）和动力学的量（密度 ρ、动力黏滞系数 μ 等）各作为一个基本物理量。

π 定理的解题步骤如下：

（1）确定关系式：根据对所研究的现象的认识，确定影响这个现象的各个物理量及其关系式。

（2）确定基本量：从 n 个物理量中选取所包含的 m 个基本物理量作为基本量纲的代表，一般取 $m=3$。在管流中，一般选 d、v、ρ 作为基本变量，而在明渠流中，则常选用 H、v、ρ。

（3）确定 π 数的个数 $N(\pi)=n-m$，并写出其余物理量与基本物理量组成的 π 表达式

$$\pi_i = x_1^a x_2^b x_3^c \cdot x_i (i=1,\ 2,\ 3,\ \cdots,\ n-m) \tag{4-5}$$

（4）确定无量纲 π 参数：由量纲和谐原理解联立指数方程，求出各 π 项的指数 a、b、c，从而定出各无量纲 π 参数。π 参数分子、分母可以相互交换，也可以开方或乘方，而不改变其无因次的性质。

（5）写出描述现象的关系式

$$F(\pi_1,\ \pi_2,\ \cdots,\ \pi_{n-m})=0$$

或显解一个 π 参数

$$F(\pi_1,\ \pi_2,\ \cdots,\ \pi_{n-m})=\pi_4$$

选择基本量时应注意的原则如下：

（1）基本变量与基本量纲相对应。即若基本量纲（M、L、T）为 3 个，那么基本变量也选择 3 个；倘若基本量纲只出现两个，则基本变量同样只需选择两个。

（2）选择基本变量时，应选择重要的变量。不要选择次要的变量作为基本变量，否则次要的变量在大多数项中出现，往往使问题复杂化，甚至要重新求解。

（3）不能有任何两个基本变量的因次是完全一样的。基本变量在每组量纲中只能选择一个。

【例 4.3】管中紊流，单位管长沿程水头损失 h_f/L 取决于下列因素：流速 v、管径 D、重力 g、黏度 μ、管壁粗糙度 Δ 和密度 ρ，试用 π 定理分析确定方程的一般形式。

解：

$$f\left(\frac{h_f}{L},\ v,\ D,\ g,\ \mu,\ \Delta,\ \rho\right)=0$$

取 v、D、ρ 为基本变量，则 π 的个数 $N(\pi)=n-m=7-3=4$，显然 h_f/L 是一个无量纲数，因为 h_f 和 L 的量纲都是长度。

$$\pi_1 = v^{a_1}D^{b_1}\rho^{c_1}\cdot\mu = [\mathrm{LT^{-1}}]^{a_1}[\mathrm{L}]^{b_1}[\mathrm{ML^{-3}}]^{c_1}[\mathrm{ML^{-1}T^{-1}}]$$

则

$$L:\ a_1+b_1-3c_1-1=0\quad T:\ -a_1-1=0\quad M:\ c_1+1=0$$

$$a_1=-1\quad b_1=-1\quad c_1=-1$$

同理

$$\pi_2 = v^{a_2}D^{b_2}\rho^{c_2}\cdot\Delta\quad a_2=0,\ b_2=-1,\ c_2=0$$

$$\pi_3 = v^{a_3}D^{b_3}\rho^{c_3}\cdot g\quad a_3=-2,\ b_3=1,\ c_3=0$$

写成 π 数为

$$\pi_1=\frac{\mu}{\rho Dv}=Re \quad \pi_2=\frac{\Delta}{D}$$

$$\pi_3=\frac{gD}{v^2} \quad \pi_4=\frac{h_f}{L}$$

即

$$F\left(Re,\ \frac{\Delta}{D},\ \frac{gD}{v^2},\ \frac{h_f}{L}\right)=0$$

或

$$F_1\left(Re,\ \frac{\Delta}{D},\ \frac{gD}{v^2}\right)=\frac{h_f}{L}$$

常用沿程损失公式形式为

$$\Delta h=h_f=F\left(Re,\ \frac{\Delta}{D}\right)\frac{L}{D}\frac{v^2}{2g}=\lambda\frac{L}{D}\frac{v^2}{2g}$$

$\lambda=F\left(Re,\ \dfrac{\Delta}{D}\right)$ 称为沿程阻力系数，具体由实验决定。

【例 4.4】 已知文丘里流量计是用以测量有压管路的流量，已知压强降落 Δp 随流量 Q、流体密度 ρ、液体黏度 μ、管壁粗糙度 Δ、流量计长度 L 以及大小直径 D_1、D_2 变化（见图 4-1）。试用 π 定理求出压强降落 ΔP 表示的流量公式。

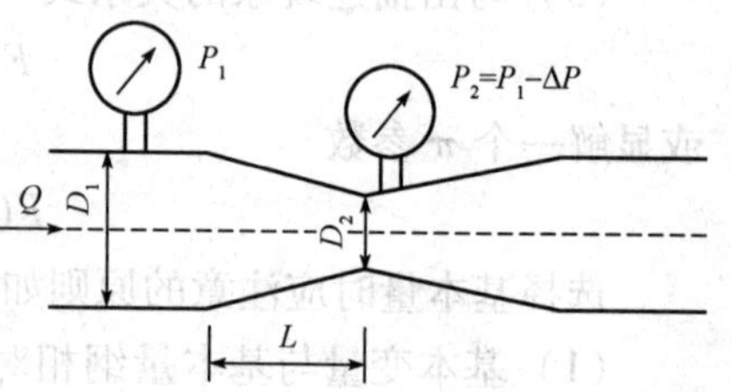

图 4-1 例 4.4 图

解： $f(\rho,\ Q,\ D_1,\ D_2,\ \mu,\ \Delta P)=0$

取 ρ、Q、D_1 为基本变量，则 π 的个数 $N(\pi)=n-m=6-3=3$。

$$\pi_1=\rho^{a_1}Q^{b_1}D_1^{\ c_1}\cdot\Delta P$$

$$\pi_2=\rho^{a_2}Q^{b_2}D_1^{\ c_2}\cdot\mu$$

$$\pi_3=\rho^{a_3}Q^{b_3}D_1^{\ c_3}\cdot D_2$$

用量纲表示

$$\pi_1=[\mathrm{ML^{-3}}]^{a_1}[\mathrm{L^3T^{-1}}]^{b_1}[\mathrm{L}]^{c_1}[\mathrm{ML^{-1}T^{-2}}]$$

$$\pi_2=[\mathrm{ML^{-3}}]^{a_2}[\mathrm{L^3T^{-1}}]^{b_2}[\mathrm{L}]^{c_2}[\mathrm{ML^{-1}T^{-1}}]$$

$$\pi_3=[\mathrm{ML^{-3}}]^{a_3}[\mathrm{L^3T^{-1}}]^{b_3}[\mathrm{L}]^{c_3}[\mathrm{L}]$$

分别解得

$$a_1=-1,\ b_1=-2,\ c_1=4$$

$$a_2=-1,\ b_2=-1,\ c_2=1$$

$$a_3=0,\ b_3=0,\ c_3=-1$$

则

$$\pi_1=\left(\frac{Q}{D_1^{\ 2}}\sqrt{\rho/\Delta P}\right)^{-2}$$

$$\pi_2=\left(\frac{\rho Q}{D_1\mu}\right)^{-1}$$

$$\pi_3=\frac{D_2}{D_1}$$

因为 π 参数可以开方或乘方，而不改变其无因次的性质，故

$$\frac{Q}{D_1^{\ 2}}\sqrt{\rho/\Delta P}=F\left(\frac{\rho Q}{D_1\mu},\ \frac{D_2}{D_1}\right)$$

即

$$Q=F\left(\frac{\rho Q}{D_1\mu},\ \frac{D_2}{D_1}\right)D_1^2\ \sqrt{\Delta P/\rho}$$

【例 4.5】确定圆管流动中边壁切应力的表达式 τ_0。在例 4.2 中已经采用雷利法推导，下面采用 π 定理来解题。

解：影响 τ_0 的独立影响因素有液体的密度 ρ、液体的动力黏度 μ、圆管直径 D、管壁材料的粗糙度 Δ 以及管中断面平均流速 v，拟定函数关系式为

$$f(D,\ v,\ \rho,\ \tau_0,\ \mu,\ \Delta)=0$$

选取 D、v、ρ 为基本量建立 N（π）$=n-m=6-3=3$（个）无量纲数 π：

$$\pi_1=D^{a_1}v^{b_1}\rho^{c_1}\cdot\tau_0$$

$$\pi_2=D^{a_2}v^{b_2}\rho^{c_2}\cdot\mu$$

$$\pi_3=D^{a_3}v^{b_3}\rho^{c_3}\cdot\Delta$$

用量纲表示

$$\pi_1=[\mathrm{L}]^{a_1}[\mathrm{LT}^{-1}]^{b_1}[\mathrm{ML}^{-3}]^{c_1}[\mathrm{ML}^{-1}\mathrm{T}^{-2}]$$

$$\pi_2=[\mathrm{L}]^{a_2}[\mathrm{LT}^{-1}]^{b_2}[\mathrm{ML}^{-3}]^{c_2}\ [\mathrm{ML}^{-1}\mathrm{T}^{-1}]$$

$$\pi_3=[\mathrm{L}]^{a_3}[\mathrm{LT}^{-1}]^{b_3}[\mathrm{ML}^{-3}]^{c_3}[\mathrm{L}]$$

分别解得

$$a_1=0,\ b_1=-2,\ c_1=-1$$

$$a_2=-1,\ b_2=-1,\ c_2=-1$$

$$a_3=-1,\ b_3=0,\ c_3=0$$

$$\pi_1=\frac{\tau_0}{\rho v^2}$$

$$\pi_2=\frac{\mu}{Dv\rho}=\frac{1}{Re}$$

$$\pi_3=\frac{\Delta}{D}$$

将各项代入无量纲数方程

$$F\left(\frac{\tau_0}{\rho v^2},\ \frac{\mu}{Dv\rho},\ \frac{\Delta}{D}\right)=0$$

上式还可以写成

$$\tau_0 = \rho v^2 F_1\left(Re,\ \frac{\Delta}{D}\right) = \frac{\lambda}{8}\rho v^2$$

由此可见与雷利法则推导一致，这就是边壁切应力表达式，其中函数 $F_1\left(Re,\ \frac{\Delta}{D}\right)$ 的具体形式通过实验确定。

量纲分析法在水力学研究中是一种重要的方法，不仅可以推求某一物理量的函数表达式，而且为实验分析指明了方向。在使用该方法的时候必须注意，不要遗漏影响因素（物理量），也不要增加不必要的因素，否则即使分析计算无误，也会得到错误的结论。在使用量纲分析法的同时，应紧密结合实验成果分析，采取理论和实验相结合的方法。

4.4 相似原理

水力学中的实验主要有两种：一种是工程性的模型实验，目的在于预测即将建造的大型水工结构的流动情况；另一种是探索性的观察实验，目的在于寻找未知的流动规律。

如何把模型实验的结果运用到实物上去？如何选定模型尺寸及实验用的流速？要解决这些问题，就必须运用相似定律。也就是说，必须使涉及实物的原型和模型的两组条件之间保持相似。

4.4.1 相似理论的基本概念

（1）几何相似。几何相似即模型流动与实物流动有相似的边界形状，一切对应的线性尺寸成比例。模型与原型间相应长度比例 λ_L 为一定值，则其余几何量有如下关系：

$$\text{长度比例}\ \lambda_L = \frac{L_P}{L_M} \tag{4-6}$$

$$\text{面积比例}\ \lambda_A = \lambda_L^2 \tag{4-7}$$

$$\text{体积比例}\ \lambda_V = \lambda_L^3 \tag{4-8}$$

其中下标“P”和“M”分别表示原型量和模型量。

一般来说，如果知道了原型的尺寸就可以按长度比例 λ_L 来设计模型的尺寸。水力学模型在制作过程中尽可能保证几何相似。

（2）运动相似。运动相似是指原型与模型两个流场对应点的速度 u 和加速度 a 的大小各维持一定的比例关系，且方向相同。

设时间比例

$$\lambda_t = \frac{t_P}{t_M} \tag{4-9}$$

则速度比例

$$\lambda_v = \frac{v_P}{v_M} = \frac{\lambda_L}{\lambda_t} \tag{4-10}$$

加速度比例

$$\lambda_a = \frac{\lambda_L}{\lambda_t^2} \tag{4-11}$$

（3）动力相似。动力相似就是原型和模型流动中任何对应点上作用着同名的力，各同名力互相平行且具有同一比值。

$$\lambda_F = \frac{F_P}{F_M} \tag{4-12}$$

以上三种相似相互依存，是一个统一的整体，缺一不可。

4.4.2　牛顿相似定律

模型和原型的流动相似，它们的物理属性必须是相同的，必须服从统一运动定律，并为同一物理方程所描述。按照牛顿第二定律：

$$F = ma = \rho L^3 \frac{L}{t^2} = \rho L^2 u^2$$

要做到两个液流系统对应点之间的作用力保持一定的比例，则要求质量与加速度之间也保持一定的比例：

$$F = ma = m\frac{\mathrm{d}u}{\mathrm{d}t} = \rho V\frac{\mathrm{d}u}{\mathrm{d}t}$$

式中　u——点流速，如果研究的是一个过水断面，可以用断面平均流速 v 来代替。

动力相似要求

$$\lambda_F = \frac{F_P}{F_M} = \frac{\rho_P L_P^2 v_P^2}{\rho_M L_M^2 v_M^2} = \lambda_\rho \lambda_L^2 \lambda_v^2 \tag{4-13}$$

式（4-13）还可以写成

$$\frac{F_P}{\rho_P L_P^2 v_P^2} = \frac{F_M}{\rho_M L_M^2 v_M^2} \tag{4-14}$$

由相似定理知，$F/\rho L^2 v^2$ 为一无量纲数，称为牛顿数，用 Ne 来表示，在两个相似的流动中，牛顿数应相等，即

$$Ne_P = Ne_M \tag{4-15}$$

这就是牛顿相似定律。

4.5　相似准则

对水流来说，作用力多种多样，如重力、黏滞力、压力、表面张力、弹性力等，但牛顿数中的力只表示所有力的合力。因此要使模型和原型水流运动相似，这些力除了满足牛顿数 Ne 相等的条件外，还必须满足其自身性质决定的规律。针对某一具体水流现象进行模型实验时，可将其中起主要作用的单项力代入牛顿相似定律中的 F 项，则可以表示该单项力相似的相似准则。

4.5.1　重力相似准则（佛汝德模型）

在明渠水流、堰流及闸孔出流等重力起主要作用的流动中，根据牛顿相似定律就可以得

到重力相似准则

重力（$G=\rho gV$）比例可表示为

$$\lambda_G=\frac{G_P}{G_M}=\frac{\rho_P g_P L_P^3}{\rho_M g_M L_M^3}=\lambda_\rho\lambda_g\lambda_L^3 \tag{4-16}$$

当重力起主要作用时，可以认为 $F=G$，$\lambda_F=\lambda_G$，所以有

$$\frac{\rho_P L_P^2 v_P^2}{\rho_M L_M^2 v_M^2}=\frac{\rho_P g_P L_P^3}{\rho_M g_M L_M^3} \tag{4-17}$$

也可写成

$$\frac{v_P}{\sqrt{g_P L_P}}=\frac{v_M}{\sqrt{g_M L_M}} \tag{4-18}$$

或

$$Fr_P=Fr_M \tag{4-19}$$

其中$\frac{v}{\sqrt{gL}}$为无量纲数佛汝德数 Fr。式（4-19）称为重力相似准则或佛汝德相似准则。

4.5.2　阻力相似准则

阻力可表示为 $T=\tau\chi L$，其中 τ 为边界切应力，χ 为湿周，L 为流程。对于 $\tau=\rho gRJ$，水力坡度 $J=h_f/L=\frac{\lambda}{4R}\frac{v^2}{2g}$。代入上式得

$$T=\frac{1}{8}\rho\lambda L\chi v^2$$

式中　λ——沿程水头损失系数。

阻力比例为

$$\lambda_T=\frac{T_P}{T_M}=\frac{\rho_P\lambda_P L_P^2 v_P^2}{\rho_M\lambda_M L_M^2 v_M^2}=\lambda_\rho\lambda_\lambda\lambda_L^2\lambda_v^2 \tag{4-20}$$

当阻力起主要作用时，可以认为 $f=T$，$\lambda_f=\lambda_T$，所以有

$$\frac{\rho_P\lambda_P L_P^2 v_P^2}{\rho_P L_P^2 v_P^2}=\frac{\rho_M\lambda_M L_M^2 v_M^2}{\rho_M L_M^2 v_M^2} \tag{4-21}$$

即

$$\lambda_P=\lambda_M \tag{4-22}$$

$$\lambda_\lambda=1 \tag{4-23}$$

式（4-22）称为阻力相似的一般准则。

考虑到 λ 与谢才系数 C 的关系 $\lambda=\frac{8g}{C^2}$，则沿程水头损失系数比例为

$$\lambda_\lambda=\frac{\lambda_g}{\lambda_C^2}=\frac{1}{\lambda_C^2}$$

各地重力加速度差距很小，取 $\lambda_g=1$，故由此

$$\lambda_\lambda = \frac{1}{\lambda_C^2}$$

$$\lambda_C = 1 \tag{4-24}$$

即

$$C_P = C_M \tag{4-25}$$

式（4-25）说明两个液流在阻力作用下的动力相似条件是它们的沿程水头损失系数或谢才系数相等，这一准则对层流和紊流均适用。

对于层流，沿程水头损失系数 $\lambda = \frac{64}{Re}$，则

$$\lambda_\lambda = \frac{1}{\lambda_{Re}}$$

代入得

$$\lambda_{Re} = 1 \tag{4-26}$$

即

$$Re_P = Re_M \tag{4-27}$$

式（4-27）说明两个液流在黏滞力作用下的动力相似条件是它们的雷诺数相等，称为黏滞力相似准则或雷诺相似准则。

对于紊流粗糙区，引用曼宁公式：$C = \frac{1}{n}R^{\frac{1}{6}}$，则

$$\lambda_C = \frac{\lambda_L^{\frac{1}{6}}}{\lambda_n} = 1 \tag{4-28}$$

式（4-28）为紊流粗糙区的阻力相似条件。说明模型按式（4-28）的粗糙系数缩小后，就可以满足阻力作用下的动力相似。

4.5.3　压力相似准则

当压力（$P = pA$）为主要力时，有 $F = P$，$\lambda_F = \lambda_P$，

$$\lambda_P = \lambda_p \lambda_L^2 = \lambda_\rho \lambda_L^2 \lambda_v^2$$

则有

$$\frac{\lambda_p}{\lambda_\rho \lambda_v^2} = 1 \tag{4-29}$$

或

$$\frac{p_P}{\rho_P v_P^2} = \frac{p_M}{\rho_M v_M^2} \tag{4-30}$$

式（4-30）两端为无量纲数欧拉数，用 Eu 表示为

$$Eu_P = Eu_M \tag{4-31}$$

由此可知，要使两个流体的压力相似，则它们的欧拉数必须相等，这称为压力相似准则，也称欧拉准则。

4.5.4 表面张力相似准则

毛细管中的水流主要受表面张力的影响，表面张力可以表示为

$$S=\sigma L$$

式中，σ 为单位长度的表面张力。仅考虑表面张力作用时，可以认为 $F=S$，$\lambda_F=\lambda_S$，可得

$$\lambda_\sigma\lambda_L=\lambda_\rho\lambda_L^2\lambda_v^2$$

$$\frac{\lambda_\sigma}{\lambda_\rho\lambda_L\lambda_v^2}=1 \tag{4-32}$$

或

$$\frac{\rho_P L_P v_P^2}{\sigma_P}=\frac{\rho_M L_M v_M^2}{\sigma_M} \tag{4-33}$$

式（4-33）两端为无量纲数韦伯数，用 We 表示为

$$We_P=We_M \tag{4-34}$$

由此可知，要使两个流动的表面张力作用相似，则它们的韦伯数必须相等，这称为表面张力相似准则，也称韦伯准则。

4.5.5 弹性力相似准则

管流中水击的主要作用力是弹性力，弹性力可以表示为

$$E=KL^2 \tag{4-35}$$

式中，K 为体积弹性系数。仅考虑弹性力作用时，可以认为 $F=E$，$\lambda_F=\lambda_E$，可得

$$\lambda_K\lambda_L^2=\lambda_\rho\lambda_L^2\lambda_v^2$$

$$\frac{\lambda_\rho\lambda_v^2}{\lambda_K}=1 \tag{4-36}$$

或

$$\frac{\rho_P v_P^2}{K_P}=\frac{\rho_M v_M^2}{K_M} \tag{4-37}$$

式（4-37）两端为无量纲数柯西数，用 Ca 表示为

$$Ca_P=Ca_M \tag{4-38}$$

由此可知，要使两个流动的弹性力作用相似，则它们的柯西数必须相等，这称为弹性力相似准则，也称柯西准则。

4.5.6 惯性力相似准则

惯性力可以表示为

$$I=ma$$

在非恒定流中，由于给定位置上的水力要素是随时间而变化的，因此惯性力起主要作用，$F=I$，$\lambda_F=\lambda_I$，可得

$$\lambda_\rho\lambda_L^3\lambda_v\lambda_t^{-1}=\lambda_\rho\lambda_L^2\lambda_v^2$$

$$\frac{\lambda_t \lambda_v}{\lambda_L} = 1 \tag{4-39}$$

或

$$\frac{v_P t_P}{L_P} = \frac{v_M t_M}{L_M} \tag{4-40}$$

式（4-40）等号两边的无量纲数称为斯特罗哈数，用 St 表示为

$$St_P = St_M \tag{4-41}$$

上面介绍的六个相似准则中，重力相似准则和阻力相似准则应用较为普遍。表面张力相似准则只有在流动规模很小，表面张力作用相对显著时才需应用。弹性力相似准则适用于水击，惯性力相似适用于非恒定流。压力相似是重力相似和阻力相似的必然结果，一般不单独考虑。

习　题

1. 将下列各组物理量整理成为无量纲数：（1）τ、v、ρ；（2）ΔP、v、ρ；（3）F、L、v、ρ；（4）σ、L、v、ρ。[（1）$\pi = \frac{\tau}{\rho v^2}$；（2）$\pi = \frac{\Delta P}{\rho v^2}$；（3）$\pi = \frac{F}{\rho v^2 L^2}$；（4）$\pi = \frac{\sigma}{\rho v^2 L}$]

2. 何谓量纲和谐原理？试说明下列各式是否满足量纲和谐原理：（1）$V = c\sqrt{RJ}$；（2）$q_v = 1.4H^{2.5}$。

3. 由实验观测得知，如 3 题图所示的三角形薄壁堰的流量 Q 与堰上水头 H、重力加速度 g、堰口角度以及反映水舌收缩和堰口阻力情况等的流量系数 m_0（量纲为 1 的量）有关。试用 π 定理导出三角形薄壁堰的流量公式。[$Q = F_1(\theta, m_0)\sqrt{g}H^{\frac{5}{2}}$]

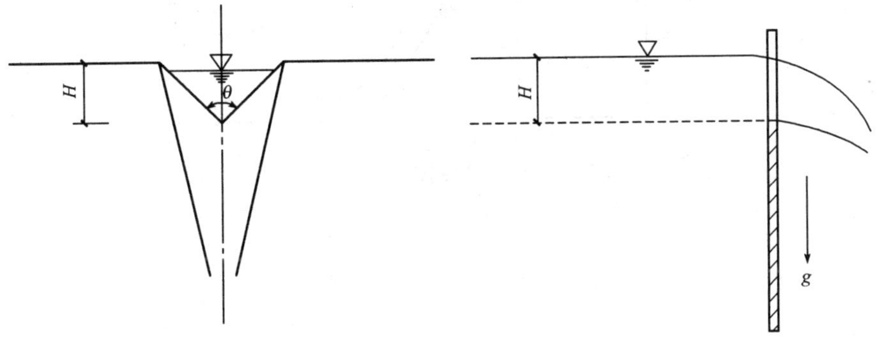

3 题图

4. 根据对圆形孔口恒定出流（见 4 题图）的分析，影响孔口出口流速的因素有孔口的作用水头 H（由孔口中心到恒定自由液面处的水深）、孔口的直径 d、液体的密度 ρ、动力黏度 μ、重力加速度 g 及表面张力系数 σ。试用 π 定理求圆形孔口恒定出流流量表示公式。[$Q = \mu \frac{\pi}{4} d^2 \sqrt{2gH}$]

5. 水流围绕一桥墩流动时，将产生绕流阻力，该阻力和桥墩的宽度 b（或柱墩直径 d）、

水流速度 v、水的密度 ρ 和黏度 μ 及重力加速度 g 有关。试用 π 定理推导绕流阻力表示公式。[$F_D = \rho b^2 v^2 f(Re, Fr)$]

6. 某弧形闸门下出流，如 6 题图所示。现按 $\lambda_L = 10$ 的比例进行模型实验。试求：(1) 已知原型流量 $Q_P = 30\ \mathrm{m^3/s}$，计算模型流量 Q_M；(2) 在模型上测得水对闸门的作用力 $F_M = 400\ \mathrm{N}$，计算原型上闸门所受作用力 F_P。[400 kN]

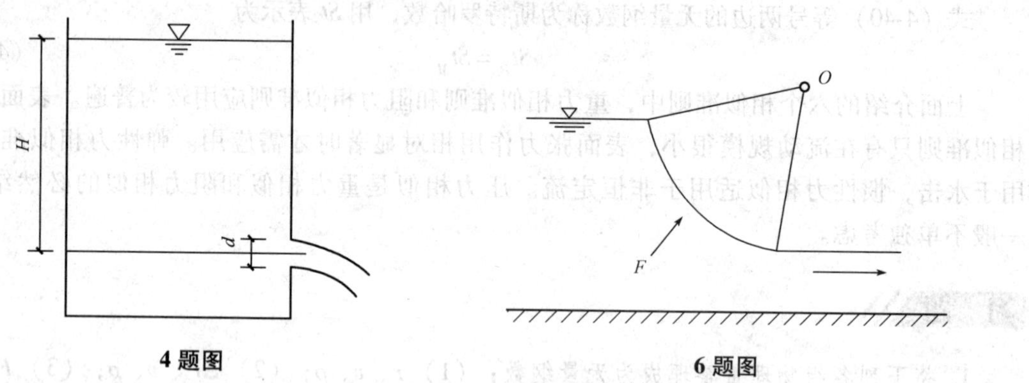

4 题图　　　　6 题图

7. 一座溢流坝如 7 题图所示，泄流流量为 $150\ \mathrm{m^3/s}$，按重力相似准则设计模型，如实验室水槽最大供水流量仅为 $0.08\ \mathrm{m^3/s}$，原型坝高 $P_P = 20\ \mathrm{m}$，坝上水头 $H_P = 4\ \mathrm{m}$，问模型比例如何选取，模型空间高度 $P_M + H_M$ 最高为多少。[$\lambda_l = 21$，$P_M + H_M = 1.143\ \mathrm{m}$]

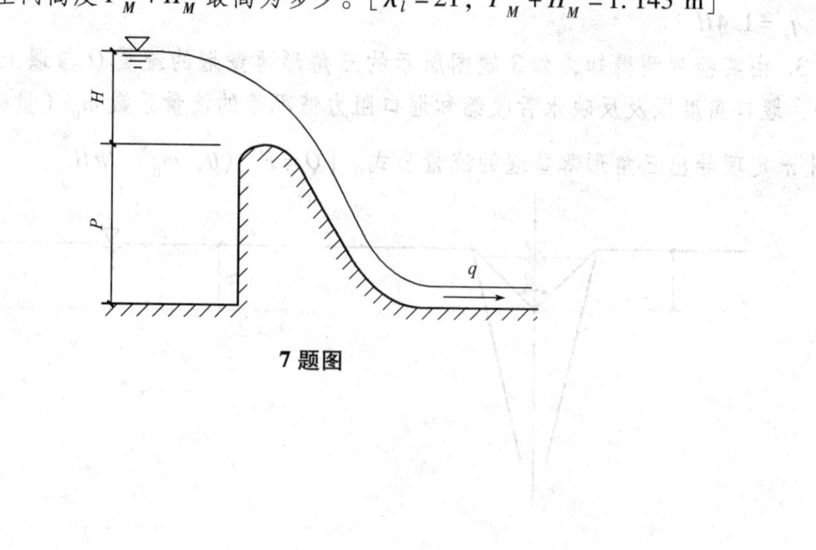

7 题图

第5章

流动阻力和水头损失

第3章主要讨论了实际流体运动的基本方程，并没有讨论实际流体在运动时，由于黏性的作用而产生的流动阻力和相应的水头损失的计算问题。本章主要研究流体做恒定流动时的阻力与水头损失的规律及计算方法。

5.1 流动阻力和水头损失的分类

实际流体都具有黏性，实际流体在管道、渠道内流动时，流体内部流层间因为相对运动而产生流动阻力。流动阻力做功，将流体的一部分机械能转化为热能而损失掉，形成了能量损失。为了便于分析计算，根据流动边界条件的不同，流动阻力和能量损失可分为以下几种形式。

5.1.1 沿程阻力和沿程水头损失

在边界沿流程没有变化（包括边壁形状、尺寸、流动方向均无变化）的均匀流流段上产生的流动阻力称为沿程阻力。这种阻力源于沿流程各流体质点或流层之间以及流体与固体壁之间的摩擦阻力。由于沿程阻力做功而引起的水头损失称为沿程水头损失，用 h_f 表示。沿程水头损失主要是由摩擦阻力引起，均匀分布在整个流段上，大小与流段的长度成正比。流体在等直径的圆管中流动的水头损失就是沿程水头损失。

5.1.2 局部阻力和局部水头损失

在边界形状沿程急剧变化，流速分布急剧调整的局部区段上，集中产生的流动阻力称为局部阻力。由局部阻力做功而引起的水头损失称为局部水头损失，用 h_j 表示。发生在管道入口、管径突变处、弯管阀门等各种管件处的水头损失，都是局部水头损失。局部水头损失是由于固体边界形状突然改变，各种局部阻碍破坏了流体原来的运动，其大小取决于各种局部阻碍的类型，特点是集中在一段较短的流程上。

如图 5-1 所示，当流体经过管道 *ab* 段、*bc* 段、*cd* 段时，各段只有沿程阻力，发生在这些管段中的水头损失是沿程水头损失，分别用 h_{fab}、h_{fbc}、h_{fcd}表示。流体在流经管道入口 *a*、管道断面突然缩小处 *b*、阀门 *c* 处时，由于固体边界条件（形状、大小和方向）急剧变化，产生局部阻力，发生在这些地方的水头损失是局部水头损失，分别用 h_{ja}、h_{jb}、h_{jc}表示。

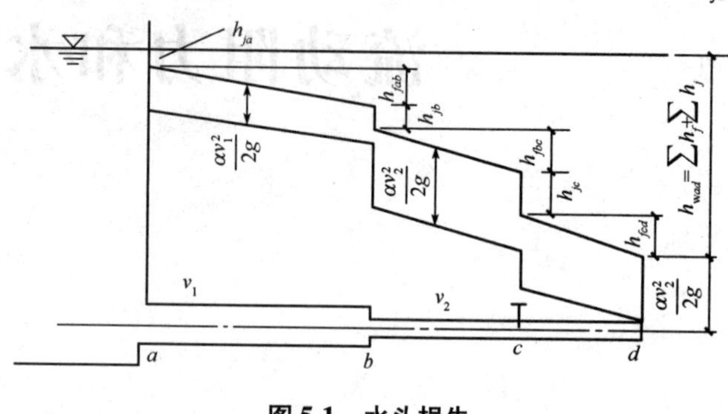

图 5-1　水头损失

5.1.3　总水头损失

实际流体总流伯努利方程中，h_w 项应包括所取两过流断面间所有的水头损失，即

$$h_w = \sum_{i=1}^{n} h_{fi} + \sum_{k=1}^{m} h_{jk} \tag{5-1}$$

式中　n——等截面流程的段数；

m——局部障碍个数。

式（5-1）称为水头损失的叠加原理。

5.2　实际流体流动的两种形态

流体在管路中的流动是工程实际当中最常见的一种流动情况。由于实际流体都是有黏性的，所以流体在管路中流动必然要产生能量损失。下面主要讨论不可压缩流体在管路中的流动规律（其中包括流动形态分析、能量损失计算方法等），进而解决工程中常见的管路系统计算问题。

5.2.1　雷诺实验

1883 年，英国物理学家雷诺用实验证明了两种流态的存在，确定了流态的判别方法及其与水头损失的关系。

雷诺实验装置如图 5-2 所示。*A* 为水平玻璃管，为了避免进口扰动，玻璃管管端做成圆滑喇叭口形状；B为阀门，用以调节水平玻璃管中水的流速；C为颜色水容器，里面装有与水密度相近的有色液体；D为颜色水阀门，为了减少干扰，应适当调节阀门D的开度，使颜色水注入针管E中的流速与玻璃管A内注入点处的流速接近；E为颜色水注入针管，颜色水通过此管注入玻璃管中；F为水箱，实验过程中水箱内的水位保持恒定。

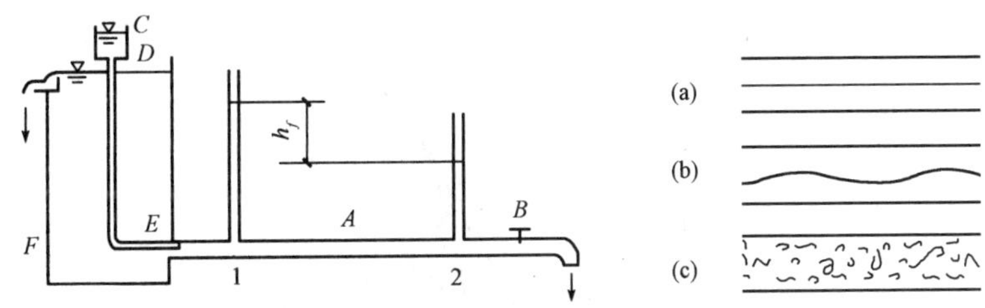

图5-2　雷诺实验装置

（a）层流；（b）临界流；（c）紊流

实验分为四个过程：

（1）阀门B微开，水以低速流过玻璃管A，打开阀门D，使颜色水流入玻璃管。可以观察到：玻璃管内的颜色水呈一条位置固定、界限分明，与周围的清水不相混合的细直线，如图5-2（a）所示。这种现象表明：此时玻璃管中的流体做层状流动，各层流体质点互不掺混，这种流动状态称为层流。

（2）缓慢开大阀门B，增大玻璃管内的水流速度。可以观察到：在一定的范围内仍保持层流运动状态。当速度增加到某一数值时，颜色水线出现波纹，局部地方可能出现中断现象，如图5-2（b）所示。此时为层流与紊流的过渡状态。这种现象表明：此时玻璃管中流体质点出现了横向运动，玻璃管内水层之间出现了不稳定的振荡现象。

（3）继续开大阀门B增大流速。可以观察到：颜色水线迅速加大波动和断裂，随后颜色水完全掺混到水流中，如图5-2（c）所示。这种现象表明：此时管内流体质点运动轨迹极不规则，各层流体质点剧烈掺混，这种流动状态称为紊流。

（4）将以上实验按相反的顺序进行：先开大阀门B，使玻璃管内成为紊流，然后逐渐关小阀门B，则会按相反的顺序出现前面实验中发生的现象。所不同的是，由紊流转变为层流的流速v_C小于由层流转变为紊流的流速v'_C。流态发生转变的流速v'_C和v_C分别称为上临界流速和下临界流速。大量的实验表明：上临界流速v'_C是不稳定的，受初始扰动的影响很大，而下临界流速v_C是稳定的，不受初始扰动的影响，实际上把下临界流速v_C作为流态转变的临界流速。

为了讨论沿程水头损失与边界情况及流速等因素之间的关系，在玻璃管的断面1—1和断面2—2分别接一个测压管，由伯努利方程可知，两断面的水头损失等于两断面的测压管水头差。当管内流速不同时，测压管水头值也不相同，即沿程水头损失也不相同。做实验时，每调节一次流速，都测定一次测压管水头差值，并同时观察流态。最后将不同的流速v及相应的水头损失的实验数据点绘制在对数坐标系上，如图5-3所示。

从图5-3可看出，当$v<v'_C$时，流动为层流，实验点分布在一条与$\lg v$轴成45°的斜线上，说明沿程水头损失与速度的一次方成正比。随着速度的加大，当$v>v'_C$时，由层流转变为紊流，曲线突然变陡，沿 BC 向上。沿程水头损失 h_f 与 v^n 成正比，n 为 1.75～2.0。而当流速由大变小时，实验点从 C 向 E 移动，达到下临界点 E 时由紊流转化为层流。

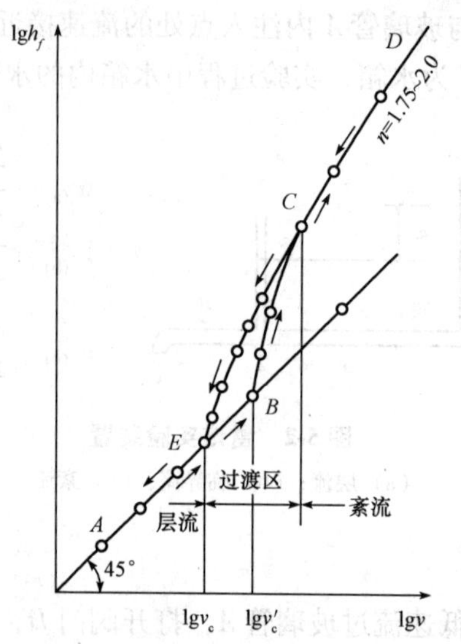

图 5-3　沿程水头损失与边界情况及流速等因素的关系

雷诺实验的意义在于揭示了液体流动存在着层流与紊流两种不同形态的流动，并对一定的管道水流初步探讨了流速与沿程水头损失 h_f 之间的关系。用其他液体或气体，或在其他边界条件下做相同的实验也可得到类似的结果。层流与紊流的区别不仅是流体质点的运动轨迹不同，而且其内部水流结构也完全不同，从而导致水头损失变化规律不同，因而计算水头损失应首先判别流态。

5.2.2　层流、紊流的判别标准——临界雷诺数

采用不同的管径、不同的液体在不同的温度下做实验，得到的下临界流速的数值是不同的。这表明，流速不是决定流态的唯一因素，流体的流动形态与其流速、液体流动的边界条件及液体的物理性质有关，可用一个综合性的雷诺数来判断流态。得出的临界流速关系式为

下临界流速
$$v_C = C\frac{\mu}{\rho d} = C\frac{\upsilon}{d}$$

上临界流速
$$v'_C = C'\frac{\mu}{\rho d} = C'\frac{\upsilon}{d}$$

从以上两式可得
$$\frac{v_C d}{\upsilon} = C$$

式中　υ——流体的运动黏度；

d——管径。

在前面的章节中已经知道 vd/υ 是管流的雷诺数 Re。由此可知，C 和 C' 就是流动形态转换时的雷诺数，其中 C 是下临界雷诺数，用 Re_C 表示；C' 是上临界雷诺数，用 Re'_C 表示。根据大量的实验资料可知，圆管有压流动的下临界雷诺数 Re_C 基本保持在一定的范围内，Re_C

≈2 300；而上临界雷诺数 Re'_C 的数值却不固定，随实验时有无外界扰动而变，由于实际工程中总存在扰动，因此 Re'_C 就没有实际意义。这样，就可用下临界雷诺数与流体流动的雷诺数进行比较来判别流动形态。

在圆管中
$$Re = \frac{vd}{\upsilon} \tag{5-2}$$

若 $Re < Re_C = 2\ 300$，流动为层流；若 $Re > Re_C = 2\ 300$，流动为紊流。

雷诺数反映了惯性力与黏滞力作用的对比关系，当 $Re < Re_C$ 时，黏性对流动起主导作用，因受微小扰动所产生的紊动，在黏性的阻滞作用下会逐渐衰减下来，流动仍然保持为层流；随着 Re 增大，黏性作用减弱，惯性对紊动的激励作用增强。当 $Re > Re_C$ 时，惯性对流动起主导作用，流动转变为紊流。雷诺数之所以能够判别流态，正是因为它反映了流态决定性因素的对比关系。

在工程中，对于其他情况使用的管道并不都是圆形截面管道。对于明渠水流和非圆断面管流，同样可以用雷诺数判别流态，只是需要引入一个综合反映断面大小和几何形状对流动影响的特征长度来代替圆管雷诺数中的直径 d，这个特征长度称为水力半径，用 R 表示。水力半径 R 是过流断面面积 A 与湿周 χ 的比值，即

$$R = \frac{A}{\chi} \tag{5-3}$$

式中　R——水力半径；

A——过流断面面积；

χ——过流断面上流体与固体壁面接触的周界线，称为湿周。

水力半径是一个非常重要的水力要素，水力半径的量纲是长度 L，常用的单位是 m 或 cm。它综合反映了断面大小和几何形状对流动影响的特征长度。水力半径与几何半径是两个不同的概念。

对于矩形断面渠道，如图 5-4（a）所示，其水力半径为

$$R = \frac{bh}{b+2h} \tag{5-4}$$

对于直径为 d 的圆管流动，如图 5-4（b）所示，其水力半径为

$$R = \frac{\frac{1}{4}\pi d^2}{\pi d} = \frac{d}{4} \tag{5-5}$$

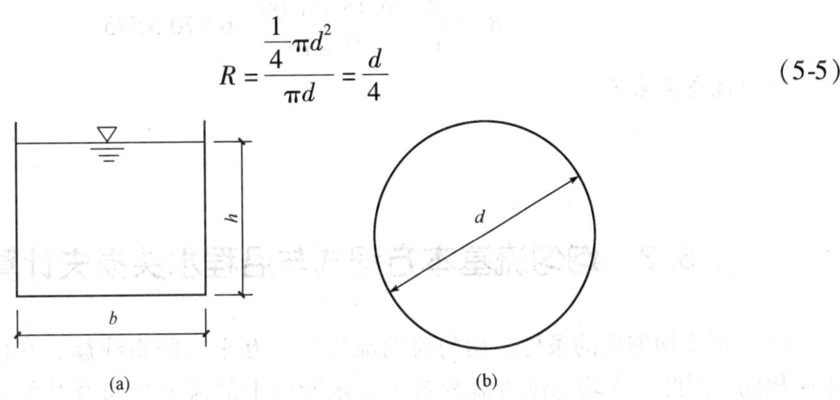

图 5-4　水力半径

（a）矩形断面；（b）圆管

以水力半径为特征长度，相应的临界雷诺数

$$Re_C \cdot R = \frac{v_C R}{\upsilon} = 575 \tag{5-6}$$

由此可见，采用不同的特征长度，有不同的临界雷诺数。

【例 5.1】 用直径 $d = 25$ mm 的管道运输 30 ℃的空气。问管内保持层流的最大流速是多少。

解：30 ℃时空气的运动黏度 $\upsilon = 16.6 \times 10^{-6}$ m²/s，保持层流的最大流速就是临界流速，则由

$$Re_C = \frac{v_C d}{\upsilon} = 2\ 300$$

得

$$v_C = \frac{Re_C \upsilon}{d} = \frac{2\ 300 \times 16.6 \times 10^{-6}}{0.025} = 1.53\ (\text{m/s})$$

【例 5.2】 有一直径 $d = 25$ mm 的水管，流速 $v = 1.0$ m/s，水温为 10 ℃。(1) 试判别管中水的流态；(2) 使管内保持层流状态的最大流速是多少?

解：(1) 10 ℃的水运动黏度为 $\upsilon = 1.31 \times 10^{-6}$ m²/s，管中的雷诺数为

$$Re = \frac{vd}{\upsilon} = \frac{1.0 \times 0.025}{1.31 \times 10^{-6}} \approx 19\ 100 > 2\ 300$$

$Re > Re_C$，此管中水流是紊流。

(2) 保持层流的最大流速是临界流速

$$v_C = \frac{Re_C \upsilon}{d} = \frac{2\ 300 \times 1.31 \times 10^{-6}}{0.025} = 0.12\ (\text{m/s})$$

【例 5.3】 有一矩形断面的小排水沟，水深 $h = 15$ cm，底宽 $b = 20$ cm，流速 $v = 0.15$ m/s，水温 10 ℃，试判别流态。

解：10 ℃时，水的运动黏度为 $\upsilon = 1.31 \times 10^{-6}$ m²/s，计算水力半径

$$R = \frac{bh}{b + 2h} = \frac{0.2 \times 0.15}{0.2 + 0.15 \times 2} = 0.06\ (\text{m})$$

雷诺数

$$Re = \frac{vR}{\upsilon} = \frac{0.15 \times 0.06}{1.31 \times 10^{-6}} = 6\ 870 > 575$$

所以流态是紊流。

5.3 均匀流基本方程式与沿程水头损失计算公式

(1) 形成均匀流的条件。均匀流的流线是相互平行的直线簇，在同一条流线上各点的流速相同。因此，在均匀流沿流程各个过水断面上的流速分布及其他各水力要素都保持不变，各个过水断面上的断面平均流速也相等。

(2) 均匀流基本方程。均匀流只能发生在长直的管道或渠道这一类断面形状和大小都

沿程不变的流动中，因此只有沿程水头损失，而无局部水头损失。为了导出沿程阻力系数的计算公式，首先建立沿程水头损失和沿程阻力之间的关系。图 5-5 所示的均匀流中，在任何的两个断面 1—1 和断面 2—2 列能量方程：

$$h_f = \left(z_1 + \frac{p_1}{\gamma}\right) - \left(z_2 + \frac{p_2}{\gamma}\right) \tag{5-7}$$

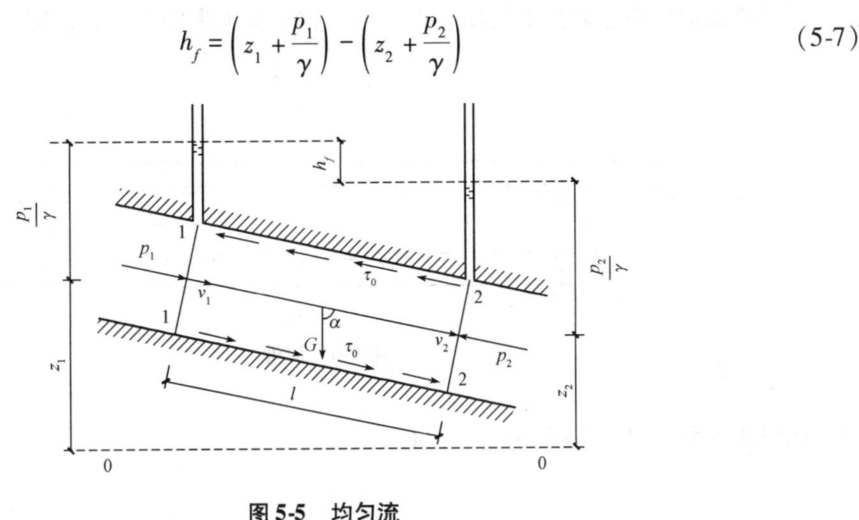

图 5-5　均匀流

式（5-7）说明，在均匀流条件下，两过流断面间的沿程水头损失等于两过流断面测压管水头的差值，即流体用于克服阻力所消耗的能量全部由势能提供。

以有压管道中均匀流为例推导均匀流基本方程，取自过流断面 1—1 至 2—2 的一段圆管均匀流动的总流流段为控制体，其长度为 l，过流断面面积 $A_1 = A_2 = A$，湿周为 χ。现分析其作用力的平衡条件。

流段是断面 1—1 上的动压力 P_1、断面 2—2 上的动压力 P_2、自重 G 及流段表面切应力（沿程阻力）T 的共同作用下保持均匀流的（见图 5-5）。写出在流动方向上诸力投影的平衡方程式

$$P_1 - P_2 + G\cos\alpha - T = 0$$

因 $P_1 = p_1 A$，$P_2 = p_2 A$，$\cos\alpha = (z_1 - z_2)/l$，并设总流与固体边壁接触面上的平均切应力为 τ_0，代入上式，得

$$p_1 A - p_2 A + \gamma A l \frac{z_1 - z_2}{l} - \tau_0 \chi l = 0$$

以 γA 除全式，得

$$\frac{p_1}{\gamma} - \frac{p_2}{\gamma} + z_1 - z_2 = \frac{\tau_0 \chi l}{\gamma A}$$

将式（5-7）代入上式，可得

$$h_f = \frac{\tau_0 \chi}{\gamma A} l = \frac{\tau_0 l}{\gamma R} \tag{5-8}$$

或

$$\tau_0 = \gamma R \frac{h_f}{l} = \gamma R J \tag{5-9}$$

式中　$J = h_f/l$，为水力坡度。

式（5-8）及式（5-9）称为均匀流基本方程。该方程给出了沿程水头损失与沿程阻力之

间的关系。对于无压流动，同样可以按照上述步骤列出沿流动方向的力的平衡方程而得到与式（5-9）相同的结果，因此该方程对有压流或无压流都是适用的。

上述分析适用于任何大小的流束。对于半径为 r 的流速如图 5-6 所示，按上述类似的分析，可得流束边界单位面积上的切应力 τ 与沿程水头损失的关系式，即

$$\tau = \gamma \frac{r}{2} J \tag{5-10}$$

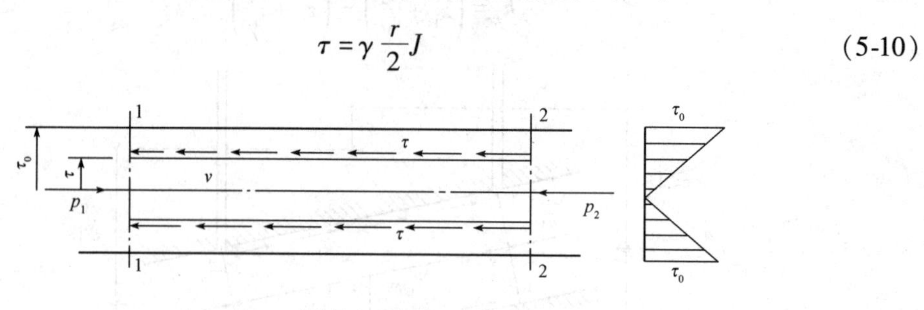

图 5-6　流速

比较式（5-9）与式（5-10），可得

$$\frac{\tau}{\tau_0} = \frac{r}{r_0} \tag{5-11}$$

式（5-11）说明在圆管均匀流的过流断面上，切应力呈直线分布，管壁处切应力为最大值 τ_0，管轴处切应力为零。

5.4　圆管中的层流运动

在实际工程中，绝大多数流动都是紊流运动，层流常见于很细的管道流动，或者低速、高黏性流体的管道流动，例如原油输油管道、润滑系统内的流动以及地下水的流动等。研究层流运动不仅具有工程实际意义，而且可以加深对紊流的认识。

最早研究圆管层流的学者是法国生物学家泊肃叶，他在 1841 年推导出了圆管层流速度分布式，现在人们把长直圆管中的层流运动称为泊肃叶流动，它是最简单的流动情况之一。层流运动规律是流体黏度量测和研究紊流运动的基础。

5.4.1　圆管层流的沿程阻力

对于层流运动，沿程阻力就是内摩擦力。液层间的内摩擦切应力可由牛顿内摩擦定律求出。圆管中有压均匀流是轴对称流，若采用坐标系（x，r），并自管壁起沿径向设 y 坐标，即 $y = r_0 - r$，如图 5-7 所示。

则

$$\frac{\mathrm{d}u}{\mathrm{d}y} = -\frac{\mathrm{d}u}{\mathrm{d}r}$$

圆管层流的内摩擦切应力的计算式为

$$\tau = -\mu \frac{\mathrm{d}u}{\mathrm{d}r} \tag{5-12}$$

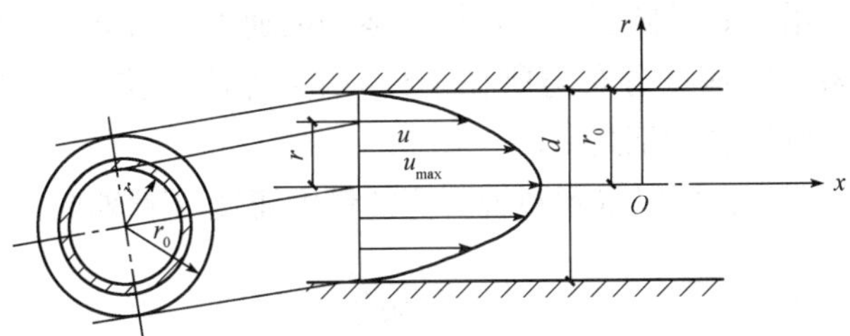

图 5-7　轴对称流

5.4.2　圆管层流的速度分布

层流各流层质点互不掺混，对于圆管来说，各层质点沿平行于管轴线的方向运动。与管壁接触的一层速度为零，管轴线上速度最大，圆管的层流如同无数薄壁圆桶一个套着一个滑动，如图 5-8 所示。

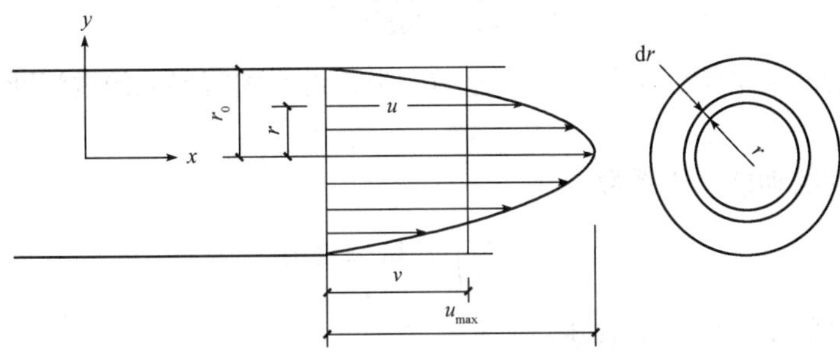

图 5-8　圆管中的层流运动

流体在圆管中做层流运动，各流层间切应力服从牛顿内摩擦定律，即

$$\tau = -\mu \frac{\mathrm{d}u}{\mathrm{d}r}$$

将 $\tau = -\mu \frac{\mathrm{d}u}{\mathrm{d}r}$代入圆管中流束的均匀流基本方程 $\tau = \rho g \frac{r}{2} J$ 中，可以得到

$$-\mu \frac{\mathrm{d}u}{\mathrm{d}r} = \rho g \frac{r}{2} J \tag{5-13}$$

分离变量

$$\mathrm{d}u = -\frac{\rho g J}{2\mu} r \mathrm{d}r$$

式中　ρ、g、J、μ——常数。

对上式进行积分，可以得到

$$u = -\frac{\rho g J}{4\mu} r^2 + C$$

积分常数 C 由边界条件确定，当 $r = r_0$，$u = 0$，求得 $C = \frac{\rho g J}{4\mu} r_0^2$，代回上式可得

$$u = \frac{\rho g J}{4\mu} (r_0^2 - r^2) \tag{5-14}$$

式（5-14）即流体沿等直径圆管做恒定层流运动的速度分布规律。其物理意义是：圆管层流运动过流断面上各点的速度分布与所在半径 r 呈抛物线规律，称为抛物线速度分布规律，这是圆管层流运动的重要特征之一。

将 $r=0$ 代入式（5-14），可以得到圆管层流的最大流速（管轴处）为

$$u_{\max}=\frac{\rho gJ}{4\mu}r_0^2 \tag{5-15}$$

流量

$$Q=\int_A u\mathrm{d}A=\int_0^{r_0}\frac{\rho gJ}{4\mu}(r_0^2-r^2)2\pi r\mathrm{d}r=\frac{\rho gJ}{8\mu}\pi r_0^4 \tag{5-16}$$

式（5-16）是圆管层流广泛采用的流量计算公式，通常称为哈根-泊肃叶公式。该公式表明：流体做圆管层流运动时，圆管中的流量与管道半径的四次方成正比。由此可见，管径对流量的影响很大，人们常把管径很小的短管作为节流措施，原因就在于此。

断面平均流速

$$v=\frac{Q}{A}=\frac{Q}{\pi r_0^2}=\frac{\rho gJ}{8\mu}r_0^2=\frac{1}{2}u_{\max}$$

即圆管层流运动的断面平均流速是最大流速的一半，说明圆管层流的过流断面上流速分布不均匀。

圆管层流运动的动能修正系数 α

$$\alpha=\frac{1}{v^3A}\int_A u^3\mathrm{d}A=2.0 \tag{5-17}$$

圆管层流运动的动能修正系数 β

$$\beta=\frac{\int_A u^2\,\mathrm{d}A}{v^2A}=\frac{\int_0^{r_0}\left[\frac{\rho gJ}{4\mu}(r_0^2-r^2)\right]^2 2\pi r\mathrm{d}r}{\left[\left(\frac{\rho gJ}{8\mu}\right)r_0^2\right]^2\pi r_0^2}=1.33 \tag{5-18}$$

5.4.3 圆管层流沿程水头损失的计算

将 $r_0=\frac{d}{2}$，$J=\frac{h_f}{l}$代入 $v=\frac{\rho gJ}{8\mu}r_0^2$ 中，可以得到

$$h_f=\frac{32\mu l}{\rho gd^2}v \tag{5-19}$$

式（5-19）从理论上证明了层流沿程水头损失与断面平均流速的一次方成正比，该结论与雷诺实验的结果相一致。将式（5-19）转化为计算沿程水头损失的达西公式的形式：

$$h_f=\frac{32\mu l}{\rho gd^2}v=\frac{64}{Re}\cdot\frac{l}{d}\cdot\frac{v^2}{2g}=\lambda\frac{l}{d}\cdot\frac{v^2}{2g} \tag{5-20a}$$

由式（5-20a）可以得到圆管层流的沿程水头损失系数的计算式：

$$\lambda=\frac{64}{Re} \tag{5-20b}$$

式（5-20b）表明：圆管层流中，沿程水头损失系数 λ 只与雷诺数 Re 成反比，与管壁的粗糙度无关。

【例 5.4】设圆管的直径 $d=2$ cm，流速 $v=10$ cm/s，水温 $t=10$ ℃。试求在管长 $l=800$ m 上的沿程水头损失。

解：(1) 先判别流态。

10 ℃时水的运动黏度 $\upsilon=1.31\times10^{-6}$ m²/s，得

$$Re=\frac{vd}{\upsilon}=\frac{0.10\times0.02}{1.31\times10^{-6}}=1\ 527<2\ 300$$

故为层流。

(2) 求沿程水头损失系数 λ。

$$\lambda=\frac{64}{Re}=\frac{64}{1\ 527}=0.041\ 9$$

(3) 计算沿程水头损失。

$$h_f=\lambda\frac{l}{d}\frac{v^2}{2g}=0.041\ 9\times\frac{800}{0.02}\times\frac{0.10^2}{2\times9.8}=0.855\ (\mathrm{m})$$

【例 5.5】　在管径 $d=1$ cm，管长 $l=5$ m 的圆管中，冷却机润滑油做层流运动。测得流量 $Q=80$ cm³/s，水头损失 $h_f=30$ m（油柱），试求油的运动黏度 υ。

解 (1) 求断面平均流速 v。由 $Q=vA$ 得到润滑油的平均流速为

$$v=\frac{Q}{A}=\frac{80\times10^{-6}}{\frac{\pi}{4}\times0.01^2}=1.02\ (\mathrm{m/s})$$

(2) 求沿程水头损失系数 λ。由 $h_f=\lambda\frac{l}{d}\frac{v^2}{2g}$得到沿程水头损失系数为

$$\lambda=\frac{h_f}{\frac{l}{d}\frac{v^2}{2g}}=\frac{30}{\frac{5}{0.01}\times\frac{1.02^2}{2\times9.8}}=1.13$$

(3) 求 Re。因为是层流，由 $\lambda=\frac{64}{Re}$得到

$$Re=\frac{64}{\lambda}=\frac{64}{1.13}=56.6<2\ 300$$

(4) 求运动黏度。由 $Re=\frac{vd}{\upsilon}$得到润滑油的运动黏度为

$$\upsilon=\frac{vd}{Re}=\frac{1.02\times0.01}{56.6}=1.80\times10^{-4}\ (\mathrm{m^2/s})$$

【例 5.6】一水平放置的输油管道，已知 AB 段长 $l=500$ m，测得 A 点压强 $p_A=300$ kPa，B 点压强 $p_B=200$ kPa，通过的流量 $Q=0.015$ m³/s，油的运动黏度 $\upsilon=171\times10^{-6}$ m²/s，密度 $\rho=890$ kg/m³，计算输油管道直径。

解：(1) 计算沿程水头损失。

$$h_f=\left(z_A+\frac{p_A}{\rho g}\right)-\left(z_B+\frac{p_B}{\rho g}\right)$$

由于水平放置输油管道，$z_A=z_B$，所以

$$h_f = \frac{p_A - p_B}{\rho g} = \frac{1 \times 10^5}{890 \times 9.8} = 11.47 \text{ (m)（油柱）}$$

（2）假设管中为层流运动。

$$h_f = \frac{32\mu l v}{\rho g d^2}$$

将 $\mu = \rho\upsilon$，$v = \frac{Q}{A} = \frac{4Q}{\pi d^2}$ 代入上式，得

$$h_f = \frac{32\ \rho\upsilon l}{\rho g d^2}\frac{4Q}{\pi d^2}$$

整理得

$$d^4 = \frac{128\upsilon l Q}{\pi g h_f} = \frac{128 \times 171 \times 10^{-6} \times 500 \times 0.015}{\pi \times 9.8 \times 11.47}$$

解得 $d = 0.15$ m。

（3）验算。

$$v = \frac{4Q}{\pi d^2} = \frac{4 \times 0.015}{\pi \times 0.15^2} = 0.85 \text{ (m/s)}$$

$$Re = \frac{vd}{\upsilon} = \frac{0.85 \times 0.15}{171 \times 10^{-6}} = 746 < 2\ 300$$

管中流动为层流，假设正确。

5.5 圆管中的紊流运动

自然界和工程中的大多数流动都是紊流，工业生产中的许多工艺流程都涉及紊流问题，因此紊流更具有普遍意义，对紊流的研究具有更为重要的理论意义和更为广泛的实际意义。

5.5.1 紊流的基本特征

紊流中流体质点的运动极不规则，在流动过程中流体质点不断相互掺混，流体质点的掺混使得流场中固定空间点上各种运动要素（例如流速、压强、浓度等）都随时间无规则变化，这种现象称为紊流脉动现象。

紊流与层流相比，表现出如下特征：

（1）有旋性。紊流具有复杂的旋涡结构。现代实验量测技术已经发现，由于各种原因，紊流中不断地产生无数尺度大小不等、转向不同、随时动态无规则地运动和变化着的旋涡。有紊流则必定有旋涡的存在，紊流是靠旋涡来维持的。

（2）脉动性。研究发现，紊流的脉动具有如下特点：

①随机性。即紊流的脉动是一个随机过程，脉动值时大时小，方向有正有负，但总是围绕一个平均值波动。

②三维性。即紊流的脉动总是三维的，虽然主流脉动只沿一个方向，却都产生三个方向

的脉动速度，其中沿主流流动方向的脉动量大，而以既垂直于主流流动方向又垂直于固体壁面方向的脉动量最小。

③不可忽略性。脉动量的数值有时很大，不能把它当作微量进行忽略处理。紊流的脉动现象对很多工程问题都有直接的影响，例如压强的脉动会在器壁上产生较大的瞬时荷载，流速的脉动会提高紊流所挟带物质的扩散能力等。

（3）扩散性。雷诺实验中观察到的各层流体质点相互掺混就是紊流扩散性的表现。紊流具有把一个地方的质量、热量和动量等扩散到其他地方的性能，只要分布不均匀，紊流的这种性能就会起作用。紊流中过流断面上的流速分布，要比层流情况下均匀得多。

（4）耗能性。紊流运动总是要消耗能量的。切应力不断地把紊流运动的能量转化成流体的内能而消失，紊流运动的维持需要能量的不断补给，否则紊流运动将会衰减，以致消失。紊流运动中的能量损失比相同条件下的层流运动要大很多。

总之，紊流运动是流动的一种特定形态，并不是流体固有的性质。

5.5.2　紊流运动的时均化

紊流运动是一种非常复杂的不规则运动，精确地描述、预测瞬时流速或瞬时压强随时间、空间的变化规律是非常困难的。到目前为止，流体工程设计、研究中通常采用时间平均法（简称时均法）来研究紊流运动。时间平均法将紊流运动看作两种流动的叠加。

瞬时流动 = 时间平均流动 + 脉动流动

图 5-9 所示是一个平面流动一个空间点上沿流动方向（x 方向）瞬时流速 u_x 随时间的变化曲线。从图 5-9 可以看到，u_x 随时间无规则地围绕某一平均值上下波动。

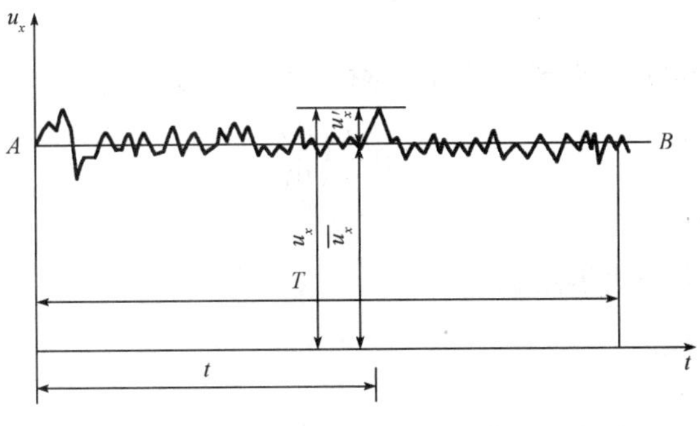

图 5-9　紊流瞬时流速

取某一时段 T，将 u_x 对该时段 T 平均，即

$$\bar{u}_x = \frac{1}{T}\int_0^T u_x \mathrm{d}t \tag{5-21}$$

$\bar{u}_x$ 与时段 T 的长短有关，当时段 T 取得过短时，时均值 $\bar{u}_x$ 不稳定；当时段 T 取得足够长时，$\bar{u}_x$ 将趋于稳定而与时段 T 无关，则 $\bar{u}_x$ 就是该点 x 轴方向的时均流速。从图形上看，$\bar{u}_x$ 是 T 时段内与时间轴平行的直线 AB 的纵坐标，AB 线与时间轴所包围的面积等于 $\bar{u}_x = f(t)$ 曲线与时间轴所包围的面积。

瞬时流速 u_x 与时均流速 $\bar{u}_x$ 之差，称为脉动流速 u'_x，即

$$u'_x = u_x - \bar{u}_x \tag{5-22}$$

脉动流速 u'_x 本身有正有负，随时间而变化。在时段 T 内，脉动流速的时均值为零，即

$$\bar{u}'_x = \frac{1}{T}\int_0^T u'_x \mathrm{d}t = \frac{1}{T}\int_0^T (u_x - \bar{u}_x)\mathrm{d}t = \bar{u}_x - \bar{u}_x = 0 \tag{5-23}$$

同样，紊流中瞬间压强 p、时均压强 $\bar{p}$ 和脉动压强 p'之间的关系为

$$p = \bar{p} + p';\bar{p} = \frac{1}{T}\int_0^T p\mathrm{d}t;\bar{p}' = \frac{1}{T}\int_T^0 p'\mathrm{d}t$$

在引入时均化概念的基础上，紊流可以分解为时均流动和脉动流动的叠加。这样可以对时均流动和脉动流动分别进行研究。在这两种流动中，时均流动是主要的，反映了流动的基本特征。从瞬时来看，紊流不是恒定流，总是非恒定的。但是紊流的时均值可以是恒定的。根据运动要素的时均值是否随时间变化，可将紊流分为时均恒定流和时均非恒定流。这样，第 3 章中关于恒定流的基本方程也都适用于紊流。

5.5.3 紊流的切应力分布及断面速度分布

（1）紊流（湍流）的切应力分布。在紊流流动中，流体质点速度大小和方向均在不停地随机变化，流体质点除具有主流流动方向的运动外，还存在着沿不同方向的脉动。其结果使流体质点在垂直于主流流动方向的层间产生相互掺混，由于参加层间掺混的那部分流体质点在掺混前后的速度方向发生变化，必然引起动量变化。由动量原理可知，这种动量的变化必然伴随着层间沿主流流动方向作用力的传递，这个由紊流脉动速度而引起的作用力通常称为附加切应力。

按普朗特（L. Prandtl）混合长度理论，附加切应力为

$$\tau' = \rho L^2 \left(\frac{\mathrm{d}u}{\mathrm{d}y}\right)^2 \tag{5-24}$$

式中 ρ——流体的密度；

y——流体质点至管壁的距离；

$\frac{\mathrm{d}u}{\mathrm{d}y}$——时匀速度梯度；

L——流体质点的掺混路程，称为混合长度。

紊流中总的切应力由黏性切应力和附加切应力两部分组成，即

$$\tau = \mu\frac{\mathrm{d}u}{\mathrm{d}y} + \rho L^2 \left(\frac{\mathrm{d}u}{\mathrm{d}y}\right)^2 \tag{5-25}$$

由紊流速度结构可知，在黏性底层中，流体为层流状态，切应力主要为黏性切应力，附加切应力可以不计；在紊流核心区，流体质点间的相互混杂使附加切应力占主导作用，黏性切应力可以忽略；而在过渡区，黏性切应力和附加切应力具有同一数量级，但由于该区很小，一般将其并入紊流核心区来处理。

（2）断面速度分布：因为在黏性底层中，有

$$\tau = \mu\frac{\mathrm{d}u}{\mathrm{d}y} \tag{5-26}$$

即

$$du = \frac{\tau}{\mu}dy$$

由于黏性底层很薄，可以近似用壁面上的切应力 τ_0 表示，于是对上式积分得

$$u = \frac{\tau_0}{\mu}y \tag{5-27}$$

即在黏性底层中，速度分布是直线规律。

在紊流核心区中，切应力满足

$$\tau = \rho L^2 \left(\frac{du}{dy}\right)^2$$

对于均匀紊流，切应力沿半径呈直线分布，即 $\tau = \tau_0 \frac{r}{r_0} = \tau_0\left(1 - \frac{y}{r_0}\right)$，又根据卡门（Kaman）实验，混合长度可表示为（除管轴附近外）$L = \kappa y\sqrt{1 - \frac{y}{r_0}}$，将这两式代入上式得

$$\tau_0\left(1 - \frac{y}{r_0}\right) = \rho\kappa^2 y^2\left(1 - \frac{y}{r_0}\right)\left(\frac{du}{dy}\right)^2$$

整理得

$$du = \frac{v_*}{\kappa}\frac{dy}{y}$$

积分得

$$u = \frac{v_*}{\kappa}\ln y + C_1 \tag{5-28a}$$

或变换为

$$u = v_*\left[\frac{1}{\kappa}\ln\left(\frac{v_* y}{v}\right) + C_2\right] \tag{5-28b}$$

式（5-28b）表明，管中紊流核心区的速度按对数规律分布。式中 $v_* = \sqrt{\frac{\tau_0}{\rho}}$ 具有速度的量纲，称为剪切速度。

式中积分常数可由实验确定。紊流速度按对数曲线分布，其特点是速度梯度小，这是因为紊流核心区内流体质点的剧烈掺混作用使得各质点的速度趋于均匀化。

下面分别讨论紊流光滑区和紊流粗糙区的流速分布规律。

①紊流光滑区的流速分布。根据尼古拉兹实验资料，积分常数 $C_2 = 5.5$，$\kappa = 0.4$，故

$$u = v_*\left[5.75\ln\left(\frac{v_* y}{v}\right) + 5.5\right] \tag{5-29}$$

②紊流粗糙区的流速分布。紊流粗糙区的黏性底层厚度非常小，卡门和普朗特根据尼古拉兹实验资料，得出紊流粗糙区的过水断面上的对数分布公式为

$$u = v_*\left[5.75\ln\frac{y}{\Delta} + 8.5\right] \tag{5-30}$$

③紊流流速分布的指数经验公式。普朗特和卡门根据实验资料又提出了紊流流速分布的指数律公式

$$\frac{u}{u_{max}} = \left(\frac{y}{r_0}\right)^n \tag{5-31}$$

式（5-31）中的指数随雷诺数而变化，当 $Re<10^5$ 时，$n\approx 1/7$，即

$$\frac{u}{u_{max}}=\left(\frac{y}{r_0}\right)^{1/7} \tag{5-32}$$

式中 u_{max}——管轴处的最大流速；

r_0——圆管半径；

n——指数，随雷诺数而变化，如表 5-1 所示。

表 5-1 紊流速度分布指数

Re	4×10^3	2.3×10^4	1.1×10^5	1.1×10^6	2.0×10^6	3.2×10^6
n	1/6.0	1/6.6	1/7.0	1/8.8	1/10	1/10
v/u_{max}	0.791	0.808	0.817	0.849	0.865	0.865

式（5-32）称为紊流流速分布中的七分之一次方定律。

紊流光滑区的流速分布指数公式完全是经验的，由于它形式简单，被广泛应用。表 5-1 同时还列出了断面平均流速 v 与最大流速 u_{max} 的比值和 Re 的关系，据此只要测得管轴上的最大流速，便可求出断面平均流速和流量。

5.5.4 圆管紊流流核与黏性底层

根据观察和实验，发现在紊流中紧贴固体边界（如管壁）附近，有一极薄的流层。该流层由于受边壁的限制，消除了流体质点的掺混，时均流速为线性分布，切应力可由 $\tau=\mu\mathrm{d}u/\mathrm{d}y$ 表示，就其时均特征来看，可认为属于层流运动。这一流层称为黏性底层或层流底层，如图 5-10 所示。在黏性底层之外的流区，统称为紊流流核。

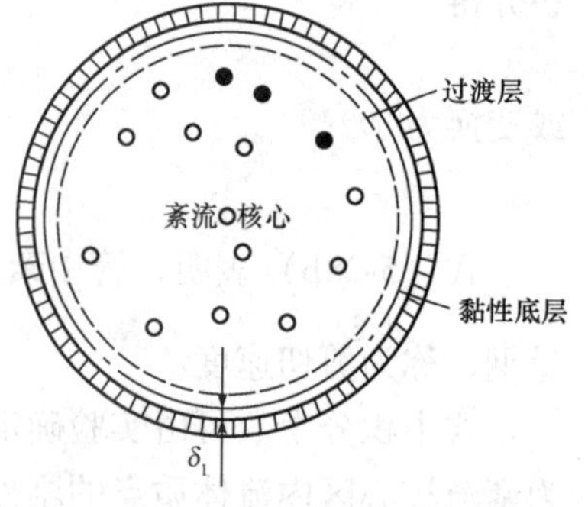

图 5-10 黏性底层

圆管紊流过流断面上的流速分布大致可以分为三个区域：

（1）黏性底层。紧贴管壁的一层流体黏附在壁面上（满足黏性流体壁面上无滑移条件），使得紧靠壁面很薄的流层内，流速由零很快增至一定值。在这一薄层内流速虽然很小，但流速梯度很大，黏性切应力起主导作用，其流态基本上属于层流。另一方面，由于壁面限制了流体质点的横向掺混，使得在壁面处的脉动流速和附加切应力都趋于消失。所以，紧靠壁面附近存在一个黏性切应力起主导作用的很薄的流体层，称为黏性底层。

（2）紊流核心。由于紊流的脉动，流体质点间相互掺混，产生动量交换，使得离边壁不远处到管中心的绝大部分区城内流速分布比较均匀，流体处于紊流运动状态，紊流附加切应力起主导作用，这一区域称为紊流核心。

（3）过渡层。在紊流核心和黏性底层之间存在着范围很小的过渡层，在该层中黏性切应力与紊流附加切应力同时起作用。因为它实际意义不大，可以不予考虑。

黏性底层厚度 δ_1 可由层流流速分布式和牛顿内摩擦定律，以及实验资料求得。

由式（5-14）知，当 $r\to r_0$ 时，有

$$u = \frac{\gamma J}{4\mu}(r_0^2 - r^2) = \frac{\gamma J}{4\mu}(r_0 + r)(r_0 - r)$$

$$\approx \frac{\gamma J}{2\mu} r_0 (r_0 - r) = \frac{\gamma J r_0}{2\mu} y \tag{5-33}$$

式中，$y = r_0 - r$。由 $\tau = \gamma \frac{r}{2} J$ 得 $\tau_0 = \gamma r_0 J/2$，代入式（5-33）得

$$u = \frac{\tau_0}{\mu} y$$

或

$$\frac{\tau_0}{\rho} = \upsilon \frac{u}{y}$$

由于$(\tau_0/\rho)^{1/2}$的量纲与速度量纲一致，称它为剪切流速 v_*，则上式可写成

$$\frac{v_* y}{\upsilon} = \frac{u}{v_*} \tag{5-34}$$

注意到 $v_* y/\upsilon$ 是某一雷诺数，当 $y < \delta_1$ 时为层流，而当 $y \to \delta_1$ 时，$v_* \delta_1/\upsilon$ 为某一临界雷诺数。实验资料证明 $v_* \delta_1/\upsilon = 11.6$。因此

$$\delta_1 = 11.6 \frac{\upsilon}{v_*} \tag{5-35}$$

由式 $h_f = \frac{\tau_0 l}{\gamma R}$ 及式（5-20a）得

$$\tau_0 = \frac{\lambda \rho v^2}{8} \tag{5-36}$$

将式（5-36）代入式（5-35）可得

$$\delta_1 = \frac{32.8\upsilon}{v\sqrt{\lambda}} = \frac{32.8d}{Re\sqrt{\lambda}} \tag{5-37}$$

式中　Re——管内流动雷诺数；

λ——沿程阻力系数。

由式（5-37）可知，当管径 d 一定时，黏性底层随着雷诺数的增大而变薄。雷诺数越大，紊动越强烈，黏性底层的厚度就越小。

黏性底层的厚度虽然很小，一般只有十分之几毫米，但它对流动阻力和水头损失有重大影响。因为任何材料加工的管壁，由于受加工条件限制和运用条件的影响，总会有些粗糙不平。将粗糙突出管壁的“平均”高度称为绝对粗糙度 Δ。Δ 与流动边界的某一特征尺寸 d（例如管流中 d 可为管径）的比值称为相对粗糙度。

如图 5-11（a）所示，粗糙突出高度“淹没”在黏性底层中，此时黏性底层以外的紊流区域完全不受管壁粗糙度的影响，流体就像在光滑的管壁上流动一样，这时流动处于紊流光滑区。如图 5-11（b）所示，当粗糙突出高度伸入紊流流核，成为旋涡的策源地，加剧了紊流的脉动作用，水头损失也比较大，这时流动处于紊流粗糙区。至于流动是属于紊流光滑区还是属于紊流粗糙区，不仅取决于管壁本身的绝对粗糙度 Δ，还取决于和雷诺数等因素有关的黏性底层厚度 δ_1。所以，“光滑”或“粗糙”都没有绝对不变的意义，视 Δ 与 δ_1 的比值而

定。根据尼古拉兹实验资料，紊流光滑区、紊流粗糙区和介于两者之间的紊流过渡区的分区规定如下：

紊流光滑区　　$\Delta < 0.4\delta_1$，或 $Re_* < 5$

紊流过渡区　　$0.4\delta_1 < \Delta < 6\delta_1$，或 $5 < Re_* < 70$

紊流粗糙区　　$\Delta > 6\delta_1$，或 $Re_* > 70$

其中，$\Delta v_*/\upsilon = Re$，称为粗糙雷诺数。

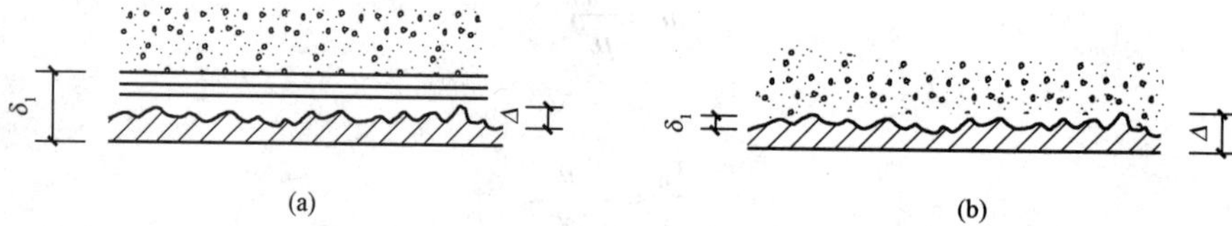

图 5-11　紊流

（a）紊流光滑区；（b）紊流粗糙区

5.5.5　沿程水头损失

圆管均匀紊流的沿程水头损失计算公式仍为式（5-20a），即

$$h_f = \lambda \frac{l}{d}\frac{v^2}{2g}$$

对于紊流运动，λ 一般为雷诺数 Re 和管相对粗糙度 Δ/d 的函数。关于 λ 随 Re 及 Δ/d 的变化规律将在 5.6 节论述。

对于圆管流动，水力半径 $R = (\pi d^2/4)/\pi d = d/4$。代入上式得

$$h_f = \lambda \frac{l}{4R}\frac{v^2}{2g} \tag{5-38}$$

式（5-38）可用于计算非圆断面流动的沿程水头损失。

在实际工程中遇到问题，有时是已知水力坡度，而求流速的大小。为此将式（5-38）变换为如下形式：

$$v = \sqrt{\frac{8g}{\lambda}}\sqrt{R\frac{h_f}{l}} = C\sqrt{RJ} \tag{5-39}$$

式（5-39）为著名的谢才公式，1775 年由谢才提出。

5.6　管中沿程阻力系数变化规律

5.6.1　尼古拉兹实验

在管道的沿程水头损失计算中，如何确定沿程阻力系数 λ 是问题的关键。对于层流，由前述分析可用理论方法来确定，$\lambda = \frac{64}{Re}$。对于紊流，则必须借助实验来解决。一般来说，

在有压管道中，λ 与雷诺数 Re 及管壁的相对粗糙度 $\frac{\Delta}{d}$（Δ 为管壁绝对粗糙度，d 为管道内径）有关，即

$$\lambda = \lambda\left(Re,\ \frac{\Delta}{d}\right)$$

下面根据已有的人工均匀粗糙管实验结果，来分析判别 λ 的变化规律。尼古拉兹于 1933 年发表的实验结果，是用粒径不同的均匀砂粒，均匀地粘在管道内壁上，构成人工均匀粗糙管，砂粒粒径 Δ 代表粗糙度。在不同 Δ 和不同相对粗糙度 $\frac{\Delta}{d}$ 下进行了大量的实验，实验装置如图 5-12 所示，得出了 λ 与 Re 之间的关系曲线，如图 5-13 所示。这些曲线大致可以划分为如下五个区域：

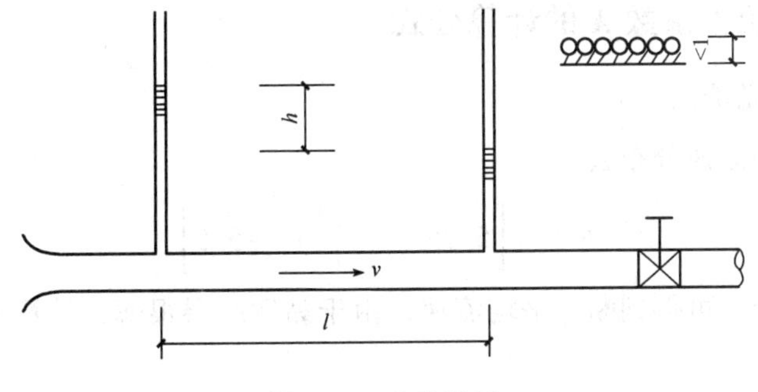

图 5-12　实验装置

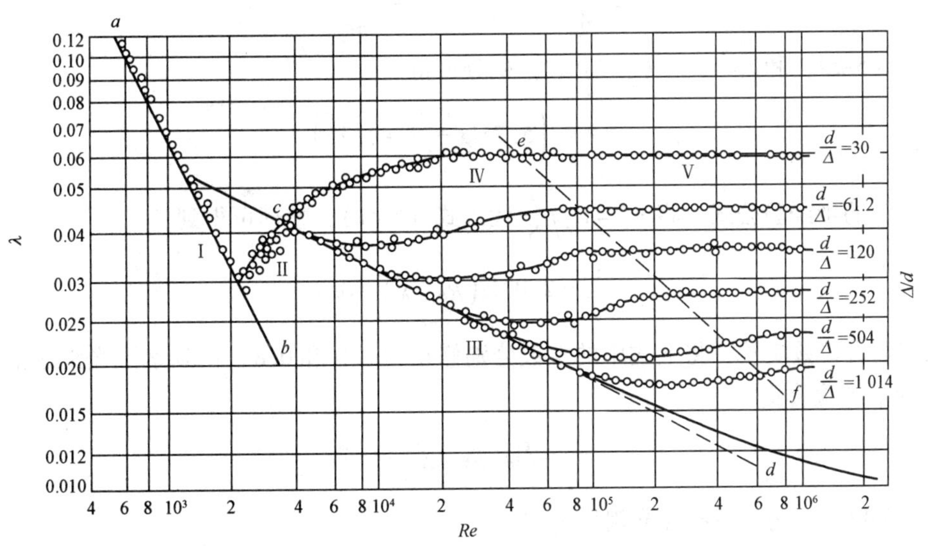

图 5-13　λ 与 Re 之间的关系曲线

（1）层流区（Ⅰ）。从曲线可以看出，此区不论相对粗糙度为多少，实验点均聚集在一条直线Ⅰ上，λ 只与 Re 有关。λ 与 Re 的关系符合 $\lambda = 64/Re$，与圆管层流的理论公式相同。此区雷诺数的范围为 $Re < 2\ 000$。

（2）临界区（Ⅱ）。临界区为从层流到紊流的过渡区，各实验点都在曲线Ⅱ附近，此区

不稳定，λ 可由扎钦科经验公式确定：

$$\lambda = 0.025Re^{1/3} \tag{5-40}$$

（3）紊流光滑管区（Ⅲ）。在紊流光滑管区不同相对粗糙度管道的实验点又都落在同一条直线Ⅲ上，λ 只与 Re 有关，与 Δ/d 无关。但随 Δ/d 比值不同，各种管道离开此区的实验点位置不同，Δ/d 越大，越早离开此区。

（4）光滑管至粗糙管过渡区（Ⅳ）。在光滑管至粗糙管过渡区随着 Re 的增大，黏性底层变薄，不同 Δ/d 的实验点从Ⅲ线不同位置离开，λ 与 Re 和 Δ/d 均有关。过渡区的前半部分与后半部分别带有光滑管和粗糙管的特点。

（5）紊流粗糙管区（Ⅴ）。在紊流粗糙管区，λ 是相对粗糙度的函数，$\lambda = \lambda(\Delta/d)$，紊流已充分发展，$\lambda$ 与雷诺数 Re 无关，表现为与横轴平行的直线段。

5.6.2 沿程阻力系数 λ 的计算公式

5.6.2.1 紊流光滑区

由紊流光滑管的流速分布公式

$$u = v_*\left[5.75\ln\left(\frac{v_* y}{v}\right) + 5.5\right]$$

对过水断面积分，可得到断面平均流速，由于黏性底层很薄，计算流量时可略去不计，则得

$$v = \frac{Q}{A} = \frac{\int_A u\mathrm{d}A}{A} = \frac{\int_0^{r_0} u \cdot 2\pi r\mathrm{d}r}{\pi r_0^2}$$

将式（5-29）和 $r = r_0 - y$ 代入上式，积分可得

$$v = v_*\left(5.75\lg\frac{v_* r_0}{v} + 1.75\right) \tag{5-41}$$

（1）λ 的半经验公式。将 $v_* = v\sqrt{\frac{\lambda}{8}}$ 代入式（5-41），整理可得到

$$\frac{1}{\sqrt{\lambda}} = 2.03\lg(Re\sqrt{\lambda}) - 0.9$$

根据尼古拉兹实验，将上式中的常数分别修正为2.0和0.8，得到紊流光滑区沿程阻力系数 λ 的半经验公式

$$\frac{1}{\sqrt{\lambda}} = 2\lg(Re\sqrt{\lambda}) - 0.8 \tag{5-42}$$

式（5-42）称为尼古拉兹光滑管公式。

5.6.2.2 紊流粗糙区

将紊流粗糙区的流速分布公式式（5-30）代入断面平均流速表达式，积分得到断面平均流速公式。

积分可得

$$v = v_*\left[5.75\lg\left(\frac{r_0}{\Delta}\right) + 4.75\right] \tag{5-43}$$

将 $v^{*}=v\sqrt{\frac{\lambda}{8}}$ 代入式（5-43），可得

$$\frac{1}{\sqrt{\lambda}}=2.03\lg\frac{r_0}{\Delta}+1.68$$

根据尼古拉兹实验，将式中常数分别修正为 2.0 和 1.74，上式可改写为

$$\frac{1}{\sqrt{\lambda}}=2\lg\frac{r_0}{\Delta}+1.74 \tag{5-44}$$

式（5-44）称为紊流粗糙区沿程阻力系数 λ 的半经验公式，也称为尼古拉兹粗糙管公式。从公式中可以看出：对于紊流粗糙区，λ 仅取决于相对粗糙度 $\frac{r_0}{\Delta}$。

5.6.3　工业管道和柯列勃洛克公式

根据普朗特的混合长度理论，并结合尼古拉兹实验，得到了紊流光滑区和紊流粗糙区沿程阻力系数 λ 的半经验公式，但是没有求得紊流过渡区沿程阻力系数 λ 的计算公式。另外，这两个半经验公式都是在人工粗糙管的基础上得到的，而人工粗糙管和一般工业管道的粗糙程度有很大差异。如何把这两种不同的粗糙形式联系起来，使尼古拉兹半经验公式也能适用于一般的工业管道，是一个实际问题。

在紊流光滑区，工业管道和人工粗糙管虽然粗糙情况不同，但都被黏性底层掩盖，粗糙程度对紊流核心没有什么影响，实验表明：式（5-42）也适用于工业管道。

在紊流粗糙区，工业管道和人工粗糙管的粗糙突起几乎完全进入紊流核心，λ 有相同的变化规律，实验表明：式（5-44）也适用于工业管道。问题是如何确定式中的 Δ。工业管道粗糙突起的高度、形状和分布都是随机的，为解决此问题，以尼古拉兹实验采用的人工粗糙管为度量标准，把工业管道的粗糙度折算成人工粗糙度，引入当量粗糙度的概念。所谓当量粗糙度，是指和工业管道粗糙区 λ 相等的同直径人工粗糙管的粗糙高度。就是以工业管道紊流粗糙区实测的 λ，代入尼古拉兹粗糙管公式反算得出 Δ。工业管道的当量粗糙度是按沿程水头损失效果相同的人工粗糙管得出的折算高度，反映了粗糙各种因素对 λ 的综合影响。有了当量粗糙度，式（5-44）就可以应用于工业管道了。常用工业管道的当量粗糙度如表 5-2 所示。

表 5-2　常用工业管道的当量粗糙度（Δ）

管道材料	Δ/mm	管道材料	Δ/mm
新氯乙烯管	0～0.002	镀锌钢管	0.15
铅管、新钢管、玻璃管	0.01	新铸铁管	0.15～0.5
钢管	0.046	旧铸铁管	1～1.5
涂沥青铸铁管	0.12	混凝土	0.3～3.0

在紊流过渡区，工业管道和尼古拉兹粗糙管道 λ 的变化规律相差很大。因此，尼古拉兹过渡区实验资料完全不适用于工业管道。1939 年，美国工程师柯列勃洛克根据大量的工业管道实验资料，给出了工业管道紊流过渡区的 λ 计算公式（$5<Re<70$）：

$$\frac{1}{\sqrt{\lambda}}=-2\lg\left(\frac{\Delta}{3.7d}+\frac{2.51}{Re\sqrt{\lambda}}\right) \tag{5-45}$$

式中　Δ——工业管道的当量粗糙度。

式（5-45）称为柯列勃洛克公式。

柯列勃洛克公式实际上是尼古拉兹光滑管公式和粗糙管公式的结合。当 Re 很小时，公式右边括号内第一项相对于第二项很小，柯列勃洛克公式接近于尼古拉兹光滑管公式；当 Re 很大时，公式右边括号内第二项很小，柯列勃洛克公式又接近于尼古拉兹粗糙管公式。因此，柯列勃洛克公式不仅适用于工业管道过渡区，而且可以用于紊流的全部三个流区，故该公式又称为紊流 λ 的综合计算公式。由于该公式适用范围广，与工业管道实验结果符合良好，在国外得到了广泛应用。

采用紊流沿程阻力系数分区计算公式计算沿程阻力系数时，必须首先判别实际流动所处的紊流阻力区，才能选择有关的计算公式。而工业管道和人工粗糙管由于粗糙均匀性不同，不仅两种管道 λ 的变化规律不同，而且紊流阻力区的范围也有很大差异。工业管道在 $Re_*=\frac{\Delta\cdot v_*}{v}\approx 0.3$ 时，已从紊流光滑区转变为紊流过渡区。因此，工业管道的紊流阻力区的划分标准为

紊流光滑区

$$Re_*\leqslant 0.3\text{，或}\frac{\Delta}{\delta_0}\leqslant 0.025 \tag{5-46a}$$

紊流过渡区

$$0.3<Re_*\leqslant 70\text{，或}\ 0.025<\frac{\Delta}{\delta_0}\leqslant 6 \tag{5-46b}$$

紊流粗糙区

$$Re_*>70\text{，或}\frac{\Delta}{\delta_0}>6 \tag{5-46c}$$

5.6.4 莫迪图

应用柯列勃洛克公式计算沿程阻力系数 λ 要经过几次迭代才能得出结果，为简化计算，莫迪以柯列勃洛克公式为基础，绘制了工业管道紊流三区沿程阻力系数 λ 的变化曲线。即莫迪图，如图 5-14 所示。由该图可根据 Re 及相对粗糙度 Δ/d 直接查得 λ。并且可以判断所在阻力区，使用起来非常方便。

5.6.5 计算沿程阻力系数的其他经验公式

（1）光滑区的布拉修斯公式。

$$\lambda=\frac{0.3164}{Re^{0.25}} \tag{5-47}$$

公式适用条件为 $Re<10^5$，$\Delta<0.4\delta_1$。

（2）舍维列夫公式。对于自来水管，1953 年舍维列夫根据他对旧钢管的水力实验，提出计算紊流过渡区及紊流粗糙区的沿程阻力系数 λ 的经验公式。

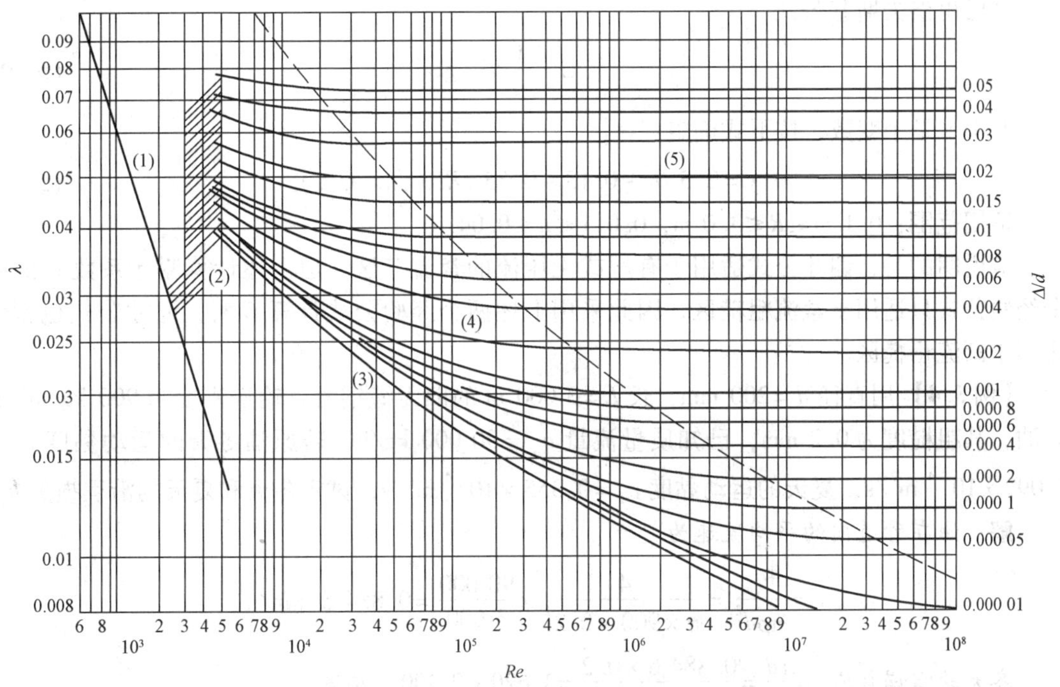

图 5-14 莫迪图

当管道流速 $v<1.2$ m/s 时，紊流过渡区 $\lambda=\dfrac{0.0179}{d^{0.3}}\left(1+\dfrac{0.867}{v}\right)^{0.3}$。

当管道流速 $v>1.2$ m/s 时，紊流粗糙区 $\lambda=\dfrac{0.0210}{d^{0.3}}$。

以上两式管径 d 以 m 计，流速 v 以 m/s 计，两式都是在水温为 10 ℃，运动黏度系数 $\upsilon=1.31\times10^{-6}\ \mathrm{m^2/s}$ 条件下导出的。

（3）阿里特苏里公式。下式适用于紊流三个流区：

$$\lambda=0.11\left(\frac{\Delta}{d}+\frac{68}{Re}\right)^{0.25} \tag{5-48}$$

（4）谢才公式。

$$v=C\sqrt{RJ}$$

其中 $C=\sqrt{\dfrac{8g}{\lambda}}$ 为谢才系数，单位为 $\mathrm{m^{1/2}/s}$，它综合反映各种因素对断面平均流速与水力坡度关系的影响，J 为水力坡度。下面介绍两个计算 C 的经验公式。

①曼宁公式。

$$C=\frac{1}{n}R^{1/6} \tag{5-49}$$

式中 R——水力半径（m）；

n——综合反映壁面对流动阻滞作用的粗糙系数。

适用范围：$n<0.02$，$R<0.5$ m。

②巴甫洛夫斯基公式。

$$C=\frac{1}{n}R^{y} \tag{5-50}$$

其中 y 是个变数，按下式确定：

$$y=2.5\sqrt{n}-0.13-0.75\sqrt{R}\ (\sqrt{n}-0.1) \tag{5-51}$$

适用范围：$0.1\ \text{m}\leqslant R\leqslant 3.0\ \text{m}$，$0.011\leqslant n\leqslant 0.04$。

应说明的是，谢才公式适用于有压或无压流的紊流三区。但上述计算谢才系数 C 的两个经验公式只适用于紊流粗糙区，因此采用上述两个经验公式计算 C 时，谢才公式也就仅适用于紊流粗糙区。

【例 5.4】用直径 $d=200$ mm，长 $L=3\ 000$ m 的旧无缝钢管，输送密度为 900 kg/m^3 的原油，其粗糙度为 0.2 mm，已知质量流量 $q_m=90\ 000$ kg/h，若原油冬天的运动黏度 $\upsilon_2=1.092\times10^{-4}\ \text{m}^2/\text{s}$，夏天的运动黏度 $\upsilon_1=0.355\times10^{-4}\ \text{m}^2/\text{s}$，试求冬天和夏天的沿程损失 h_f。

解：油在管道内的平均流速为

$$v=\frac{4q_m}{\pi\rho d^2}=\frac{4}{\pi\times900\times0.2^2}\times\frac{90\ 000}{3\ 600}=0.884\ 6\ (\text{m/s})$$

冬天的雷诺数 $Re_1=\dfrac{vd}{\upsilon_2}=\dfrac{0.884\ 6\times0.2}{1.092\times10^{-4}}=1\ 620<2\ 300$　层流

夏天的雷诺数 $Re_2=\dfrac{vd}{\upsilon_1}=\dfrac{0.884\ 6\times0.2}{0.355\times10^{-4}}=4\ 984>2\ 300$　紊流

冬天的沿程水头损失 $h_f=\dfrac{64}{Re_1}\dfrac{L}{d}\dfrac{v^2}{2g}=\dfrac{64}{1\ 620}\times\dfrac{3\ 000}{0.2}\times\dfrac{0.884\ 6^2}{2\times9.8}=23.66$（油柱）

在夏天，根据 $\Delta/d=0.001$ 和 $Re_2=4\ 984$，在莫迪图上查得 $\lambda=0.038\ 5$，代入达西公式得

$$h_f=\lambda\frac{L}{d}\frac{v^2}{2g}=0.038\ 5\times\frac{3\ 000}{0.2}\times\frac{0.884\ 6^2}{2\times9.8}=23.06\ (\text{油柱})$$

【例 5.5】已知某铁管直径为 25 cm，长为 700 m，通过流量为 56 L/s，水温为 10 ℃，求通过这段管道的水头损失（10 ℃时水的黏度为 0.013 1 m^2/s）。

解：平均流速

$$v=\frac{Q}{\pi d^2/4}=\frac{56\ 000}{\pi\times25^2/4}=114.1\ (\text{cm/s})$$

雷诺数

$$Re=\frac{vd}{\upsilon}=\frac{114.1\times25}{0.013\ 1}=217\ 748$$

根据表 5-2，旧铁管的当量粗糙度 $\Delta=1.25$ mm，则

$$\frac{\Delta}{d}=\frac{1.25}{250}=0.005$$

根据 Re、Δ/d 查莫迪图得 $\lambda=0.030\ 4$。

沿程水头损失

$$h_f=\lambda\frac{l}{d}\frac{v^2}{2g}=0.030\ 4\times\frac{700}{0.25}\times\frac{1.141^2}{2\times9.8}=5.65\ (\text{mH}_2\text{O})$$

也可采用经验公式计算 λ。

$$v = 1.141\ \text{m/s} < 1.2\ \text{m/s}$$

因为 $t = 10$ ℃，所以可采用过渡区的舍维列夫公式计算 λ：

$$\begin{aligned}\lambda &= \frac{0.0179}{d^{0.3}}\left(1 + \frac{0.867}{v}\right)^{0.3} \\ &= \frac{0.0179}{0.25^{0.3}} \times \left(1 + \frac{0.867}{1.141}\right)^{0.3} \\ &= 0.0321\end{aligned}$$

$$h_f = \lambda \frac{l}{d}\frac{v^2}{2g} = 0.0321 \times \frac{700}{0.25} \times \frac{1.141^2}{2 \times 9.8} = 5.97\ (\text{mH}_2\text{O})$$

【例 5.6】 水在直径 900 mm 的铸铁管中做有压流动，水温 10 ℃，流速 $v = 1.5$ m/s，铸铁管的粗糙系数 $n = 0.013$，试求：

（1）用莫迪图估算 λ，并由 λ 推算 C。

（2）用曼宁公式计算 C。

（3）用巴甫洛夫斯基公式计算 C。

解：（1）水温 $t = 10$ ℃，$\upsilon = 0.0131\ \text{cm}^2/\text{s}$，$Re = \dfrac{vd}{\upsilon} = \dfrac{150 \times 90}{0.0131} = 1\,030\,534$

查表 5-2 新铸铁管的当量粗糙度 $\Delta = 0.3$ mm，$\Delta/d = 0.3/900 = 0.000333$

根据 Re、Δ/d 查莫迪图得 $\lambda = 0.016$，代入得

$$C = \sqrt{\frac{8g}{\lambda}} = \sqrt{8 \times 9.8/0.016} = 70\ (\text{m}^{1/2}/\text{s})$$

（2）用曼宁公式计算，水力半径 $R = d/4 = 0.225$ m，得

$$C = \frac{1}{n}R^{\frac{1}{6}} = \frac{1}{0.013} \times (0.225)^{\frac{1}{6}} = 60\ (\text{m}^{1/2}/\text{s})$$

（3）用巴甫洛夫斯基公式计算，得

$$\begin{aligned}y &= 2.5\sqrt{n} - 0.13 - 0.75\sqrt{R}\,(\sqrt{n} - 0.1) \\ &= 2.5\sqrt{0.013} - 0.13 - 0.75\sqrt{0.225}\,(\sqrt{0.013} - 0.1) \\ &= 0.15\end{aligned}$$

$$C = \frac{1}{n}R^{0.15} = \frac{1}{0.013} \times (0.225)^{0.15} = 61.5\ (\text{m}^{1/2}/\text{s})$$

三种答案比较，（1）的结果偏大，（2）和（3）相差不大。（1）的计算结果是考虑液流在紊流过渡区，而（2）和（3）按公式计算使用条件都在紊流粗糙区。

5.7　边界层理论简介

19 世纪，科学家们对理想流体的欧拉方程的研究已经到了相当完善的地步。若从形式逻辑上分析，理想流体的运动黏度 $\upsilon = 0$，即运动的雷诺数为无穷大。那么对于雷诺数很大的实际流体，当黏滞作用小到一定程度而可予以忽略时，流动应接近理想流体的流动，则欧

拉方程似乎可解决雷诺数很大时的实际流体运动问题。但实际上许多雷诺数很大的实际流体的情况与理想流体有着显著的差别。图 5-15（a）所示是二元理想均匀流绕圆柱体的流动情况，但所观察到的实际流体，当 Re 很大时，流动情况却如图 5-15（b）所示。显然两者存在着相当大的差别。为什么会有这个差别？一直到 1904 年，普朗特提出边界层理论后，才对这个问题给予了解释。

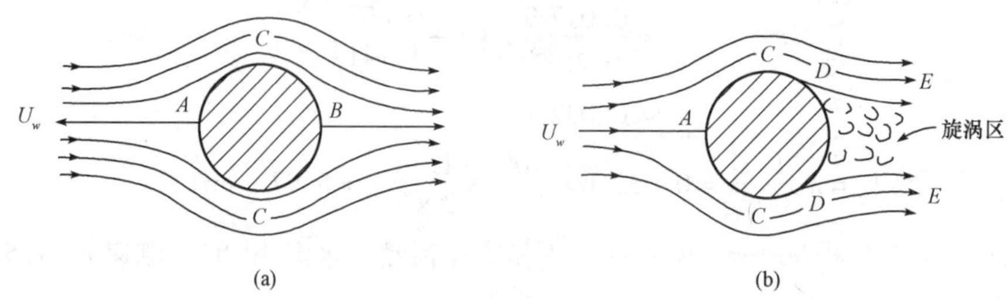

图 5-15　均匀流绕圆柱体的流动

5.7.1　边界层的基本概念

根据黏性无滑移条件，贴近物体壁面上的流体质点速度为零，在紧靠物体表面的一个流体薄层内，流体质点速度从壁面处的值为零迅速增大到流体来流速度 U，薄层内速度梯度大，黏性作用力大，黏性影响非常重要。薄层外流体质点速度基本上均匀，等于流体来流速度，速度梯度近似为零，黏性力为零，因此薄层外流体可以看作无黏性或理想流体。这就是著名的边界层概念。它是普朗特在 1904 年提出的。边界层概念将整个流场分成有黏性影响的边界层内黏性流体流动和无黏性影响的边界层外理想流体流动两个区域，使理想流体流动分析和黏性流体流动有机地结合起来，极大地促进了现代流体力学的发展。边界层概念意味着在离开固体壁面的一个很小的距离（薄层或边界层）外，可以应用理想流体的数学分析理论来确定实际流体中的流线。

当边界层内流体质点速度较低，黏性作用较大时，边界层内的流动全部是层流，称为层流边界层。当来流速度较大，黏性作用较小时，边界层内的流动可能是具有贴近壁面为黏性底层，而绝大部分为湍流的流动，称为紊流边界层。平板上区分层流与紊流边界层的判据是雷诺数 $Re_C = \dfrac{Ux_c}{\upsilon} = 5\times10^5$，$x_c$ 是距平板前缘点的平板长度。一般地，$Re < 5\times10^5$ 时为层流边界层，$Re > 5\times10^5$ 时为紊流边界层。边界层厚度 δ 通常定义为在离开壁面一定距离的某点处的流体质点速度 u 等于未受扰动的来流速度 U 的 99% 时，该点垂直于壁面的距离，因此边界层外边界上流体质点速度 $u = 0.99U$。平板上边界层结构及变化如图 5-16 所示，边界层厚度随距表面前缘的距离的增加而增厚。

5.7.2　边界层分离

平板边界层流动是边界层流动中最简单的一种。如前所述，当不可压缩黏性流体纵向流过平板时，在边界层外边界上沿流动方向的速度是相同的，整个流场中压强及流速均保持为

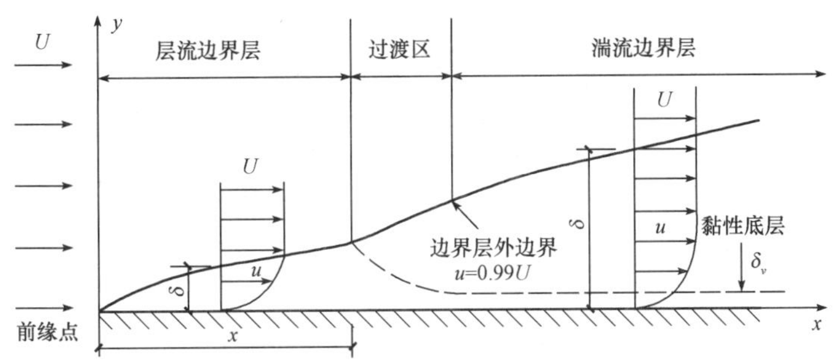

图 5-16　平板上边界层结构及变化

常数。由于边界层内压强取决于边界层外缘的势流压强，因此整个边界层内的压强也保持不变。但当黏性流体流过曲面物体时，压强将沿流程变化。逆压梯度区域将有可能产生边界层分离现象，并在边界层分离后形成的尾流中产生旋涡，导致很大的能量损失并增加了流动的阻力。如图 5-16 所示，黏性流体流过曲面物体，前方来流速度为 v_∞。流体质点从 O 到 M 是加速的，M 之后是减速的。由伯努利方程可知，压强由 M 之前顺流逐渐减小，即 $\mathrm{d}p/\mathrm{d}x<0$，为顺压梯度；而 M 之后压强顺流递增，$\mathrm{d}p/\mathrm{d}x>0$，为逆压梯度。边界层内的流体微团被黏性力阻滞，损耗能量。越靠近物体壁面的流体微团，受黏性力的阻滞作用越大，能量损耗越大。流体质点由 O 到 M 压强势能降低，一部分转化为动能，一部分则因克服黏性阻力而消耗。在降压加速段中，由于流体的部分压强只能转变为流体的动能，流体微团虽然受到黏性力的阻滞作用，但仍有足够的动能，能够继续加速前进。但是在减速段中，流体的部分动能不仅要转变为压强势能，黏性力的阻滞作用也要继续损耗动能，这就使流体微团的动能损耗更大，流速迅速降低，从而使边界层不断增厚。当流到某一点 S 时，靠近物体壁面的流体微团的动能已被消耗尽，这部分流体微团就停滞不前。跟着而来的流体微团也将同样停滞下来，以致越来越多的停滞的流体微团在物体壁面和主流之间堆积起来。与此同时，在 S 之后，压强的继续升高将使这部分流体微团被迫反方向逆流，并迅速向外扩展，主流便被挤得离开了物体壁面，造成边界层的分离。S 点为边界层的分离点。在 ST 线上一系列流体微团的速度等于零，成为主流和逆流之间的间断面。由于间断面的不稳定性，很小的扰动就会引起间断面的波动，进而发展并破裂成旋涡。分离时形成的旋涡，不断地被主流带走，在物体后部形成尾涡区。

如图 5-17 所示，在分离点的上游，所有断面上沿 y 轴的速度均为正值，且在壁面处 $\dfrac{\partial v_x}{\partial y}>0$。在分离点的下游，壁面附近产生回流，回流区的流速为负值，因此在壁面附近 $\dfrac{\partial v_x}{\partial y}<0$。在分离点处，$\dfrac{\partial v_x}{\partial y}=0$。

从以上分析可得出如下结论：黏性流体在压强降低区内流动（加速流动），不会出现边界层的分离，只有在压强升高区内流动（减速流动），才有可能出现分离，形成尾涡区。尤其是在主流减速足够大的情况下，边界层的分离就一定会发生。例如，在圆柱体和球体这样的钝头体的后半部分，当流速足够大时，便会发生边界层的分离。这是由于在钝头体的后半

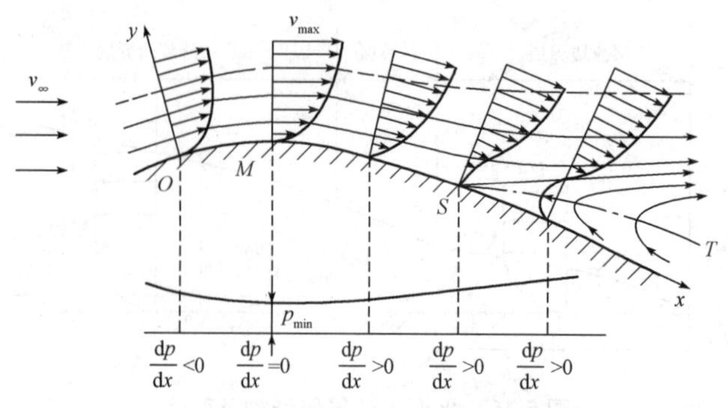

图 5-17　边界层分离示意图

部分有压强急剧升高区，而引起主流减速加剧。若将钝头体的后半部分改为充分细长形的尾部，成为圆头尖尾的所谓流线型物体（如叶片叶型和机翼翼型），就可使主流的减速大为降低，便足以防止边界层内逆流的发生，从而几乎可以避免边界层的分离。

5.8　局部水头损失

在工业管道或渠道中，往往设有控制闸门、弯管、分岔管、变直径管等部件和设备，用以控制和调节管内或渠道中的流动。流体在流经这些部件时，均匀流动受到破坏，流速的大小、方向和分布发生变化。在较短的距离内，由于流动的急剧调整而集中产生的流动阻力称为局部阻力，所引起的能量损失称为局部水头损失，造成局部水头损失的部件和设备称为局部阻碍。大量实验表明：局部水头损失和沿程水头损失一样，不同的流态有不同的规律。在实际工程中，由于局部阻碍的强烈扰动作用，流动在较小的雷诺数时就达到了充分的紊动，因此这里重点讨论紊动条件下的局部损失问题。图 5-18 列出了几种典型的局部阻碍。

5.8.1　局部水头损失产生的原因

（1）主流与边壁分离引起能量损失。在主流和边壁间形成旋涡区是产生局部水头损失的主要原因。流体在通过突然扩大管、突然缩小管等局部阻碍时，由于流体中各点流速和压强都将改变，往往会发生主流与边壁分离，在主流和边壁间形成旋涡区。局部水头损失同旋涡区的形成有关，在旋涡区内，旋涡加剧了流体的紊动，加大了能量损失；同时旋涡区和主流区不断进行质量交换，旋涡运动质点被主流带向下游，加剧了下游一定范围内主流的紊动强度，进一步加大了能量损失。此外，局部阻碍附近流速分布的重新调整，加大了紊流梯度和流层间的切应力，也将造成一定的能量损失。实验结果表明：局部阻碍处旋涡区越大，旋涡强度越强，局部水头损失越大。

（2）流动方向的变化形成二次流，将产生一定的能量损失。当实际流体流经弯管时，不但会发生分离，形成旋涡区，而且会产生与主流方向正交的流动，称为二次流。这是由于

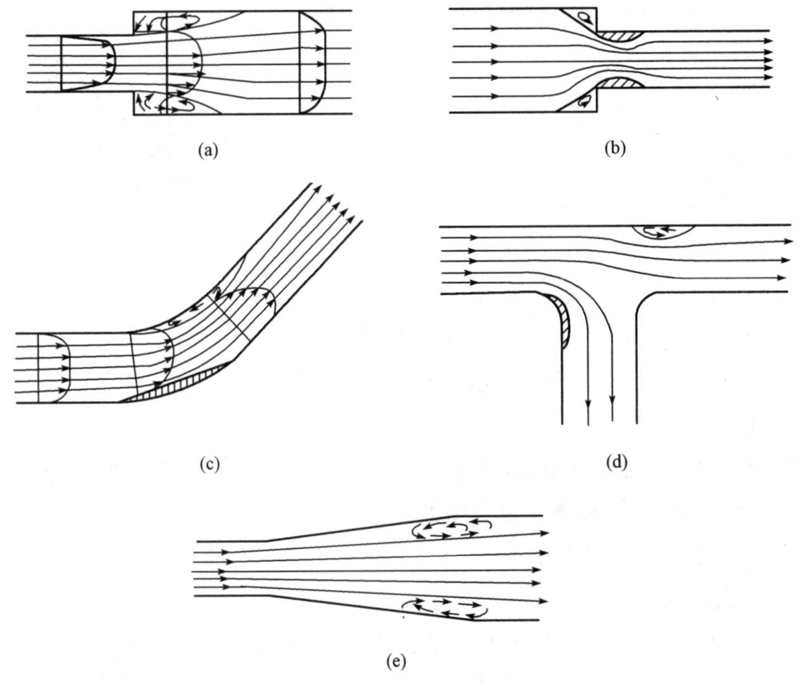

(a)

(b)

(c)

(d)

(e)

图 5-18　几种典型的局部阻碍

（a）突然扩大管；（b）突然缩小管；（c）圆弯管；（d）三通管；（e）渐扩管

沿着弯管运动的流体质点在离心惯性力的作用下，弯管外侧流体的压强高于内侧，在外侧和内侧的压强差作用下，有部分流体沿管壁从外侧向内侧流动（即从高压处向低压处流动），管中心出现回流。这样，就形成了双旋涡形式的二次流动。这个二次流和主流叠加，将加大弯管的能量损失。

5.8.2　局部水头损失系数的影响因素

局部水头损失计算公式为

$$h_j = \zeta \frac{v^2}{2g} \tag{5-52}$$

式中　ζ——局部水头损失系数；

v——与 ζ 对应的断面平均流速。

局部水头损失系数 ζ 理论上与局部阻碍处的雷诺数 Re 和边界情况有关，但是实际上流体受到局部阻碍的强烈扰动，流体在较小的雷诺数时就已经充分紊动，雷诺数的变化对紊流程度的实际影响很小。在一般情况下，ζ 只取决于局部阻碍的形状，与 Re 无关。

5.8.3　常见管道局部阻力系数的确定

（1）突然扩大管。如图 5-19 所示，突然扩大同轴圆管，列扩大前断面 1—1 和扩大后断面 2—2 的伯努利方程，忽略两断面的沿程水头损失，得到

$$h_j = \left(z_1 + \frac{p_1}{\rho g}\right) - \left(z_2 + \frac{p_2}{\rho g}\right) + \frac{\alpha_1 v_1^2 - \alpha_2 v_2^2}{2g} \tag{5-53}$$

对 AB、断面 2－2 和两断面间侧壁面所构成的控制体，列流动方向的动量方程

$$\sum F = \rho Q(\beta_2 v_2 - \beta_1 v_1)$$

式中 $\sum F$ 包括：

①作用在断面 1—1 上的总压力 $P_1 = p_1 A_1$。

②作用在断面 2—2 上的总压力 $P_2 = p_2 A_2$。

③AB 环形面积 $(A_2 - A_1)$ 管壁对流体的作用 P_{AB}，也就是旋涡区内流体作用于环形面积上的反力。实验表明：环形面积上流体压强基本上符合静压强分布规律，则总压力 $P_{AB} = p_1(A_2 - A_1)$。

④重力在管轴上的投影：$G\cos\theta = \rho g A_2 (z_1 - z_2)$。

⑤断面 AB 至断面 2—2 间流体所受管壁的摩擦力，与上面几个力相比较，摩擦力可以忽略不计。

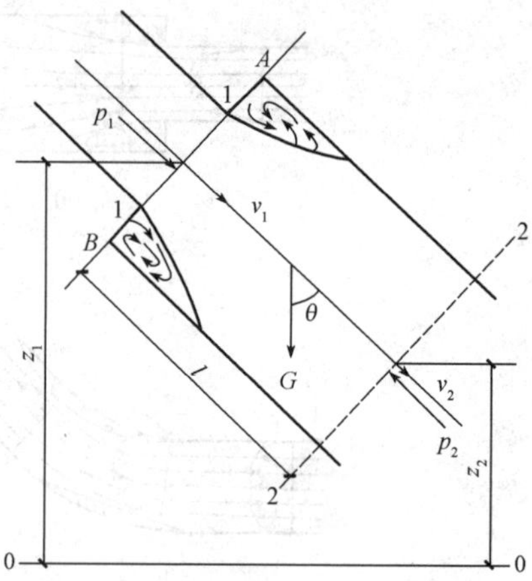

图 5-19　突然扩大管

因此，流动方向的动量方程为

$$p_1 A_1 - p_2 A_2 + p_1(A_2 - A_1) + \rho g A_2 (z_1 - z_2) = \rho Q(\beta_2 v_2 - \beta_1 v_1)$$

以 $Q = A_2 v_2$ 代入，并除以 $\rho g A_2$，得到

$$\left(z_1 + \frac{p_1}{\rho g}\right) - \left(z_2 + \frac{p_2}{\rho g}\right) = \frac{v_2}{g}(\beta_2 v_2 - \beta_1 v_1) \tag{5-54}$$

将式（5-54）代入式（5-53），得到

$$h_j = \frac{v_2}{g}(\beta_2 v_2 - \beta_1 v_1) + \frac{\alpha_1 v_1^2 - \alpha_2 v_2^2}{2g}$$

取 $\alpha_1 = \alpha_2 = \beta_1 = \beta_2 = 1$，得到

$$h_j = \frac{(v_1 - v_2)^2}{2g} \tag{5-55}$$

式中　v_1——断面扩大前的流速；

v_2——断面扩大后的流速。

这就是截面突然扩大管的局部水头损失的计算公式。该公式表明：截面突然扩大管的局部水头损失等于以突扩前后断面平均流速差计算的流速水头。该公式又称为包达公式。实验表明该公式具有足够的准确性。

由 $\frac{v_1}{v_2} = \frac{A_2}{A_1}$，可以得到：$v_2 = v_1 \frac{A_1}{A_2}$ 和 $v_1 = v_2 \frac{A_2}{A_1}$。

从而

$$h_{j1} = \left(1 - \frac{A_1}{A_2}\right)^2 \frac{v_1^2}{2g} = \zeta_1 \frac{v_1^2}{2g} \tag{5-56}$$

$$h_{j2} = \left(\frac{A_2}{A_1} - 1\right)^2 \frac{v_2^2}{2g} = \zeta_2 \frac{v_2^2}{2g} \tag{5-57}$$

则突然扩大管的局部水头损失系数为

$$\zeta_1=\left(1-\frac{A_1}{A_2}\right)^2 \tag{5-58}$$

$$\zeta_2=\left(\frac{A_2}{A_1}-1\right)^2 \tag{5-59}$$

上述两个局部水头损失系数，分别与突然扩大管前、后两个断面的平均流速对应。

作为突然扩大管的特例，当流体从管道流入断面很大的容器中时，如图 5-20 所示，则有 $\frac{A_1}{A_2}\approx 0$，$\zeta_1=1$，称为管道的出口阻力系数。

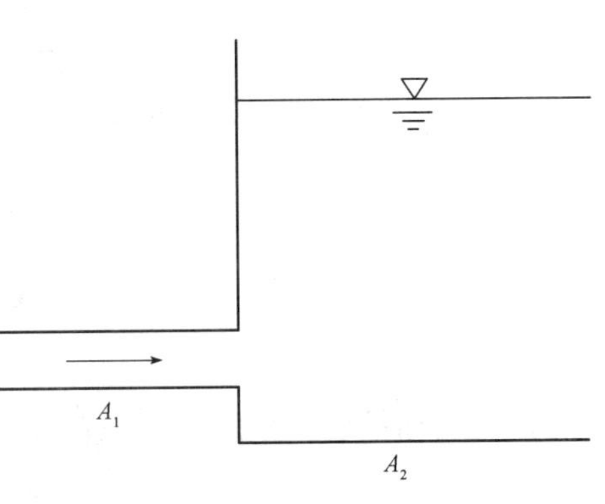

图 5-20　管道出口

（2）突然缩小管。突然缩小管如图 5-21 所示，其水头损失主要发生在细管内收缩面 $c—c$ 附近的旋涡区。突然缩小管的局部水头损失可以表达为

$$h_j=0.5\left(1-\frac{A_2}{A_1}\right)\frac{v_2^2}{2g}$$

则有

$$\zeta=0.5\left(1-\frac{A_2}{A_1}\right) \tag{5-60}$$

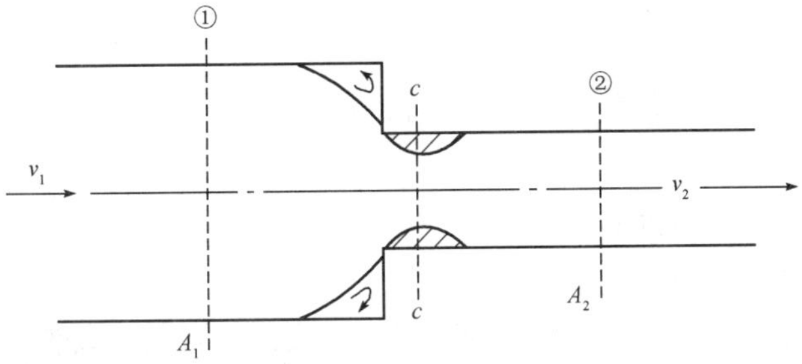

图 5-21　突然缩小管

作为突然缩小管的特例，当流体由断面很大的容器流入管道时，如图 5-22 所示，则有 $\frac{A_2}{A_1}\approx 0$，$\zeta=0.5$，称为管道的入口损失系数。

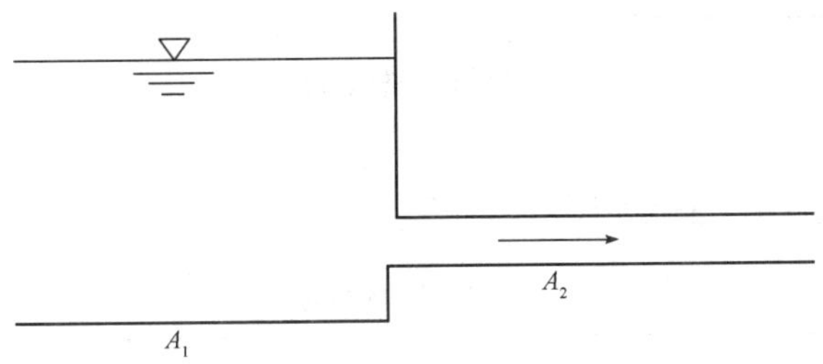

图 5-22　管道入口

（3）渐扩管。如图 5-23 所示，渐扩管的局部水头损失系数可以表示为

$$\zeta = k\left(\frac{A_2}{A_1}\right)^2 \tag{5-61}$$

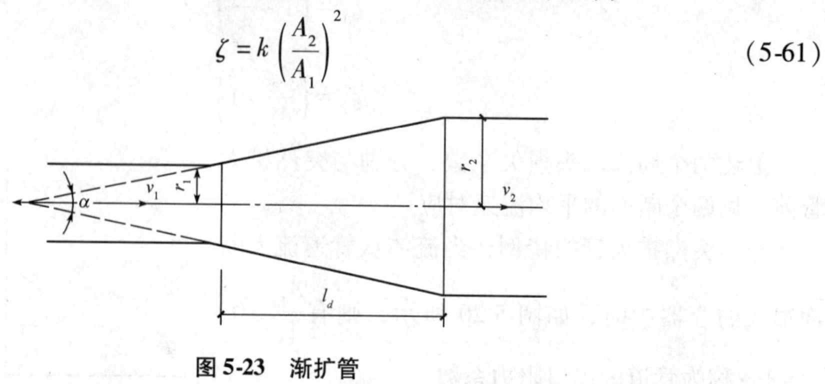

图 5-23　渐扩管

k 是与渐扩管扩张角（α）有关的系数，不同扩张角下的 k 如表 5-3 所示。

表 5-3　不同扩张角下的 k

α/°	8	10	12	15	20	25
k	0. 14	0. 16	0. 22	0. 30	0. 42	0. 62

渐扩管的局部水头损失计算公式为

$$h_j = \zeta \frac{v_2^2}{2g}$$

当 $\alpha = 2° \sim 5°$时，则有

$$h_j = 0.2\frac{(v_1 - v_2)^2}{2g} \tag{5-62}$$

式中　v_1——断面扩大前的流速；

v_2——断面扩大后的流速。

（4）渐缩管。如图 5-24 所示，渐缩管的局部水头损失系数可以表示为

$$\zeta = k_1\left(\frac{1}{k_2} - 1\right)^2 \tag{5-63}$$

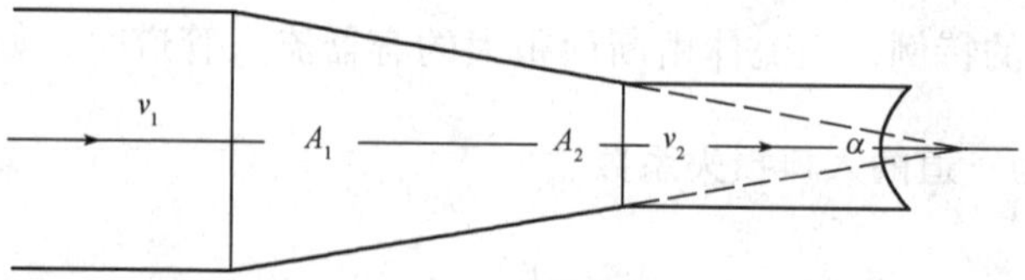

图 5-24　渐缩管

k_1、k_2 的取值如表 5-4、表 5-5 所示。

表 5-4　k_1 的取值

α/°	10	20	40	60	80	100	140
k_1	0. 40	0. 25	0. 20	0. 20	0. 30	0. 40	0. 60

表 5-5　k_2 的取值

A_2/A_1	0.1	0.3	0.5	0.7	0.9
k_2	0.40	0.36	0.30	0.20	0.10

渐缩管的局部水头损失计算公式为

$$h_j=\zeta\frac{v_2^2}{2g}$$

（5）弯管。弯管是另一类典型的局部阻碍，如图 5-25 所示，它只改变流动方向，不改变平均流速的大小。弯管的局部水头损失，包括旋涡损失和二次流损失两部分。弯管的局部水头损失系数取决于弯管的旋转角（θ）和曲率半径与管道直径之比（R/d）。弯管的局部水头损失系数可以表示为

$$\zeta=\left[0.131+0.163\left(\frac{d}{R}\right)^{3.5}\right]\left(\frac{\theta}{90^\circ}\right)^{0.5} \tag{5-64}$$

式中　d——弯管直径；

R——弯管管轴曲率半径；

θ——弯管中心角。

弯管局部水头损失为

$$h_j=\zeta\frac{v^2}{2g}$$

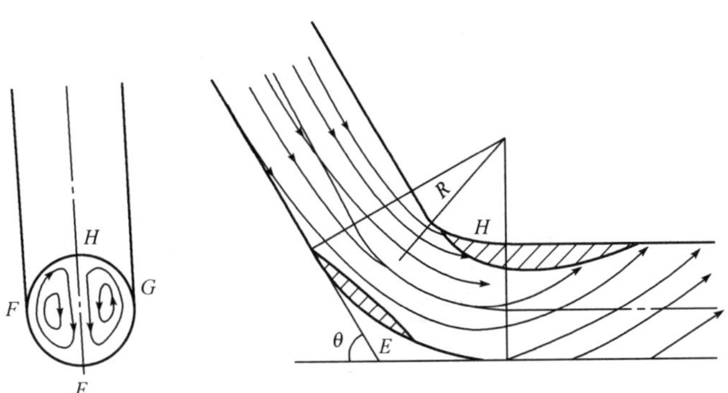

图 5-25　弯管二次流

（6）折管。

$$h_j=\left(0.945\sin^2\frac{\theta}{2}+2.047\sin^4\frac{\theta}{2}\right)\frac{v^2}{2g} \tag{5-65}$$

式中　θ——折角。

（7）管路进口。

$$h_j=\zeta\frac{v^2}{2g}$$

其局部阻力系数 ζ 与进口形式有关，如图 5-26 所示。

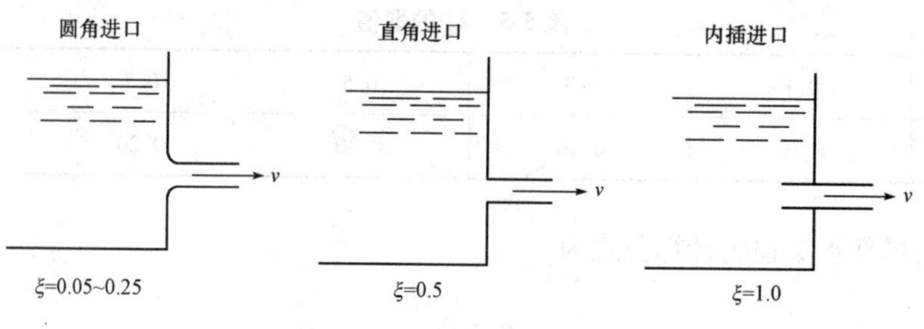

图 5-26 管路进口

（8）管路配件。

$$h_j=\zeta\frac{v^2}{2g}$$

其局部阻力系数如表 5-6 所示。

表 5-6 管路配件局部阻力系数

类型	示意图	局部损失系数 ζ											
90°弯管		$\zeta_{90^\circ}=0.131+0.163\ (d/R)^{3.5}$											
		d/R	0.1	0.2	0.3	0.4	0.5	0.6	0.7	0.8	0.9	1.0	1.1	1.2
		ζ	0.131	0.132	0.133	0.137	0.145	0.157	0.177	0.204	0.241	0.291	0.355	0.434
		当 $\theta<90^\circ$ 时，$\zeta=\zeta_{90^\circ}\dfrac{\theta}{90^\circ}$											
闸阀		开度/%	10	20	30	40	50	60	70	80	90	100		
		ζ	60	16	6.5	3.2	1.8	1.1	0.60	0.30	0.18	0.1		
球阀		开度/%	10	20	30	40	50	60	70	80	90	100		
		ζ	85	24	12	7.5	5.7	4.8	4.4	4.1	4.0	3.9		
蝶阀		开度/%	10	20	30	40	50	60	70	80	90	100		
		ζ	200	65	26	16	8.3	4	1.8	0.85	0.48	0.3		
分支管道		$q=q_{v1}/q_{v3}\quad m=A_1/A_3\quad n=d_1/d_3$ $\zeta_{13}=-0.92\ (1-q)^2-q^2\ [\ (1.2-n^{\frac{1}{2}})\ (\cos\theta/m-1)\ +0.8\ (1-1/m^2)\ -(1-m)\ \cos\theta/m]\ +\ (2-m)\ q\ (1-q)$ $\zeta_{23}=0.03\ (1-q)^2-q^2\ [1+\ (1.62-n^{\frac{1}{2}})\ (\cos\theta/m-1)\ -0.38\ (1-m)]\ +(2-m)\ q\ (1-q)$												
		$\zeta_{31}=-0.95\ (1-q)^2-q^2\ [1.3\cot\ (180-\theta)\ /2-0.3+\ (0.4-0.1m)\ /m^2]\ \times [1-0.9\ (n/m)^{\frac{1}{2}}]\ -0.4q\ (1-q)\ (1+1/m)\ \cot\ (180-\theta)\ /2$ $\zeta_{32}=-0.03\ (1-q)^2-0.35q^2+0.2q\ (1-q)$												

（9）明渠。明渠各部位的局部阻力系数如表 5-7 所示。

表 5-7　明渠局部阻力系数

<table>
<tr><th>名称</th><th>图示</th><th colspan="8">ζ</th></tr>
<tr><td>平板门槽</td><td></td><td colspan="8">0.05 ~ 0.20</td></tr>
<tr><td rowspan="2">明渠突缩</td><td rowspan="2">A_1 → v A_2</td><td colspan="2">A_2/A_1</td><td>0.1</td><td>0.2</td><td>0.4</td><td>0.6</td><td>0.8</td><td>1</td></tr>
<tr><td colspan="2">ζ</td><td>1.49</td><td>1.36</td><td>1.14</td><td>0.84</td><td>0.46</td><td>0</td></tr>
<tr><td rowspan="2">明渠突扩</td><td rowspan="2">v → A_1 A_2</td><td>A_2/A_1</td><td>0.01</td><td>0.1</td><td>0.2</td><td>0.4</td><td>0.6</td><td>0.8</td><td>1</td></tr>
<tr><td>ζ</td><td>0.98</td><td>0.81</td><td>0.64</td><td>0.36</td><td>0.16</td><td>0.04</td><td>0</td></tr>
<tr><td rowspan="2">渠道入口</td><td>v → 直角</td><td colspan="8">0.40</td></tr>
<tr><td>v → 曲面</td><td colspan="8">0.10</td></tr>
<tr><td>格栅</td><td>l s b</td><td colspan="8">$$\zeta = k\left(\frac{b}{b+s}\right)^{1.6}\left(2.3\frac{l}{s}+8+2.9\frac{s}{l}\right)\sin\alpha$$
式中　k——格栅杆条横断面形状系数，矩形 $k=0.504$，圆弧形 $k=0.318$，流线型 $k=0.182$；
α——水流与栅杆的夹角</td></tr>
</table>

5.8.4　局部阻碍之间的相互干扰

以上给出的局部水头损失系数 ζ，是在局部阻碍前后都有足够长的均匀流段的条件下，由实验得到的。如果局部阻碍之间的距离，由于条件限制相隔很近，流体流出前一个局部阻碍，在流速分布和紊流脉动还没有达到正常均匀流之前，又流入后一个局部阻碍，这两个相连的局部阻碍存在相互干扰，其损失系数不等于正常条件下两个局部阻碍的损失系数之和。实验研究表明：如果局部阻碍直接连接，其局部损失可能出现大幅度的增加或减小，变化幅度为单个正常局部损失总和的 0.5 ~3 倍。

在工程计算中，为了简化计算过程，可以把管路的局部水头损失按沿程水头损失计算，即把局部水头损失折合成具有同一沿程损失的管段，这个管段的长度称为等值长度 l。因为 $h_f=\lambda\dfrac{l}{d}\dfrac{v^2}{2g}$，$h_j=\zeta\dfrac{v^2}{2g}$，根据定义，$h_f=h_j$，即可得到 $l=\dfrac{\zeta d}{\lambda}$。

【例 5.7】 水从一水箱经过两段水管流入另一水箱，如图 5-27 所示。$d_1=15$ cm，$l_1=$

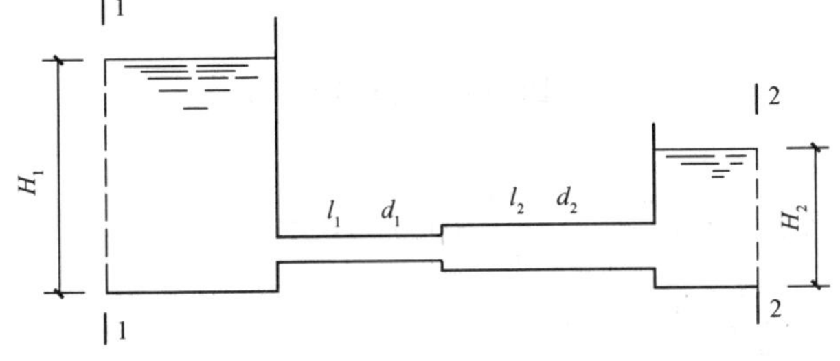

图 5-27　例 5.7 图

30 m，$\lambda_1=0.03$，$H_1=5$ m，$d_2=25$ cm，$l_2=50$ m，$\lambda_2=0.025$，$H_2=3$ m。水箱尺寸很大，可认为箱内水面保持恒定，如考虑沿程水头损失和局部水头损失，试求其流量。

解：对断面1—1和断面2—2列伯努利方程，并略去水箱中的流速，得

$$H_1-H_2=\sum h_w$$

$$\sum h_w=\zeta_{进口}\frac{v_1^2}{2g}+\zeta_{突大}\frac{v_1^2}{2g}+\zeta_{出口}\frac{v_2^2}{2g}+\lambda_1\frac{l_1}{d_1}\frac{v_1^2}{2g}+\lambda_2\frac{l_2}{d_2}\frac{v_2^2}{2g}$$

由连续性方程可知，$v_2=v_1\dfrac{A_1}{A_2}=v_1\left(\dfrac{d_1}{d_2}\right)^2$，得

$$\zeta_{突大}=\left(1-\frac{A_1}{A_2}\right)^2=\left(1-\frac{d_1^2}{d_2^2}\right)^2$$

$$\sum h_w=\frac{v_1^2}{2g}\left[\zeta_{进口}+\left(1-\frac{d_1^2}{d_2^2}\right)^2+\zeta_{出口}\left(\frac{d_1}{d_2}\right)^4+\lambda_1\frac{l_1}{d_1}+\lambda_2\frac{l_2}{d_2}\left(\frac{d_1}{d_2}\right)^4\right]$$

由图5-22和图5-20知，$\zeta_{进口}=0.5$，$\zeta_{出口}=1$，则

$$\sum h_w=\frac{v_1^2}{2g}\left[0.5+\left(1-\frac{0.15^2}{0.25^2}\right)^2+1\times\left(\frac{0.15}{0.25}\right)^4+0.03\times\frac{30}{0.15}+\right.$$

$$\left.0.025\times\frac{50}{0.25}\times\left(\frac{0.15}{0.25}\right)^4\right]=7.69\frac{v_1^2}{2g}$$

$$v_1=\sqrt{\frac{2g\ (H_1-H_2)}{7.69}}=\sqrt{\frac{2\times9.8\times\ (5-3)}{7.69}}=2.26\ (\mathrm{m/s})$$

通过此管路流出的流量

$$Q=A_1v_1=\frac{\pi d_1^2}{4}v_1=\frac{\pi}{4}\times0.15^2\times2.26=0.04\ (\mathrm{m^3/s})\ =40\ \mathrm{L/s}$$

【例5.8】如图5-28所示，直径$d=500$ mm的引水管从上游水库引水至下游水库，引水流量$Q=0.4\ \mathrm{m^3/s}$，上游水库水深$h_1=3.0$ m，过流断面宽度$B_1=5.0$ m，下游水库水深$h_2=2.0$ m，过流断面宽度$B_2=3.0$ m，求引水管进口、出口的水头损失。

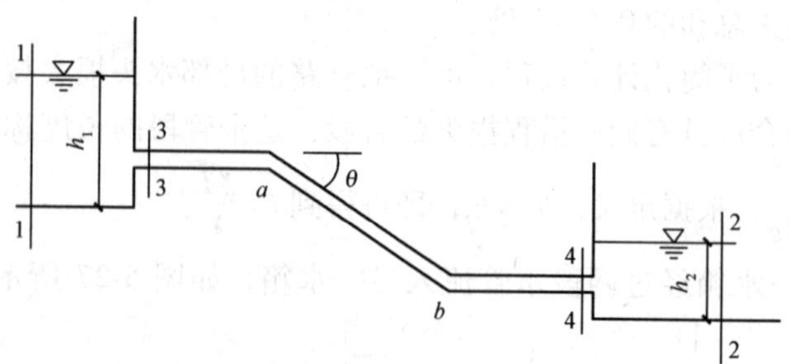

图5-28　例5.8图

解：引水管截面面积：$A=\dfrac{\pi}{4}d^2=\dfrac{3.14}{4}\times0.5^2=0.196\ (\mathrm{m^2})$

断面平均流速：$v=\dfrac{Q}{A}=\dfrac{0.4}{0.196}=2.04\ (\mathrm{m/s})$

（1）引水管进口。选取断面 1—1 位于上游水库内，断面 3—3 位于引水管进口，断面 1—1 与断面 3—3 间为突然缩小管。$A_1=B_1h_1$，$A_3=A$，假定进口局部损失可以按圆断面突然缩小情况来近似，则

$$\zeta_{1-3}=0.5\left(1-\frac{A_3}{A_1}\right)=0.5\times\left(1-\frac{0.196}{5\times3}\right)=0.493$$

$$h_{j1-3}=\zeta_{1-3}\frac{v^2}{2g}=0.493\times\frac{2.04^2}{2\times9.8}=0.10\ (\mathrm{m})$$

（2）引水管出口。选取断面 2—2 位于下游水库内，断面 4—4 位于引水管出口，则断面 4—4 与断面 2—2 间为突然扩大管。$A_2=B_2h_2$。

$$\zeta_{4-2}=\left(1-\frac{A_4}{A_2}\right)^2=\left(1-\frac{0.196}{3\times2}\right)^2=0.936$$

$$h_{j4-2}=\zeta_{4-2}\frac{v^2}{2g}=0.936\times\frac{2.04^2}{2\times9.8}=0.20\ (\mathrm{m})$$

5.9　物体的阻力与减阻

当一个物体被置于运动流体中（或在流体中运动）时，物体会受到流体的力的作用。沿流动方向上流体对物体的作用力称为阻力。在垂直流动方向上流体对物体所施加的力称为升力。

升力和阻力是由于作用在物体表面的切应力和法向应力之和产生的。作用在物体表面的切应力在来流方向上的投影的总和称为摩擦阻力、表面摩擦阻力或黏性阻力。摩擦阻力是黏性直接作用的结果。当平行于来流方向的表面积大于垂直于流动方向的投影面积时，摩擦阻力最为重要。例如，表面摩擦阻力是造成与流体流动方向平行的平板所受阻力的主要因素。作用在物体表面的法向应力在来流方向上的投影的总和称为压差阻力，也称为形状阻力。压差阻力是黏性间接作用的结果。当黏性流体流动时，如果流体是理想流体，在物体的表面就不会产生边界层流动，也就没有摩擦切应力和流动分离，因此没有阻力产生。在黏性流动的条件下，在物体的表面存在边界层，如果边界层在压强升高的区城内发生分离，形成旋涡，则在从分离点开始的物体后部所受到的流体压强，接近分离点的压强，而不能恢复到理想流体绕流时应有的压强数值，使绕流物体后部的压强比无摩擦流动时低，这一物体后部压强的降低产生一个来流方向的净力从而形成压差阻力。而旋涡所携带的能量也将在整个尾涡区中被消耗而变成热，最后逸散掉。所以，压差阻力的大小与物体形状有很大的关系。摩擦阻力与压差阻力之和称为物体阻力。虽然物体阻力的形成过程很清楚，可是要从理论上来确定一个任意形状物体的阻力，至今还是十分困难的，物体阻力目前都是用实验测得。

由于层流边界层产生的物体表面上的切应力比紊流的要小得多，为了减少摩擦阻力，应该使物体上的层流边界层尽可能长，使层流边界层转变为紊流边界层的转换点尽可能往后推

移，而流体绕流物体的最大速度（也就是最小压强）点位置对层流向紊流的转换点位置起着决定性的作用。加速流动比减速流动容易使边界层保持层流，因此为了减少高速飞机机翼上的摩擦阻力，在航空工业上采用一种“层流型”的翼型，就是将翼型的最大速度点尽可能向后移。这可以通过将翼型的最大厚度点尽可能向后移来实现。但是对这种翼型的机翼表面光滑度的要求很高，否则粗糙表面会使边界层保持不了层流。

要减少压差阻力，必须采用使在流体中运动的物体后面产生的尾涡区尽可能小的外形，也就是使边界层的分离点尽可能向后推移。

圆头尖尾的细长外形，即所谓流线型的物体，在其他条件相同的情况下，引起的压差阻力比尾部钝粗的要小。由于边界层分离点的位置与边界层内的压强梯度的大小有直接关系，所以必须使物体具有这样一种外形，即使流经物体表面压强升高区内的流体的压强梯度尽可能小些。而圆头尖尾流线型的物体就具有这个特点，例如涡轮机的叶片叶型和机翼翼型都是这样。对具有流线型物体的绕流，在小冲角大雷诺数的情况下，实际上可以认为，不发生边界层分离时，物体的阻力主要是摩擦阻力。

对于某些理论翼型，可以计算出作用在翼型上的阻力。但对任意的实际翼型，目前还只能在风洞中用实验方法测定。为了便于比较，工程上习惯用无因次的阻力系数 C_D 来代替阻力 F_D：

$$C_D = \frac{F_D}{\frac{1}{2}\rho {v_w}^2 A} \tag{5-66}$$

式中，A 是机翼面积，对每单位机翼长度（单位翼展）而言，$A = l \times 1$，l 是弦长；v_w 为流体速度。对于任意形状物体的阻力系数，同样适用式（5-66），此时 A 是物体在垂直于运动方向或来流方向的正投影面积。

物体阻力的大小与雷诺数有密切的关系。由相似定律可知，对于不同的不可压缩流体中的几何相似的物体，如果雷诺数相同，则它们的阻力系数也相同。例如，平板的层流和紊流边界层无因次阻力系数只与雷诺数有关。因此，在不可压缩黏性流体中，对于与来流方向具有相同方位角的几何相似体，其阻力系数为

$$C_D = f\,(Re)$$

图 5-29 给出了圆柱体的阻力系数与雷诺数的关系曲线。图中指出，对于直径不同的圆柱体，在不同雷诺数下测得的阻力系数都排在各自的一条曲线上。在小 Re 的情况下，边界层是层流，边界层的分离点在物体最大截面的附近，并且在物体后面形成较宽的尾涡区，从而产生很大的压差阻力。当 Re 增加到在边界层分离以前边界层已由层流变为紊流时，由于在紊流中流体微团相互掺混，发生强烈的动量交换，使分离点向后移动一大段，尾涡区大大变窄，从而使阻力系数显著降低。根据这种现象可把流动划分为亚临界和超临界。对于圆柱体，从 $Re \approx 2 \times 10^5$ 开始，到 $Re \approx 5 \times 10^5$，阻力系数从大约 1.2 急剧下降到 0.3。这种阻力的突然降低确实是边界层内层流转变为紊流的结果。普朗特曾用下面的实验证实了这一现象。他在紧靠圆球面层流分离点稍前面的位置套上一圈金属丝，人工地把层流边界层转变为紊流边界层，则在 Re 小于 3×10^5 的亚临界时，阻力就显著降低。这时，分离点从原来在圆球前驻点后约 80°处向后移到 110° ~120°。在超临界范围内，由于阻力系数大大减小，物体表面

上的压强分布更加接近理想流体的压强分布。

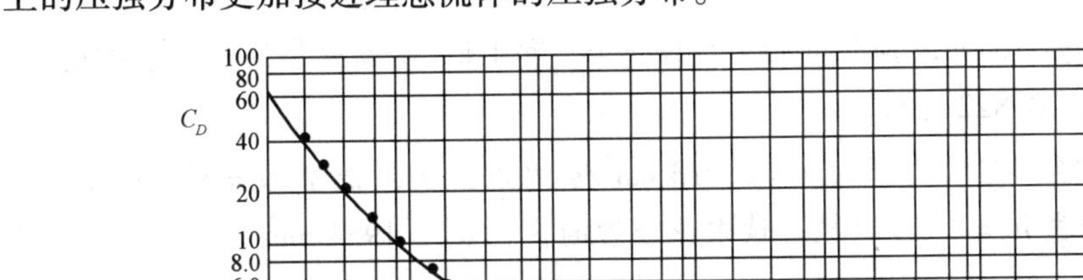
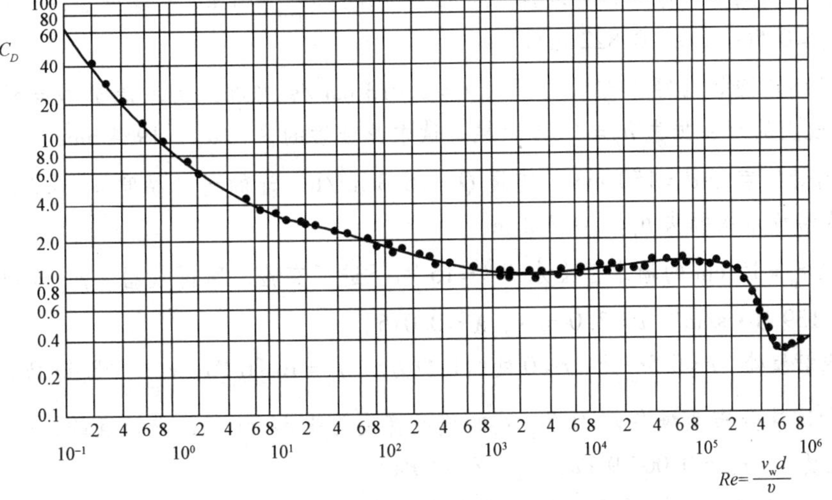

图 5-29　绕圆柱流动的阻力系数与雷诺数的关系曲线

习　题

1. 流量和温度不变的流管中，若两个断面直径比为 $d_2/d_1=2$，求这两个断面的雷诺数之比 $\frac{Re_1}{Re_2}$。[2]

2. 有一矩形断面小排水沟，水深 $h=15$ cm，底宽 $b=20$ cm，流速 $v=0.15$ m/s，水温为 15 ℃，试判别其流态。[$Re=7\ 895$，紊流]

3. 有一均匀流管路，长 $l=100$ m，直径 $d=0.2$ m，水流的水力坡度 $J=0.008$，求管壁处和 $r=0.05$ m 处切应力及水头损失。[$\tau_0=3.92$ Pa，$\tau=1.96$ Pa，$h_f=0.8$ m]

4. 如 4 题图所示，应用细管式黏度计测定油的黏度，已知细管直径 $d=6$ mm，测量段长度 $l=2$ m。实测油的流量 $Q=7.7\ \mathrm{cm^3/s}$，水银压差计的读值 $h_p=18$ cm，油的密度 $\gamma=8.43\ \mathrm{kN/m^3}$。试求油的运动黏度 υ。[$0.54\ \mathrm{cm^2/s}$]

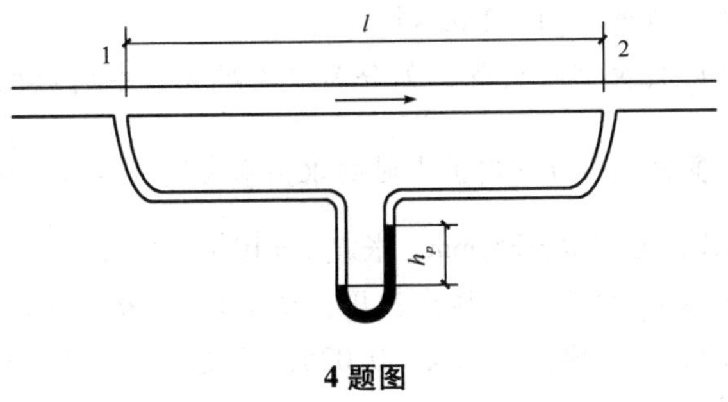

4 题图

5. 输油管道管径 $d=150$ mm，输送油量 $Q=15.5$ t/h，已知 $\gamma_{油}=8.43$ kN/m^3，$v_{油}=0.2$ cm^2/s，试判别管中流态，并求油管管轴上的流速 u_{max} 和 1 kN 长输油管的沿程水头损失。[层流，$v_{max}=0.566$ m/s　0.822 m]

6. 为了确定圆管内径，在管内通过 $v=0.013$ cm^2/s 的水，实测流量 $Q=35$ cm^3/s，长 $l=15$ m 管段上的水头损失 $h_f=2$ cm 水柱。试求此圆管的内径 d。[19.4 mm]

7. 输油管的直径 $d=150$ mm，流量 $Q=16.3$ m^3/h，油的运动黏度 $\upsilon=0.2$ cm^2/s，试求每千米长的沿程水头损失 h_f。[0.742 m]

8. 半径 $r_0=15$ cm 的输水管在水温 $t=15$ ℃下进行实验，所得数据为 $\rho_{水}=999.1$ kg/m^3，$\mu_{水}=0.001\ 139$ N·s/m^2，$v=3.0$ m/s，$\lambda=0.015$。

（1）求管壁处、$r=0.5r_0$ 处、$r=0$ 处的切应力。[$\tau_0=16.86$ Pa，$\tau_{0.5r_0}=8.43$ Pa，$\tau_{r=0}=0$]

（2）如流速分布曲线在 $r=0.5r_0$ 处的速度梯度为 4.34 m/s^2，求该点的黏性切应力与紊流附加切应力。[$\tau_{黏}=0.004\ 9$ Pa，$\tau_{紊}=8.43$ Pa]

（3）求 $r=0.5r_0$ 处的混合长度及无量纲常数 κ。如果令 $\tau=\tau_0$，则 κ 为多少？[$\kappa=0.283$，$\kappa=0.4$]

9. 运动黏度 $\upsilon=4\times10^{-5}$ m²/s 的流体在直径 $d=1$ cm 的管内以 $v=4$ m/s 的速度流动，求每米管长上的沿程损失。[5.22 m]

10. 用新铸铁管输送 25 ℃的水，流量 $q=300$ L/s，在长度 $l=1\ 000$ m 的管道上沿程损失为 $h_f=2$ m（水柱），试求必需的管道直径。[0.575 7 m]

11. 铸铁输水管内径 $d=300$ mm，通过流量 $Q=50$ L/s，水温 $t=10$ ℃，试用舍维列夫公式求沿程阻力系数 λ 及每千米长的沿程水头损失 h_f。[$\lambda=0.032\ 7$，$h_f=2.78$ m]

12. 铸铁水管长 $l=1\ 000$ m，内径 $d=300$ mm，通过流量 $Q=50$ L/s，试计算水温为 15 ℃、20 ℃两种情况下的 λ 及水头损失 h_f。又如果水管水平放置，水管始末端压强降落为多少？[$\lambda=0.030$，$h_f=10.25$ m，$\Delta p=100.5$ kPa；$\lambda=0.028\ 5$，$h_f=9.7$ m，$\Delta p=95.1$ kPa]

13. 某给水干管长 $l=1\ 000$ m，内径 $d=300$ mm，管壁当量粗糙度 $\Delta=1.2$ mm，水温 $T=15$ ℃，求水头损失 $h_f=7.05$ m 时所通过的流量 Q。[84.8 L/s]

14. 混凝土排水管的水力半径 $R=0.5$ m。水均匀流动 1 km 的水头损失为 1 m，粗糙系数 $n=0.014$，试计算管中流速。[1.42 m/s]

15. 流速由 v_1 变为 v_2 的突然扩大管，如分为二次扩大，中间流取何值时局部水头损失最小，此时水头损失为多少？并与一次扩大时的水头损失比较。[$v=\dfrac{v_1+v_2}{2}$，$h_j=\dfrac{(v_1-v_2)^2}{4g}$]

16. 水从封闭容器 A 沿直径 $d=25$ mm、长度 $l=10$ m 的管道流入容器 B（见 16 题图）。若容器 A 水面的相对压强 p_1 为 2 个工程大气压，$H_1=1$ m，$H_2=5$ m，局部阻力系数 $\zeta_{进}=0.5$，$\zeta_{阀}=4.0$，$\zeta_{弯}=0.3$，沿程阻力系数 $\lambda=0.025$，求流量 Q。[2.15 L/s]

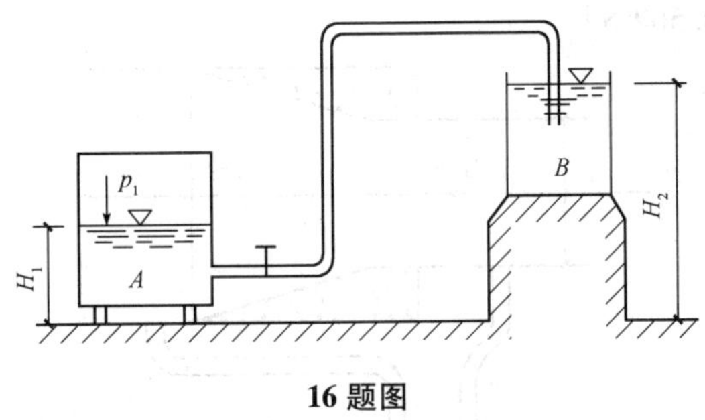

16 题图

17. 自引水池中引出一根具有三段不同直径的水管，如 17 题图所示，已知直径 $d=50$ mm，$D=200$ mm，长度 $l=100$ m，水位 $H=12$ m，进口局部阻力系数 $\zeta_1=0.5$，阀门 $\zeta_2=5.0$，沿程阻力系数 $\lambda=0.03$。求管中通过的流量 Q 并绘制出总水头线与测压管水头线。[2.4 L/s]

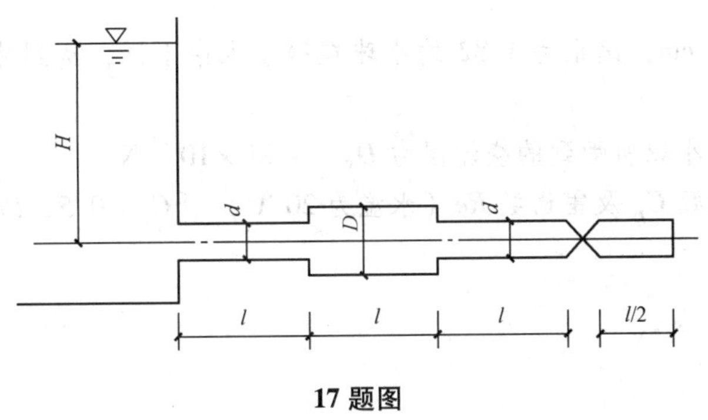

17 题图

18. 如 18 题图所示，水箱中的水经管道出流，已知管道直径 $d=25$ mm，长度 $l=6$ m，水位 $H=13$ m，沿程阻力系数 $\lambda=0.02$，试求流量 Q。[3.12 L/s]

19. 如 19 题图所示，一水塔输水管路，已知铸铁管的管长 $l=250$ m，管径 $d=100$ mm，管路进口为直角进口，有一个弯头和一个闸阀，弯头的局部水头损失系数 $\zeta_b=0.8$。当闸门全开时，管路出口流速 $v=1.6$ m/s，求水塔水面高度 H。[10.93 m]

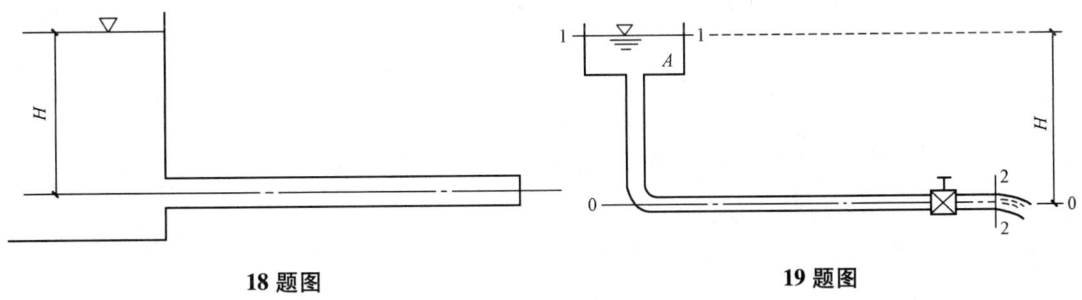

18 题图　　19 题图

20. 如 20 题图所示，管径由 $d_1=50$ mm 突然扩大到 $d_2=100$ mm，流过流量 $q=16$ m^3/h 的水。在截面改变处插入内充四氯化碳（$\rho=1\ 600$ kg/m^3）的压差计，读得的液面高度差 $h=173$ mm。试求管径突然扩大处的损失系数，并把求得的结果与按理论计算的结果相比

较。[0.540 4，理论值 0.562 5]

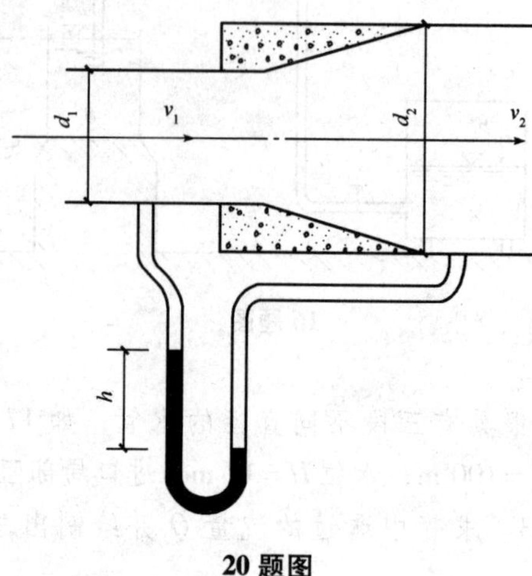

20 题图

21. 一直径 $d=1$ cm，比重为 1.82 的小球在静止水中下沉，达到等速沉降时速度 $u_0=0.463$ m/s，求：

（1）等速沉降时小球所受到的绕流阻力 D。[4.21×10^{-3} N]

（2）绕流阻力系数 C_D 及雷诺数 Re（水温为 20 ℃）。[$C_D=0.5$，$Re=4\ 584$]

孔口、管嘴和有压管道流动

前面几章阐述了流体运动的基本规律和水头损失的计算方法。本章把工程中最常见的水流现象按其流动特征归纳成各类典型流动，运用前述各章的理论分析讨论这些流动的计算理论和方法。

6.1 孔口出流

在盛有液体的容器壁上开孔，液体将从孔中流出，这种现象称为孔口出流。孔口出流是工程中常见的水流现象，如给水排水工程中的取水口、泄水闸孔，某些液体水压测量设备，通风工程中管道漏风等情况都属于孔口出流问题。本节应用水力学的基本理论分析孔口出流的计算原理。

6.1.1 孔口出流的分类

(1) 孔口自由出流和孔口淹没出流。如图6-1所示，液体经孔口流入大气中的出流称为孔口自由出流；如图6-2所示，液体经孔口流入液面下的出流称为孔口淹没出流。

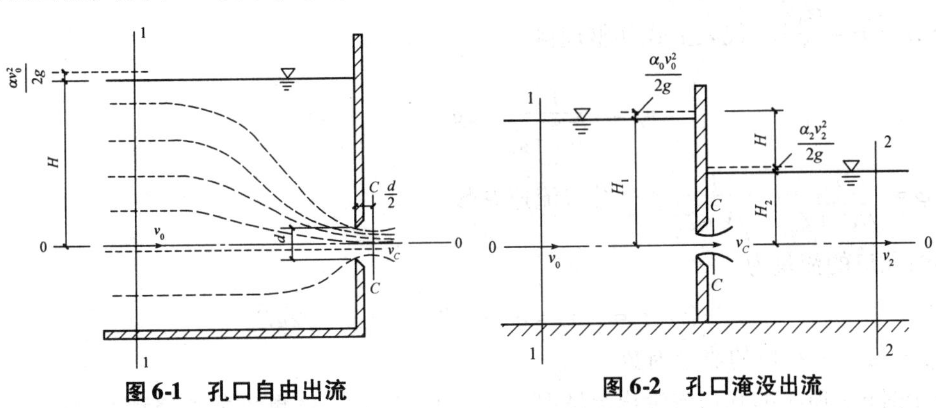

图6-1 孔口自由出流　　图6-2 孔口淹没出流

（2）小孔口出流和大孔口出流。由于容器上孔口的上缘和下缘在液面下的深度不同，因此孔口断面上各点所受的压强不同。当孔径 d 与孔口形心在液面下的深度 H 相比较小时，可以忽略其上下缘的差异，认为在孔口断面上各点的作用水头近似相等。根据 H/d 大小，孔口可分为小孔口和大孔口。当 $H/d \geqslant 10$ 时称为小孔口，对于小孔口，可以认为孔口断面上各点压强相等；当 $H/d < 10$ 时称为大孔口，孔口断面上各点压强不等。

（3）孔口恒定出流与孔口非恒定出流。容器中的流体如能得到不断补充，液面高度不变，孔口处的作用水头恒定，这种出流称为孔口恒定出流；反之称为孔口非恒定出流。

（4）薄壁孔口出流和厚壁孔口出流。按孔壁厚度，孔口出流可分为薄壁孔口出流和厚壁孔口出流。如果孔壁厚度不影响孔口出流，液体与孔壁只是线接触，则称此孔口为薄壁孔口；反之称为厚壁孔口。

6.1.2　薄壁小孔口恒定出流

实验发现：当流体流经薄壁孔口时，流体从孔口流出后形成流束的直径为最小的收缩断面 $C—C$，设其面积为 A_C，它与孔口面积 A 之比称为孔口收缩因数，用 ε 表示，即

$$\varepsilon = \frac{A_C}{A} \tag{6-1}$$

如图 6-1 所示，取断面 1—1 满足渐变流断面的要求。以孔口中心水平面为基准面，对图示的 1—1 和 $C—C$ 断面建立伯努利方程为

$$H + \frac{p_a}{\rho g} + \frac{\alpha_0 v_0^2}{2g} = 0 + \frac{p_a}{\rho g} + \frac{\alpha_C v_C^2}{2g} + h_w$$

因为水池内水头损失与经孔口的局部水头损失比较可以忽略，故

$$h_w = h_j = \zeta_0 \frac{v_C^2}{2g}$$

式中　ζ_0——流经孔口的局部损失因数。

在小孔口自由出流情况下，$C—C$ 断面处的绝对压强近似等于大气压强 $p'_C = p_a$，于是伯努利方程可改写为

$$H + \frac{\alpha_0 v_0^2}{2g} = (\alpha_C + \zeta_0)\frac{v_C^2}{2g}$$

令 $H_0 = H + \frac{\alpha_0 v_0^2}{2g}$，代入上式并整理得

$$v_C = \frac{1}{\sqrt{\alpha_C + \zeta_0}}\sqrt{2gH_0} = \varphi\sqrt{2gH_0} \tag{6-2}$$

式中　$\varphi = \frac{1}{\sqrt{\alpha_C + \zeta_0}} \approx \frac{1}{\sqrt{1 + \zeta_0}}$——孔口流速系数。

经过孔口的流量为

$$Q = q_v = v_C A_C = \varepsilon A \varphi\sqrt{2gH_0} = \mu A\sqrt{2gH_0} \tag{6-3}$$

式中　$\mu = \varepsilon\varphi$——孔口的流量因数。

对于图 6-2 所示的孔口淹没出流情况，建立 1—1 和 2—2 断面的伯努利方程：

$$H_1+\frac{p_1}{\rho g}+\frac{\alpha_0 v_0^2}{2g}=H_2+\frac{p_2}{\rho g}+\frac{\alpha_2 v_2^2}{2g}+h_w$$

因为水池内水头损失与经孔口的局部水头损失比较可以忽略，故

$$h_w=h_j=\zeta_0\frac{v_2^2}{2g}$$

则伯努利方程可改写为

$$\frac{\alpha_0 v_0^2}{2g}+\frac{\Delta p}{\rho g}=(\alpha_2+\zeta_0)\frac{v_2^2}{2g}$$

式中，$\Delta p=p_1-p_2$。

因$\frac{\alpha_0 v_0^2}{2g}\approx 0$，则上式整理得

$$v_2=\frac{1}{\sqrt{\alpha_2+\zeta_0}}\sqrt{2\frac{\Delta p}{\rho}}=\varphi\sqrt{2\frac{\Delta p}{\rho}} \tag{6-4}$$

式中，$\varphi=\frac{1}{\sqrt{\alpha_2+\zeta_0}}\approx\frac{1}{\sqrt{1+\zeta_0}}$。

经过孔口的流量为

$$Q=q_v=\mu A\sqrt{2\frac{\Delta p}{\rho}} \tag{6-5}$$

根据式（6-3）和式（6-5）知，表征孔口出流性能的主要是孔口的流量因数μ，而流量因数μ取决于局部损失因数ζ_0和收缩因数ε。在实际工程中的孔口出流，其雷诺数 Re 都足够大，所以可以认为局部损失因数ζ_0和收缩因数ε主要与边界条件有关。

在边界条件中，孔口形状、孔口边缘情况和孔口在壁面上的位置这三个方面是影响孔口的流量因数μ的主要因素。对于薄壁小孔口，实验证明：孔口形状对流量系数μ的影响是微小的，而孔口在壁面上的位置对收缩因数ε有直接影响，因而对流量系数μ产生影响。

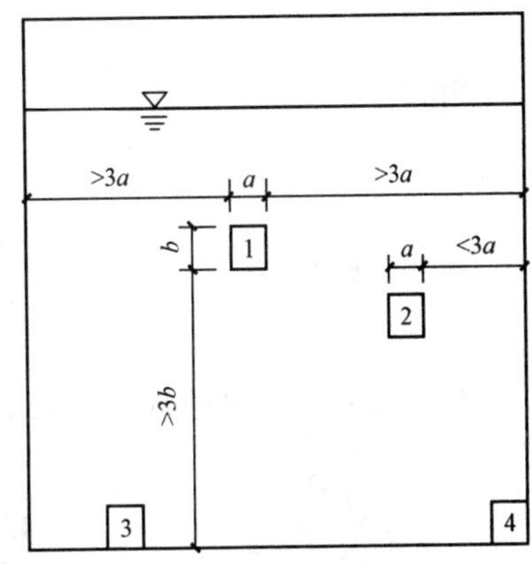

图 6-3　孔口位置对收缩系统的影响

当孔口离容器的各个壁面的距离足够大（均大于孔口边长的 3 倍以上）时，如图 6-3 中的孔口 1，流线在孔口四周各方向上均能够充分地收缩，侧壁对流束的收缩没有影响，这种收缩称为完善收缩。对于薄壁小孔口，由实验测得 $\varepsilon=0.63\sim0.64$，$\varphi=0.97\sim0.98$，$\mu=0.60\sim0.62$。

图 6-3 中的孔口 2，有的边离侧壁的距离小于该方向孔口边长的 3 倍，在这一边流线的收缩受到侧壁的影响而减弱，称为不完善收缩。其收缩因数可按下式估算：

$$\varepsilon=0.63+0.37\left(\frac{A}{A'}\right)^2 \tag{6-6}$$

图 6-3 中的孔口 3、4 因其底部和容器的底面位置重合，流束不可能在底部收缩，称为部分收缩。其收缩因数可按下式估算：

$$\varepsilon = 0.63\left(1 + k\frac{l}{\chi}\right) \tag{6-7}$$

式中　l——无收缩周界长度；

χ——孔口的周长；

k——孔口的形状因数（圆孔口 $k=0.13$）。

【例 6.1】 如图 6-4 所示，流体从容器的垂直侧壁上的小孔中水平射出，从收缩断面量起，水平射程为 $x=4.8$ m，孔口中心离地面高为 $y=2$ m，容器的液面比孔口中心高 $H=3$ m。求孔口的流速系数 φ。

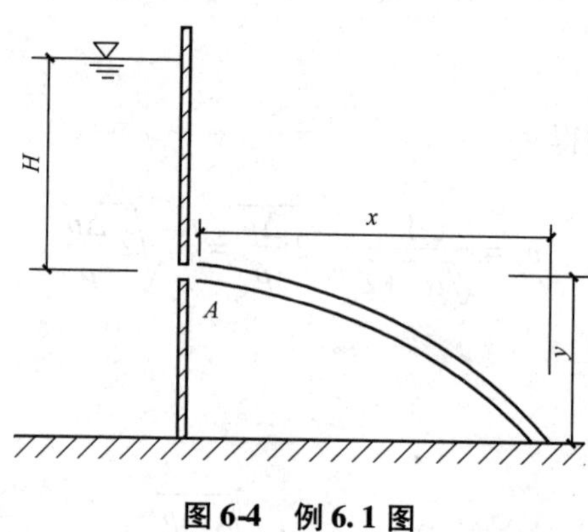

图 6-4　例 6.1 图

解：设收缩断面 A 的断面平均流速为 v，t 为流体质点由断面 A 流到地面所经过的时间，则

$$x = vt,\ y = \frac{1}{2}gt^2$$

解得

$$v = \sqrt{\frac{gx^2}{2y}}$$

由式（6-2）得

$$v_C = \varphi\sqrt{2gH}$$

代入上式得孔口的流速系数 φ 为

$$\varphi = \frac{\sqrt{\dfrac{gx^2}{2y}}}{\sqrt{2gH}} = \sqrt{\frac{x^2}{4yH}} = \sqrt{\frac{4.8^2}{4\times2\times3}} = 0.98$$

【例 6.2】 如图 6-5 所示，有一贮水容器，水深 $H_1=4.5$ m，在距底 0.5 m 处，有一直径 $d=6$ mm 的孔口。假设容器内水位恒定，试确定一天时间里经孔口的泄水量。

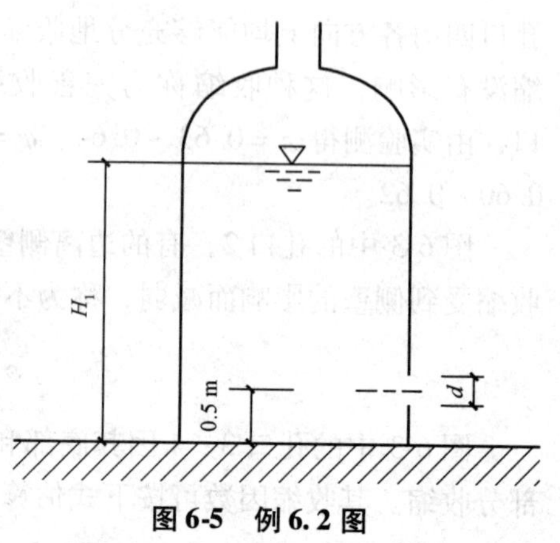

图 6-5　例 6.2 图

解：按薄壁小孔口自由流计算。取流量因数 $\mu=0.62$，忽略出流流速水头，则

$$H = H_0 = 4.5 - 0.5 = 4.0\ (\text{m})$$

由式（6-3）得

$$q_v=\mu A\sqrt{2gH}=0.62\times\frac{0.006^2}{4}\times3.14\times\sqrt{2\times9.8\times4.0}=1.55\times10^{-4}\ (\mathrm{m^3/s})$$

则一天的泄水量为

$$V=q_v t=1.55\times10^{-4}\times24\times60\times60=13.4\ (\mathrm{m^3})$$

6.1.3　孔口非恒定出流

工程上常会遇到孔口变水头出流的情况，如船闸、蓄水池的充水和放水等。变水头孔口出流问题属于孔口非恒定出流问题。但如果孔口面积远小于容器的过流断面面积，液体的升降变化缓慢，则可把整个过程划分为许多微小时段，在每一微小时段内，认为水头不变，孔口出流的基本公式仍适用，这样就把非恒定出流问题转化为恒定出流处理。

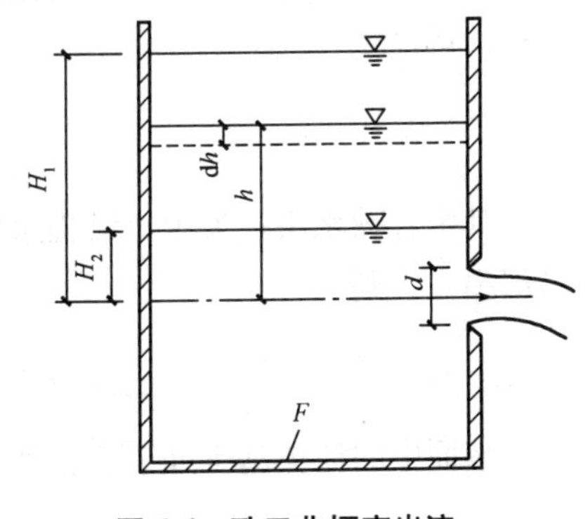

图6-6　孔口非恒定出流

如图6-6所示，柱形容器的孔口为非恒定出流。设某时刻液面高为 h，在微小时段 $\mathrm{d}t$ 内，经孔口流出的液体体积为

$$\mathrm{d}V=Q\mathrm{d}t=\mu A\sqrt{2gh}\,\mathrm{d}t$$

在 $\mathrm{d}t$ 时段，液面下降了 $\mathrm{d}h$，容器内减少的液体体积为

$$\mathrm{d}V=-F\mathrm{d}h$$

单位时间内经孔口流出的液体体积与容器内液体体积的减少量应相等，则

$$\mu A\sqrt{2gh}\,\mathrm{d}t=-F\mathrm{d}h$$

整理得

$$\mathrm{d}t=-\frac{F\mathrm{d}h}{\mu A\sqrt{2gh}}$$

对上式积分，可求得液面从 H_1 降至 H_2 所需的时间

$$t=\int_{H_1}^{H_2}-\frac{F\mathrm{d}h}{\mu A\sqrt{2gh}}=\frac{2F}{\mu A\sqrt{2g}}(\sqrt{H_1}-\sqrt{H_2})\tag{6-8}$$

若 $H_2=0$，即得容器放空时间

$$t_0=\frac{2F\sqrt{H_1}}{\mu A\sqrt{2g}}=\frac{2FH_1}{\mu A\sqrt{2gH_1}}=\frac{2V}{Q_{\max}}\tag{6-9}$$

式中　V——容器放出的液体体积；

$Q_{\max}$——开始出流时的最大流量；

F——容器横截面面积。

式（6-9）表明：非恒定出流容器的放空时间等于在起始水头作用下流出同体积液体所需时间的两倍。

若容器壁上不是孔口，而是其他类型的管嘴或短管，上述各式仍然适用，只是流量系数应选用各自的数值。

6.2 管嘴恒定出流

当孔口壁厚 $l=(3\sim4)\,d$，或者在孔口处外接一段长 $l=(3\sim4)\,d$ 的圆管，如图 6-7 所示，此时的出流称为管嘴出流。管嘴出流的特点是：当流体进入管嘴后，同样形成收缩，在收缩断面 c—c 处，流体与管壁分离，形成旋涡区，然后逐渐扩大，在管嘴出口断面上，流体完全充满整个断面。

以通过管嘴中心的水平面为基准面，在容器液面 1—1 及管嘴出口断面 2—2 建立伯努利方程，得

$$H+\frac{\alpha_1 v_1^2}{2g}=\frac{\alpha_2 v_2^2}{2g}+h_{\mathrm{w1-2}}$$

其中管嘴水头损失中，沿程水头损失可忽略不计，局部水头损失相当于管道锐缘进口的局部损失，则

$$h_{\mathrm{w1-2}}=h_j=\zeta_{\mathrm{n}}\frac{v^2}{2g}$$

液面中的流体基本处于静止状态，所以

$$\frac{\alpha_1 v_1^2}{2g}=0$$

将以上两式代入伯努利方程得

$$H=(\alpha+\zeta_{\mathrm{n}})\frac{v^2}{2g}$$

整理得

$$v=\frac{1}{\sqrt{\alpha+\zeta_{\mathrm{n}}}}\sqrt{2gH}=\varphi_{\mathrm{n}}\sqrt{2gH} \tag{6-10}$$

式中 $\varphi_{\mathrm{n}}=\dfrac{1}{\sqrt{\alpha+\zeta_{\mathrm{n}}}}$——管嘴的流速系数。

管嘴出流流量为

$$Q=vA=\varphi_{\mathrm{n}}A\sqrt{2gH}=\mu_{\mathrm{n}}A\sqrt{2gH} \tag{6-11}$$

式中 μ_{n}——管嘴的流量因数。

由第 5 章突然缩小管的局部损失计算公式得管道直角进口局部损失因数 $\zeta_{\mathrm{n}}=0.5$，且 $\alpha=1.0$，所以 $\mu_{\mathrm{n}}=\varphi_{\mathrm{n}}=\dfrac{1}{\sqrt{\alpha+\zeta_{\mathrm{n}}}}=0.82$。

比较孔口流量公式（6-3）和管嘴流量公式（6-11），公式形式相同，只是流量因数不同，完善收缩薄壁小孔口流量系数 $\mu=0.60\sim0.62$，而管嘴流量因数 $\mu_{\mathrm{n}}=0.82$，由此可知，在相同直径、相同作用水头 H 下，管嘴的出流大于孔口出流流量。这是由于外管嘴有一定的长度 $l=(3\sim4)\,d$，刚好使管嘴进口收缩断面 c—c 处能够形成真空，收缩断面存在真空

的作用相当于增加了管嘴的抽吸作用。下面分析 $c—c$ 断面真空度的大小。

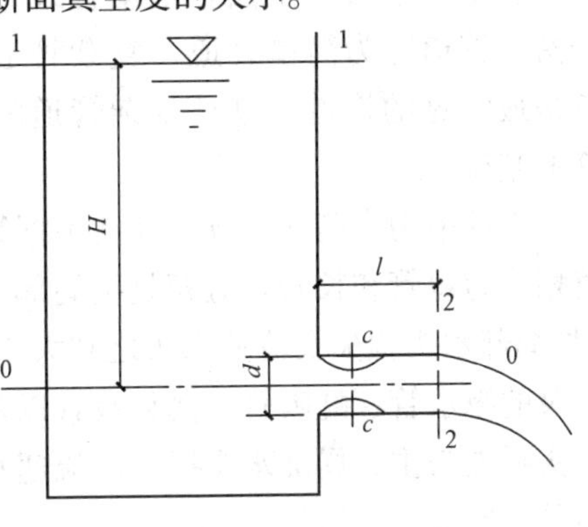

图 6-7　管嘴恒定出流

如图 6-7 所示，仍以 0—0 断面为基准面，选断面 $c—c$ 及管嘴出口断面 2—2 列伯努利方程，得

$$\frac{p_c}{\rho g}+\frac{\alpha_c v_c^2}{2g}=0+\frac{p_a}{\rho g}+\frac{\alpha v^2}{2g}+h_{wc-2}$$

式中　h_{wc-2}——收缩断面至管嘴出口的水头损失，在忽略沿程损失的情况下，可近似为突然扩大管的局部损失，则由第 5 章突然扩大管局部损失计算式

$$h_{wc-2}=\left(\frac{A}{A_c}-1\right)^2\frac{v^2}{2g}=\left(\frac{1}{\varepsilon}-1\right)^2\frac{v^2}{2g}$$

得

$$\frac{p_a-p_c}{\rho g}=\frac{\alpha_c v_c^2}{2g}-\frac{\alpha v^2}{2g}-\left(\frac{1}{\varepsilon}-1\right)^2\frac{v^2}{2g} \tag{6-12}$$

由连续性方程

$$v_c=\frac{A}{A_c}v=\frac{A}{\varepsilon A}v=\frac{v}{\varepsilon}$$

将上式和式（6-10）代入式（6-12）得

$$\frac{p_a-p_c}{\rho g}=\left[\frac{\alpha_c}{\varepsilon^2}-\alpha-\left(\frac{1}{\varepsilon}-1\right)^2\right]\varphi_n^2 H$$

由实验测得 $\varepsilon=0.64$；$\varphi_n=0.82$，取 $\alpha_c=\alpha=1$，则管嘴的真空度为

$$\frac{p_v}{\rho g}=\frac{p_a-p_c}{\rho g}\approx 0.75H \tag{6-13}$$

式（6-13）说明管嘴收缩断面处的真空度可达作用水头的 75%，相当于把管嘴的作用水头增大了约 75%。

从式（6-13）可知：作用水头 H 越大，收缩断面的真空度也越大。但当收缩断面真空度超过 7 m 水头时，空气将会从管嘴出口断面吸入，从而使收缩断面真空破坏，管嘴不能保持满管出流。因此圆柱形外管嘴的作用水头应有一个极限值，即 $H<[H]=\frac{7}{0.75}\approx 9$（m）。

6.3　管路的水力计算

在工程实际中，为了输送流体，常常设置各种有压管道，如日常生活中的供水管网、煤气管路、通风管道等。这类管道的特点是：整个断面均被流体所充满，断面的周界就是湿周，管道边壁上各点均受到流体压强（一般 $p'\neq p_a$，即 $p\neq 0$）的作用，这种管道称为有压管道，流体在有压管道中的流动称为有压管流。

有压管流的特点是：流体充满管道过流断面，管道内不存在自由面，管壁上各点的压强一般不等于大气压强。根据管线布置情况可分为简单管道和复杂管道。管径不变且无分岔的管道称为简单管道，复杂管道是由两根或两根以上的简单管道组合而成。简单管道是最常见的管道，也是复杂管道的基本组成部分，其水力计算方法是各种管道水力计算的基础。

工程中为了简化计算，往往根据管道局部水头损失和流速水头之和占总损失的比重将管道划分为短管和长管。短管是指局部水头损失及流速水头在总水头损失中占有相当大的比重（如局部水头损失及流速水头之和大于沿程水头损失的5%）且计算时不能忽略的管道，如水泵的吸水管、虹吸管、倒虹吸管以及送风管等。长管是指在管道的总水头损失中，以沿程水头损失为主，局部水头损失和流速水头所占比重很小且可忽略不计的管道，如城市供水的室外管网等。

6.3.1 短管的水力计算

短管的水力计算方法与前面孔口、管嘴出流的计算相似，都是应用实际流体伯努利方程、连续性方程和水头损失公式。设想当把管嘴加长时，管道的沿程损失就不能忽略，可见管道计算与孔口、管嘴出流计算的不同之处就是在计算水头损失时，要同时考虑沿程水头损失和局部水头损失。

（1）短管自由出流。如图 6-8 所示，水由水箱经管道流入大气，取管路出口断面 2—2 的形心为基准面，在水箱中距管路进口某一距离处取断面 1—1，该处符合渐变流条件，对断面 1—1 和断面 2—2 建立伯努利方程为

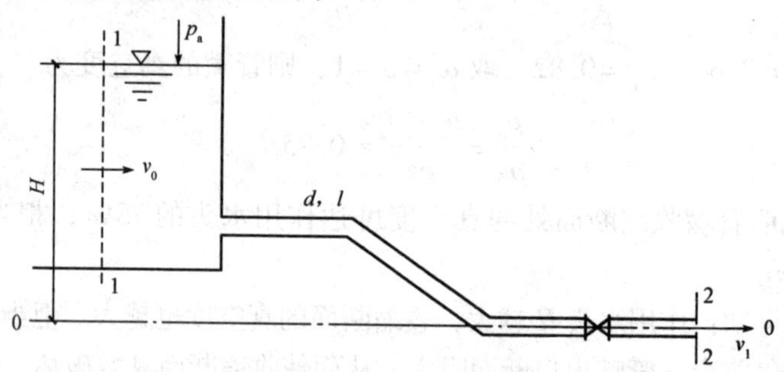

图 6-8 短管自由出流

$$H+\frac{p_a}{\rho g}+\frac{\alpha_0 v_0^2}{2g}=0+\frac{p_a}{\rho g}+\frac{\alpha v^2}{2g}+h_w$$

令 $H+\frac{\alpha_0 v_0^2}{2g}=H_0$，则上式可写为

$$H_0=\frac{\alpha v^2}{2g}+h_w \tag{6-14}$$

水头损失为

$$h_w=\sum h_f+\sum h_j=\sum \lambda\frac{l}{d}\frac{v^2}{2g}+\sum \zeta\frac{v^2}{2g} \tag{6-15}$$

式中　ζ—— 局部损失因数；对于图 6-8 所示，$\sum\zeta=\zeta_1+2\zeta_2+\zeta_3$，其中 ζ_1、ζ_2 和 ζ_3 分别表示

在管道进口、弯头及闸门处的局部损失系数。如果设 $\zeta_c = \sum\lambda\frac{l}{d} + \sum\zeta$，称为管系总阻力系数，则可由式（6-14）和式（6-15）求得管道中的速度和流量：

$$v = \frac{1}{\sqrt{1+\zeta_c}}\sqrt{2gH_0} \tag{6-16}$$

$$Q = Av = A\frac{1}{\sqrt{1+\zeta_c}}\sqrt{2gH_0} = \mu_c A\sqrt{2gH_0} \tag{6-17}$$

式中　$\mu_c = \frac{1}{\sqrt{1+\zeta_c}}$——管道的流量因数。

由此可见，管道计算与孔口、管嘴出流的计算是相似的。

（2）短管淹没出流。如图 6-9 所示，短管出口在下游液面以下，形成恒定淹没出流。取下游自由液面为基准面，设上游断面 1—1 的总水头为 $H_1 = z_1 + \frac{p_1}{\rho g} + \frac{\alpha_1 v_1^2}{2g}$，下游断面 2—2 的总水头为 $H_2 = z_2 + \frac{p_2}{\rho g} + \frac{\alpha_2 v_2^2}{2g}$，列写断面 1—1 与 2—2 之间的伯努利方程为

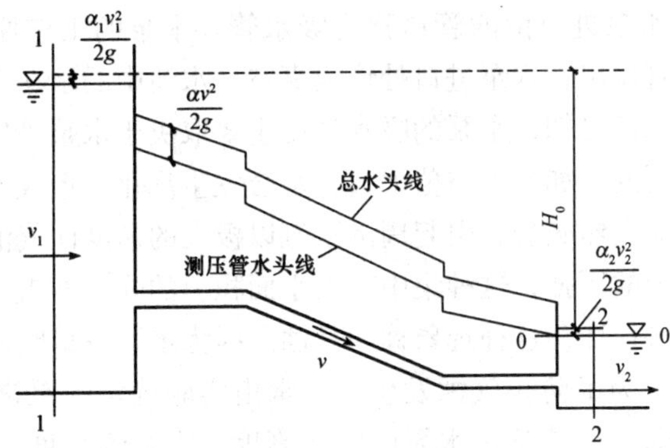

图 6-9　短管淹没出流

$$H_1 = H_2 + h_w \tag{6-18}$$

式中　$H_0 = H_1 - H_2$——作用水头。

式（6-18）表明，淹没出流管路的作用水头 H_0 完全克服管路的水头损失 h_w。根据式（6-15）和式（6-18）得，短管出口断面的流速为

$$v = \frac{1}{\sqrt{\sum\lambda\frac{l}{d} + \sum\zeta}}\sqrt{2gH_0} \tag{6-19}$$

出流流量为

$$Q = \frac{A}{\sqrt{\sum\lambda\frac{l}{d} + \sum\zeta}}\sqrt{2gH_0} = \mu_c A\sqrt{2gH_0} \tag{6-20}$$

式中　$\mu_c = \frac{1}{\sqrt{\sum\lambda\frac{l}{d} + \sum\zeta}}$——管道淹没出流的流量因数。

上、下游液面上的压强等于大气压强，若忽略两断面的流速水头，则 $H_0 \approx H$，H_0 为上、下游液面的高差。由以上推导可知，管流水力计算与孔口、管嘴出流的计算是相似的。

值得注意的是，当淹没出流出口突然扩大的局部水头损失因数 $\zeta = 1$ 时（扩大后过流断面很大），自由出流与淹没出流的流量因数相等，比较式（6-17）和式（6-20）知，这两种情况下，具有相同作用水头的自由出流与淹没出流的流量是相等的。

再设想当管路很长时，由于沿程水头损失 $\sum \lambda \frac{l}{d}\frac{v^2}{2g}$ 相对于局部水头损失 $\sum \zeta \frac{v^2}{2g}$ 和流速水头 $\frac{\alpha v^2}{2g}$ 来说数值很大，此时管路的水力计算就可以忽略局部水头损失和流速水头，这就是所谓的长管问题。关于长管的水力计算将放在6.4节讨论，但从这里知道本节的短管水力计算与长管水力计算的不同之处就在于短管水力计算时伯努利方程中的各项及沿程水头损失和局部水头损失均要考虑。下面通过例子说明工程中常见的短管水力计算问题及计算方法。

6.3.2 工程中常见短管水力计算

（1）水泵吸水管。水泵进口前的管道称为吸水管。水泵的工作原理是：水泵转轮的运转，使泵内的水由压水管输出，水泵进口处形成真空，水池中的水在大气压强的作用下压入水泵进口。由水泵工作原理可知，水泵的吸水高度主要取决于水泵进口处的真空值。而水泵进口处的真空值是有限制的，如果真空值太大，水会发生汽化而形成气泡，气泡随着水流进入泵内高压部分受压缩而突然破裂，引起周围水流以极大的速度向气泡破裂点冲击，造成该点产生数百个大气压以上的压强，这种集中在极小面积上的强大冲击力如果作用在水泵部件的表面，就会使部件很快损坏，这种现象称为气蚀。因为水泵进口断面压强分布不均，以及气泡发展过程的复杂性，为了防止气蚀发生，通常由实验确定水泵进口的允许真空度。因此，在安装水泵前必须通过计算确定水泵的安装高度。吸水管长度一般较短，管路配件较多，局部水头损失不能忽略，所以通常按短管计算。

【**例6.3**】如图6-10所示，离心泵的抽水流量 $Q = 25\ \text{m}^3/\text{h}$。吸水管长 $l = 5$ m，管径 $d = 75$ mm，沿程阻力系数 $\lambda = 0.045\ 5$，有滤网底阀的局部阻力系数为 $\zeta_1 = 8.5$，90°弯头的局部阻力系数 $\zeta_2 = 0.3$。泵的允许吸入真空高度［h_v］$= 6.0$ m。试确定水泵的最大安装高度 H_s。

解：取水池的水面为基准面，列断面1—1和水泵进口断面2—2的伯努利方程（采用绝对压强），忽略水池行近流速水头，池面为大气压强 p_a，得

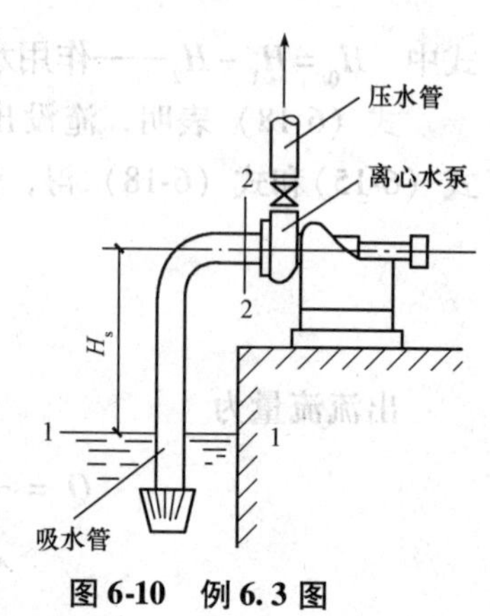

图6-10　例6.3图

$$\frac{p_a}{\rho g} = H_s + \frac{p_2}{\rho g} + \frac{\alpha_2 v_2^2}{2g} + h_{w1-2}$$

整理得

$$H_s = \frac{p_a - p_2}{\rho g} - \left(\frac{\alpha_2 v_2^2}{2g} + h_{w1-2}\right)$$

式中，$\frac{p_a - p_2}{\rho g} \leqslant [h_v] = 6.0$ m，取 $\alpha_2 = 1$，则

$$v_2 = \frac{Q}{A} = \frac{\frac{25}{3\,600}}{\frac{0.075^2}{4} \times 3.14} = 1.57\ (\text{m/s})$$

$$\frac{\alpha_2 v_2^2}{2g} = \frac{1 \times 1.57^2}{2 \times 9.8} = 0.126\ (\text{m})$$

$$\begin{aligned} h_{w1-2} &= \left(\lambda \frac{l}{d} + \sum \zeta\right)\frac{v_2^2}{2g} \\ &= \left(0.045 \times \frac{5}{0.075} + 8.5 + 0.3\right) \times 0.126 \\ &= 1.49\ (\text{m}) \end{aligned}$$

将各计算数值代入上式，得

$$H_s = \frac{p_a - p_2}{\rho g} - \left(\frac{\alpha_2 v_2^2}{2g} + h_{w1-2}\right) \leqslant 6 - (0.126 + 1.49) = 4.38\ (\text{m})$$

即水泵安装高度不能超过 4.38 m。

(2) 虹吸管。虹吸管是跨越高地的一种输水管道，如图 6-11 所示。虹吸管的工作原理是：将管内空气排除形成真空，使上游水面与管内产生压差，水流能够由上游通过虹吸管流入下游。应用虹吸管输水可以跨越高地，减少挖方和埋设管路工程，并且可以方便地实行自动操作，因而在给排水工程及其他工程中应用普遍。

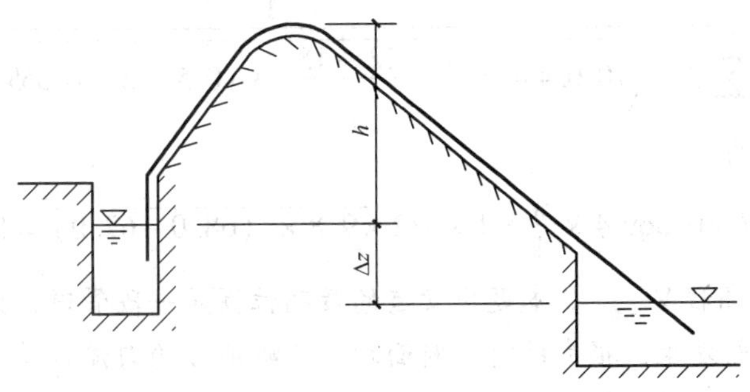

图 6-11　虹吸管

与水泵吸水管一样，虹吸管工作时，管路必然会出现真空区段，当真空值过大时，会汽化产生气泡，将破坏虹吸管的正常工作，可见虹吸管安装高度（最高点）与允许真空度有关系。虹吸管顶部的真空值不得大于 10 m 水柱高，一般不大于 8 m 水柱高。

【例 6.4】 有一渠道用直径 $d = 1$ m 的混凝土虹吸管来跨越铁路，如图 6-12 所示。渠道上游水位 68.0 m，下游水位 67.0 m，虹吸管长度 $l_1 = 8$ m，$l_2 = 12$ m，$l_3 = 15$ m，中间有 75° 的折角弯头两个，局部水头损失系数：$\zeta_{弯} = 0.365$，$\zeta_{进} = 0.5$，$\zeta_{出} = 1.0$。试确定：(1) 虹吸管的过流能力；(2) 当虹吸管中的最大允许真空度 $[h_{vmax}] = 7$ m 时，虹吸管的最高安装高程为多少？

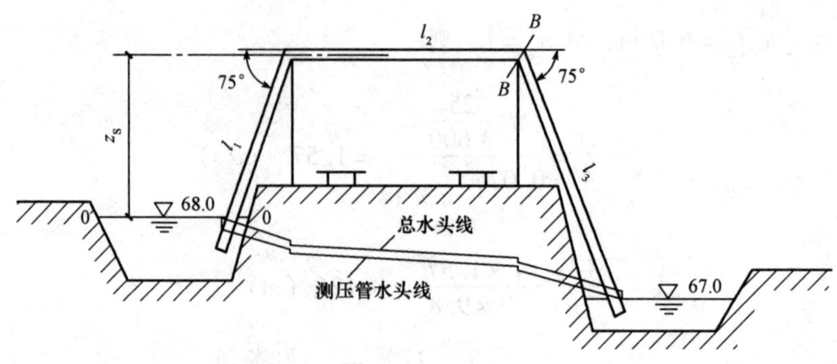

图6-12　例6.4图

解：(1) 求虹吸管的过流能力。本题管道出口淹没在水面以下，为淹没出流。当不计行近流速时，可直接应用式（6-20）计算流量。

查粗糙系数（糙率）表知混凝土管 $n=0.014$，采用曼宁公式计算谢才系数 C：

$$C=\frac{1}{n}R^{\frac{1}{6}}=\frac{1}{0.014}\times\left(\frac{\frac{\pi}{4}\times1^2}{\pi\times1}\right)^{\frac{1}{6}}=56.69\ (\mathrm{m}^{\frac{1}{2}}/\mathrm{s})$$

管道的沿程阻力系数

$$\lambda=\frac{8g}{C^2}=\frac{8\times9.8}{56.69^2}=0.024\ 4$$

流量系数

$$\mu_c=\frac{1}{\sqrt{\sum\lambda\frac{l}{d}+\sum\zeta}}=\frac{1}{\sqrt{0.024\ 4\times\frac{(8+12+15)}{1}+(0.5+2\times0.365+1.0)}}=0.569\ 4$$

虹吸管的过流能力

$$Q=\mu_c A\sqrt{2gH}=0.569\ 4\times\frac{\pi}{4}\times1\times\sqrt{2\times9.8\times(68.0-67.0)}=1.98\ (\mathrm{m}^3/\mathrm{s})$$

(2) 求最高安装高程 $\nabla_{最高点}$。本题中管道的最高位置是一段管道，则最高位置上水头损失视为在某个断面突然发生，损失的前后断面均可简略地按均匀流计算。因此，最大真空值发生在第二个弯头后，即图6-12中的 B—B 处。

以上游水面为基准面0—0，对断面0—0和 B—B 列伯努利方程，得

$$\frac{p_a}{\rho g}+\frac{\alpha_0 v_0^2}{2g}=z_s+\frac{p_B}{\rho g}+\frac{\alpha v^2}{2g}+h_{w0-1}$$

式中　z_s——B—B 断面中心至上游渠道水面的高差。

$$h_w=\sum h_f+\sum h_j=\left(\lambda\frac{l_{0-B}}{d}+\zeta_{进}+2\zeta_{弯}\right)\frac{v^2}{2g}$$

式中，$\frac{p_a-p_B}{\rho g}=h_{vB}$，根据题意 $h_{vB}\leqslant[h_{v\max}]$，即

$$z_s\leqslant[h_{v\max}]-\left(1+\lambda\frac{l_{0-B}}{d}+\zeta_{进}+2\zeta_{弯}\right)\frac{v^2}{2g}$$

$$=7-\left(1+0.0244\times\frac{8+12}{1}+0.5+2\times0.365\right)\times\frac{\left(\frac{4\times1.98}{\pi}\right)^2}{2\times9.8}$$

$$=6.12\ (\mathrm{m})$$

则最高安装高程为 $\nabla_{\text{最高点}}=68.0+6.12=74.12\ (\mathrm{m})$。

(3) 倒虹吸管。倒虹吸管也是一种压力输水管道，但安装方式与虹吸管刚好相反，管道一般低于上、下游水面，依靠上、下游水位差的作用进行输水。倒虹吸管常用在不便直接跨越的地方，例如过江有压涵管，埋设在铁路、公路下的输水涵管等。倒虹吸管一般不太长，所以应按短管计算（见图6-13）。

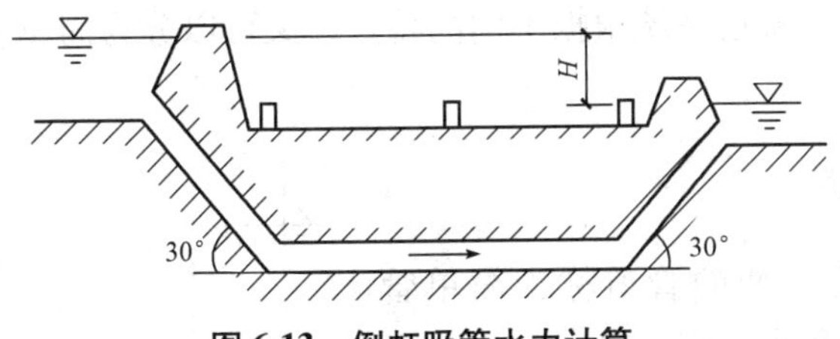

图6-13　倒虹吸管水力计算

【例6.5】 如图6-13所示，采用钢筋混凝土倒虹吸管横穿高速公路，管道沿程阻力因数 $\lambda=0.025$，已知通过流量为3 $\mathrm{m^3/s}$，倒虹吸管上、下游渠中水位差 $H=3$ m，管长 $l=50$ m，其中经过两个30°的折角转弯，单个局部水头损失系数为 $\zeta_{局}=0.20$，进口局部水头损失系数 $\zeta_{进}=0.5$，出口局部水头损失系数 $\zeta_{出}=1.0$，上、下游渠中流速均为1.5 m/s。试确定倒虹吸管直径 d。

解： 由于上、下游渠中流速相同，可得作用水头 $H_0=H$，是淹没出流，可按式（6-20）进行计算。

$$v=\frac{Q}{A}=\frac{4Q}{\pi d^2}$$

总水头损失

$$h_w=\left(\lambda\frac{l}{d}+\zeta_{进}+2\zeta_{局}+\zeta_{出}\right)\frac{v^2}{2g}$$

代入伯努利方程，得

$$H=\left(\lambda\frac{l}{d}+\zeta_{进}+2\zeta_{局}+\zeta_{出}\right)\frac{\left(\frac{4Q}{\pi d^2}\right)^2}{2g}$$

代入各项数值，得

$$3=\left(0.025\times\frac{50}{d}+0.5+2\times0.2+1.0\right)\times\frac{\left(\frac{4\times3}{\pi d^2}\right)^2}{2g}$$

整理得

$$4.03\times d^5-1.9d-1.25=0$$

通过迭代计算得到 $d=0.95$ m，可以选取比计算值略大的标准管径 $d=1.0$ m 作为设计管径。

在进行实际工程设计时，一般先根据流量要求和经济流速来计算管径，然后选择相应的标准管径。

6.4 长管的水力计算

管路的总水头损失 $h_w = \left(\sum\lambda\dfrac{l}{d}+\sum\zeta\right)\dfrac{v^2}{2g}$,其中沿程水头损失 $h_j=\lambda\dfrac{l}{d}\dfrac{v^2}{2g}$ 是与管长 l 成正比的,当管路很长时,使得 $\sum\lambda\dfrac{l}{d}\geqslant\sum\zeta$，此时管路和水力计算就可以忽略局部水头损失和流速水头，这种管路就是长管。

在长管水力计算中，管道系统根据不同的特点，又可以分为简单管路、串联管路、并联管路及管网等。

6.4.1 简单管路

沿程管径和流量都不变的管道称为简单管路。简单管路只计算沿程水头损失。

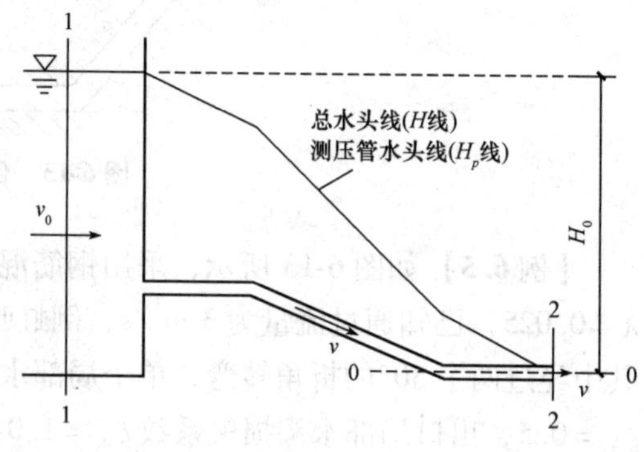

图 6-14 简单管路的水力计算

以图 6-14 为例说明简单长管路的计算。取基准面 0—0，对断面 1—1 和 2—2 建立伯努利方程为

$$H+0+\frac{\alpha_0 v_0^2}{2g}=0+0+\frac{\alpha v^2}{2g}+h_w$$

按长管考虑，则有

$$H=h_f=\lambda\frac{l}{d}\frac{v^2}{2g} \tag{6-21}$$

将 $v=\dfrac{4Q}{\pi d^2}$代入式（6-21），得

$$H=\frac{8\lambda}{g\pi^2 d^5}lQ^2 \tag{6-22}$$

令 $S=\dfrac{8\lambda}{g\pi^2 d^5}$，则

$$H=SlQ^2 \tag{6-23}$$

其中，S 称为比阻，是指单位流量通过单位长度管道所需水头，显然比阻 S 决定于管径 d 和沿程阻力系数 λ，λ 的计算公式繁多，故计算 S 的公式也很多，这里只引用土建工程中常用的两种。

第一种是利用第 5 章介绍的舍维列夫公式，适用于旧铸铁管和旧钢管，将两式分别代入比阻 $S=\dfrac{8\lambda}{g\pi^2 d^5}$，得

$$\begin{cases} S=\dfrac{0.001\,736}{d^{5.3}} & (v\geqslant 1.2\ \text{m/s}) \\ S=0.852\left(1+\dfrac{0.867}{v}\right)^{0.3}\left(\dfrac{0.001\,736}{d^{5.3}}\right) & (v<1.2\ \text{m/s}) \end{cases} \tag{6-24}$$

第二种是利用谢才公式

$$v=C\sqrt{RJ}=C\sqrt{R\frac{h_f}{l}} \tag{6-25}$$

得到

$$h_f=\frac{v^2}{C^2R}l$$

代入式（6-21）有

$$H=\frac{v^2}{C^2R}l=\frac{Q^2}{C^2RA^2}l=SlQ^2 \tag{6-26}$$

得

$$S=\frac{1}{C^2RA^2}$$

取曼宁公式 $C=\frac{1}{n}R^{\frac{1}{6}}$，其中 $R=\frac{d}{4}$，$A=\frac{\pi}{4}d^2$，代入上式，最后得

$$S=\frac{10.3n^2}{d^{5.33}} \tag{6-27}$$

式中　n——管道粗糙系数。

【例6.6】　如图6-15所示，由水塔向工厂供水，管材采用铸铁管。已知工厂用水量 $Q=280\ \text{m}^3/\text{h}$，管道总长 $l=2\ 500\ \text{m}$，管径 $d=300\ \text{mm}$。水塔处地形高程 $z_1=61\ \text{m}$，工厂地形高程 $z_2=42\ \text{m}$，管路末端需要的自由水头 $H_2=25\ \text{m}$，求水塔水面距地面的高度 H_1。

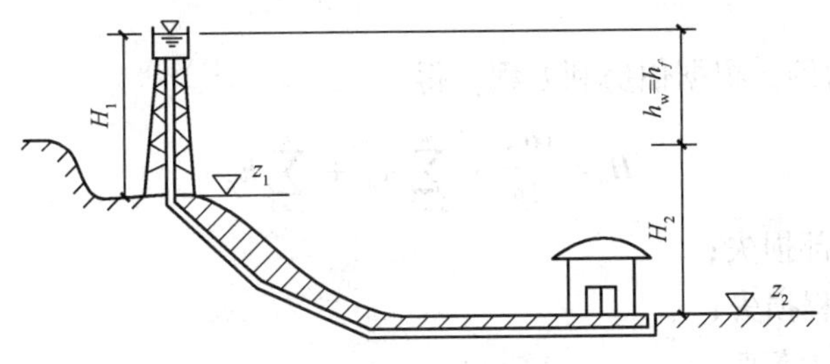

图6-15　例6.6图

解：以水塔水面作为1—1断面，管路末端为2—2断面，列出长管的伯努利方程：

$$(H_1+z_1)+0+0=z_2+H_2+0+h_w$$

由上式得到水塔高度

$$H_1=(z_2+H_2)-z_1+h_f$$

而
$$h_f=SlQ^2$$

因为
$$v=\frac{4Q}{\pi d^2}=\frac{4\times 280/3\ 600}{3.14\times(0.3)^2}=1.10\ (\text{m/s})<1.2\ \text{m/s}$$

说明管流处于紊流过渡区，故比阻 S 用式（6-24）第二式求：

$$S=0.852\times\left(1+\frac{0.867}{v}\right)^{0.3}\times\frac{0.001\ 736}{d^{5.3}}$$

$$=0.852\times\left(1+\frac{0.867}{1.10}\right)^{0.3}\times\frac{0.001\ 736}{0.3^{5.3}}$$

$$=1.039\ 8\ (\text{s}^2/\text{m}^6)$$

$$h_f=SlQ^2=1.039\ 8\times2\ 500\times\left(\frac{280}{3\ 600}\right)^2=15.73\ (\text{m})$$

此水塔水面距地面的高度为

$$H_1=(z_2+H_2)-z_1+h_f=42+25-61+15.73=21.73\ (\text{m})$$

6.4.2 串联管路

串联管路是指由直径不同的几段管道依次连接而成的管路。串联管路中，管径不同的管段的连接点称为节点。串联管路内的流量可以沿程不变；也可以沿程每隔一定距离有流量分出，从而使沿程有不同的流量，如图 6-16 所示。串联管路的计算原理依据的仍然是能量方程和连续性方程。

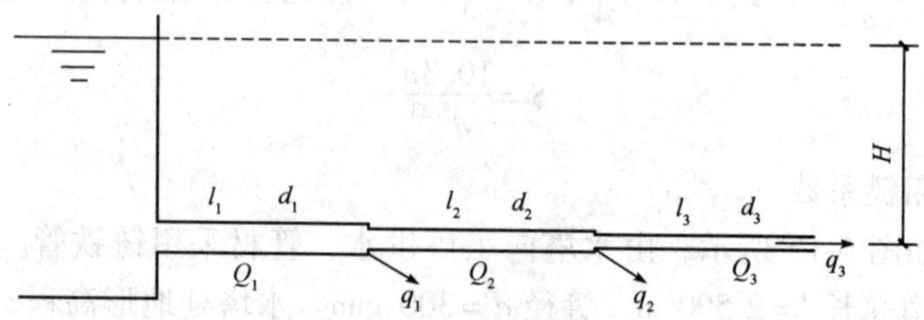

图 6-16 串联管路水力计算

以图 6-16 所示为例，根据伯努利方程，得

$$H=\frac{\alpha v_3^2}{2g}+\sum_{k=1}^{m}h_{jk}+\sum_{i=1}^{n}h_{fi}\tag{6-28}$$

式中 h_{jk}——管道局部损失；

h_{fi}——管道沿程损失；

v_3——管道出口流速。

根据连续性方程，各管段流量为

$$Q_1=Q_2+q_1$$
$$Q_2=Q_3+q_2$$

或写成

$$Q_i=Q_{i+1}+q_i\tag{6-29}$$

若每段管道都较长，可近似用长管模型计算，则式（6-28）可写成

$$H=\sum_{i=1}^{n}h_{fi}=\sum_{i=1}^{n}S_il_iQ_i^2\tag{6-30}$$

串联管路的计算问题通常是求水头 H、流量 Q 及管径 d。

【例 6.7】一条输水管道，管材采用铸铁管，流量 $Q=0.20\ \text{m}^3/\text{s}$，管路两端总水头差 $H=30$ m，管全长 $l=1\ 000$ m，现已装设了 $l_1=480$ m、管径 $d_1=350$ mm 的管段 1，为了充分利用水头，节约管材，试确定管段 2 的直径 d_2。

解：计算管段 1 的流速

$$v_1=\frac{4Q}{\pi d_1^2}=\frac{4\times 0.20}{3.14\times 0.35^2}=2.08\ (\text{m/s})$$

根据式（6-24）第一式计算比阻

$$S_1=\frac{0.001\,736}{d^{5.3}}=\frac{0.001\,736}{0.35^{5.3}}=0.452\,9\ (\text{s}^2/\text{m}^6)$$

由式（6-30）得

$$H=(S_1 l_1+S_2 l_2)\ Q^2$$

即

$$30=0.452\,9\times 480\times 0.20^2+S_2\times(1\,000-480)\times 0.20^2$$

得

$$S_2=1.024\ \text{s}^2/\text{m}$$

再由式（6-24）的第一式求出

$$d_2=\left(\frac{0.001\,736}{S_2}\right)^{\frac{1}{5.3}}=\left(\frac{0.001\,736}{1.024}\right)^{\frac{1}{5.3}}=0.300\ (\text{m})=300\ \text{mm}$$

因为 $d_2=300\ \text{mm}<d_1$，所以 $v_2>1.2\ \text{m/s}$，说明计算正确。

6.4.3　并联管路

并联管路是指在两个节点间并接两个以上管道的管路。每根管道的管径、管长及流量均不一定相等。如图 6-17 所示，A、B 两节点间由三根管道组成并联管路。并联管路的计算原理仍然是伯努利方程和连续性方程，其主要特点是：管路总流量等于各分路流量之和，各段的水头损失相等。

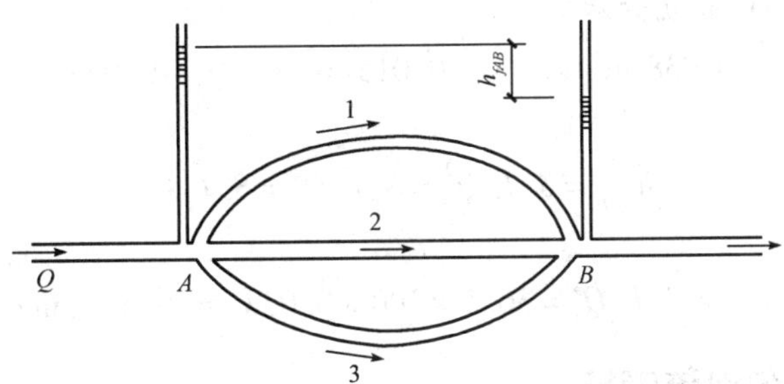

图 6-17　并联管路水力计算

（1）并联管路中各支管的水头损失均相等，即

$$h_{w1}=h_{w2}=h_{w3}=h_w \tag{6-31}$$

若每段管道按长管考虑的话，式（6-31）又可写成

$$h_{fAB}=S_1 l_1 Q_1^2=S_2 l_2 Q_2^2=S_3 l_3 Q_3^2 \tag{6-32}$$

或者

$$Q_1=\sqrt{\frac{h_{fAB}}{S_1 l_1}};\ Q_2=\sqrt{\frac{h_{fAB}}{S_2 l_2}};\ Q_3=\sqrt{\frac{h_{fAB}}{S_3 l_3}} \tag{6-33}$$

（2）总管路的流量应等于各支管流量之和，即

$$Q = Q_1 + Q_2 + Q_3 = \left(\sqrt{\frac{1}{S_1 l_1}} + \sqrt{\frac{1}{S_2 l_2}} + \sqrt{\frac{1}{S_3 l_3}}\right)\sqrt{h_{fAB}} \tag{6-34}$$

【例 6.8】如图 6-18 所示，三根并联的铸铁管，由节点 A 分出，并在节点 B 重新汇合，已知总流量 $Q = 0.12\ \mathrm{m^3/s}$，管道粗糙系数 $n = 0.012$，各管段管长、管径如下：$l_1 = 200\ \mathrm{m}$，$d_1 = 150\ \mathrm{mm}$；$l_2 = 150\ \mathrm{m}$，$d_2 = 100\ \mathrm{mm}$；$l_3 = 300\ \mathrm{m}$，$d_3 = 200\ \mathrm{mm}$。试确定各管段的流量和 AB 间的水头损失。

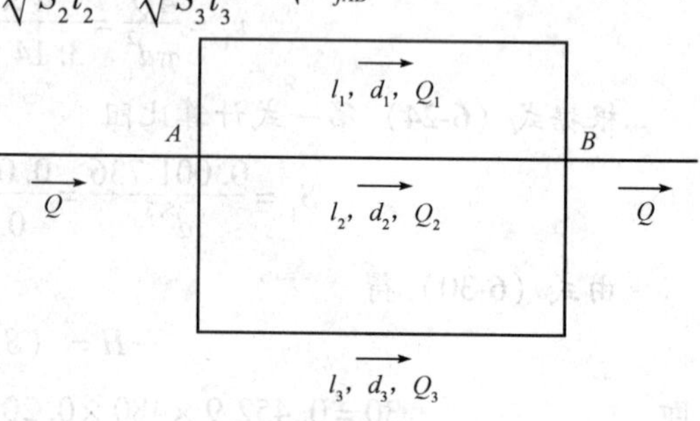

图 6-18　例 6.8 图

解：由式（6-27），分别计算出各管道比阻：

$$S_1 = 36.5\ \mathrm{s^2/m^6};\ S_2 = 317\ \mathrm{s^2/m^6};\ S_3 = 7.88\ \mathrm{s^2/m^6}$$

由式（6-33）有

$$Q_1 = \sqrt{\frac{S_2 l_2}{S_1 l_1}} Q_2;\ Q_3 = \sqrt{\frac{S_2 l_2}{S_3 l_3}} Q_2$$

代入数据得

$$Q_1 = 2.55 Q_2 \tag{a}$$

$$Q_3 = 4.48 Q_2 \tag{b}$$

根据连续性方程得

$$Q = Q_1 + Q_2 + Q_3 = 2.55Q_2 + Q_2 + 4.48Q_2 = 8.03Q_2 \tag{c}$$

解（a）、（b）、（c）联立方程得

$$Q_1 \approx 0.038\ \mathrm{m^3/s};\ Q_2 \approx 0.015\ \mathrm{m^3/s};\ Q_3 \approx 0.067\ \mathrm{m^3/s}$$

因为并联管路

$$h_{wAB} = S_1\, l_1\, Q_1^2 = S_2\, l_2\, Q_2^2 = S_3\, l_3\, Q_3^2$$

AB 间管道的水头损失

$$h_{wAB} = S_1\, l_1\, Q_1^2 = 36.5 \times 200 \times 0.038^2 \approx 10.54\ (\mathrm{m})$$

6.4.4　沿程均匀泄流管路

前面所述的串联管路，每一管段通过的流量是不变的。工程上还有较为复杂的沿程泄流的管路计算问题，如水处理构筑物的多孔配水管、冷却塔的布水管，以及城市自来水管路的沿程泄流，隧道工程中长距离通风管路的漏风等水力计算，常可简化为沿程均匀泄流管路来处理。

现用图 6-19 来分析沿程均匀泄流管路的计算方法。设在 l 段内单位长度泄出的流量为 q，管道末端的流量为 Q_z，则管道总流量为

$$Q = Q_z + ql$$

以泄流管起始断面为 0 点，在 x 处的断面上的流量为

$$Q_x = Q - qx = Q_z + ql - qx$$

因为 dx 很小，可以认为 dx 段内的流量均等于 Q_x，此段内的水头损失为

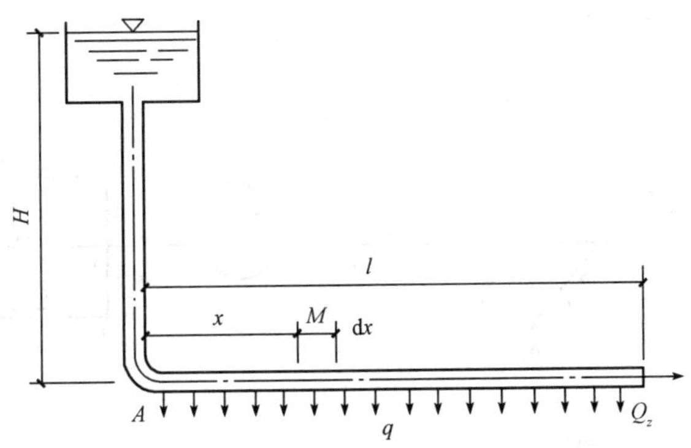

图 6-19　沿程均匀泄流管路的水力计算

$$dh_f = SQ_x^2 dx$$

将 Q_x 代入，得

$$dh_f = S(Q_z + ql - qx)^2 dx$$

整个管段上的水头损失为

$$h_f = \int_0^l dh_f = \int_0^l S(Q_z + ql - qx)^2 dx$$

上式积分得

$$h_f = Sl\left(Q_z^2 + Q_z ql + \frac{1}{3}q^2 l^2\right) \tag{6-35}$$

因为

$$Q_z^2 + Q_z ql + \frac{1}{3}q^2 l^2 \approx (Q_z + 0.55ql)^2$$

所以可近似为

$$h_f = Sl(Q_z + 0.55ql)^2 \tag{6-36}$$

令 $Q_c = Q_z + 0.55ql$，则又可写成

$$h_f = SlQ_c^2 \tag{6-37}$$

对于只有连续泄流 q，而转输流量 $Q_z = 0$ 时，式（6-35）可写成

$$h_f = \frac{1}{3}SlQ^2 \tag{6-38}$$

式（6-38）说明管路在只有沿程均匀泄流时，其水头损失仅为转输流量通过时水头损失的$\frac{1}{3}$。

6.5　管网简介

为满足向更多的用户供水、供热、供煤气的需求，实际工程中往往将简单管道通过串联、并联组合成管网。管网按其节点分出后是否闭合交汇，分为树状管网［见图 6-20（a）］

和环状管网［见图6-20（b）］。

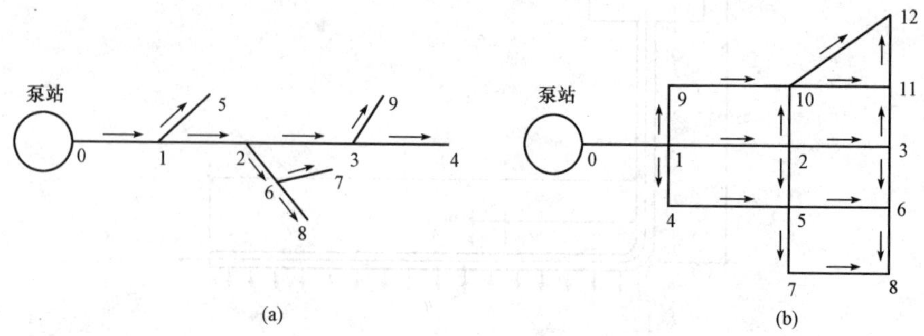

图6-20　树状管网与环状管网

（a）树状管网；（b）环状管网

（1）树状管网。树状管网因管网布置成树枝状而得名。随着从水厂泵站或水塔到用户管线的延伸，其管径越来越小。树状管网的供水可靠性较差，因为管网中的任一段管线损坏，在该管线以后的所有管线就会断水。另外，在树状管网的末端，因用水量已经很小，管中的水流缓慢，甚至停滞不流动，因此水质容易变坏。但这种管网的总长度较短，构造简单，投资较省，因此最适用于小城镇和小型工矿企业采用，或者在建设初期采用树状管网，待以后条件具备时，再逐步发展成环状管网。

（2）环状管网。这种管网中管线间连接成环状，当任一段管线损坏时，可以关闭附近的阀门，与其余的管线隔开，然后进行检修，水还可从另外的管线供应给用户，断水的地区可以缩小，从而增加供水可靠性。环状管网还可以大大减轻因水锤作用产生的危害，而在树状管网中，则往往因此而使管线损坏。但是环状管网管线总长度较大，建设投资明显高于树状管网。环状管网适用于对供水连续性、安全性要求较高的供水区域，一般在大、中城镇和工业企业中采用。

管网具体的水力计算，以简单管路和串联、并联管路为基础，在有关专业教材中有详述，这里不再赘述。

6.6　离心式水泵及其水力计算

6.6.1　离心式水泵的工作原理

离心式水泵具有结构简单、管理方便、体积小、效率高且流量和扬程在一定范围内可以调节等优点，是一种常用的抽水机械，其结构如图6-21所示。

离心泵的工作原理：开动水泵前，使泵壳及吸水管中充满水，以排除泵内空气，当叶轮高速转动时，在离心力的作用下，叶片槽道中的水从叶轮中心被甩向泵壳，使水获得动能与压能。由于泵壳的断面是逐渐扩大的，所以水进入泵壳后流速逐渐变小，部分动能转化为压力，因而泵出口处的水具有较高的压能，流入压力管。在水被甩走的同时，水泵进口处形成真空，在大气压强的作用下，将吸水池中的水通过吸水管压向水泵进口，进而流入泵体。由于电动机带动叶轮连续回转，因此离心泵可均匀连续地供水。

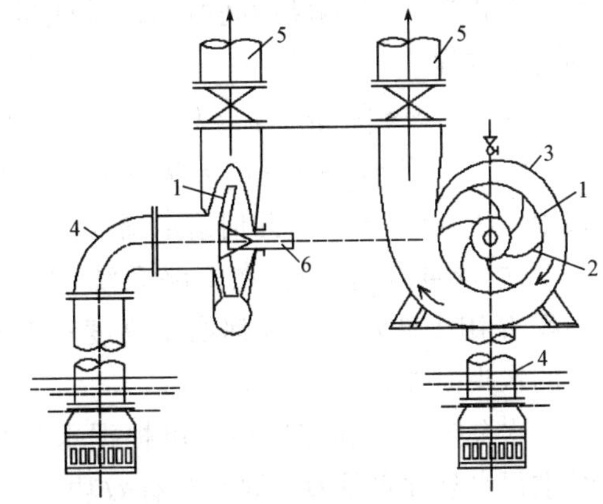

图 6-21　离心泵的构造

1—工作叶轮；2—叶片；3—泵壳；4—吸水管；5—压力管；6—泵轴

6.6.2　离心泵的性能参数

离心泵的性能参数是水泵使用中的基本依据，故也称基本工作参数。

（1）流量（Q）：单位时间通过水泵的液体体积，单位为 L/s、m^3/s 或 m^3/h。

（2）扬程（H）：水泵供给单位重量液体的能量，常用单位为 mH_2O。

（3）功率（N）：水泵功率分轴功率 N_x 和有效功率 N_e。轴功率（N_x）是指电动机传递给泵的功率，常用单位为 W 或 kW；有效功率（N_e）是指单位时间内液体从水泵实际得到的机械能。

$$N_e = \gamma QH \tag{6-39}$$

式中　γ——液体重度（kN/m^3）；

Q——水泵流量（m^3/s）；

H——水泵扬程（m）；

N_e——水泵的有效功率（kW）。

（4）效率（η）：有效功率与轴功率之比，即

$$\eta = \frac{N_e}{N_x} \tag{6-40}$$

（5）转速（n）：水泵工作叶轮每分钟的转数，一般情况下转速固定，常用的有 1 450 r/min、2 900 r/min。

（6）允许吸水真空度（h_v）：指为了防止水泵内发生气蚀现象而由实验确定的水泵进口的允许真空高度，单位为 mH_2O。

6.6.3　水力计算

工程中有关水泵的水力计算问题有水泵扬程计算以及水泵轴功率的确定；水泵工况分析。

（1）水泵工作扬程和轴功率。水泵工作扬程计算可由伯努利方程分析得到。图 6-22 所示为水泵管道系统，以吸水池水面作为基准面，在吸水池水面 1—1 与上水池水面 2—2 间建立伯努利方程：

$$z_1 + \frac{p_1}{\gamma} + \frac{v_1^2}{2g} + H = z_2 + \frac{p_2}{\gamma} + \frac{v_2^2}{\gamma} + h_w$$

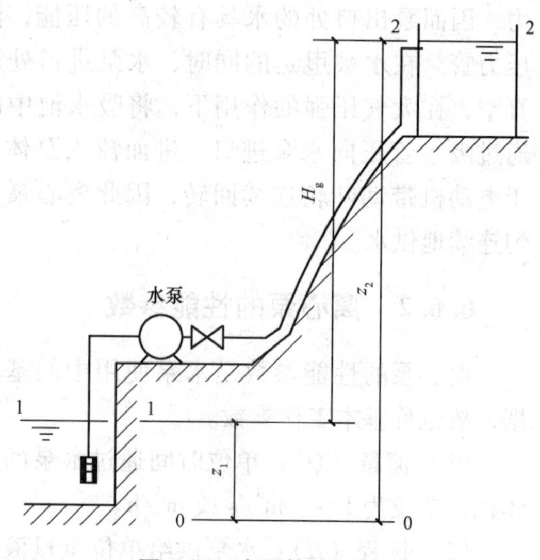

图 6-22　水泵管路系统

上式为 1、2 两断面间有系统外能量输入的伯努利方程。

当 $v_1 \approx v_2 \approx 0$，$p_1 = p_2 = 0$，上式可写成

$$H = z_2 - z_1 + h_w = H_g + h_w \tag{6-41}$$

式中　$H_g = z_2 - z_1$——几何给水高度。

式（6-41）表明，在管路系统中，水泵的扬程 H 用于使水提升几何给水高度和克服管路中的水头损失。

水泵扬程计算完以后，可根据水泵特性曲线求得水泵抽水量 Q，则水泵有效功率 N_e 可由式（6-39）求得，轴功率 $N_x = N_e / \eta$。

（2）水泵工况分析。为能使水泵工作在最佳状态，选用水泵时以及水泵工作过程中都需要分析水泵的工况，即确定水泵工作点。水泵工作点是水泵性能曲线与管路特性曲线的交点。

①水泵性能曲线。在转速 n 一定的情况下，水泵的扬程 H、轴功率 N_x、效率 η 与流量 Q 的关系曲线称为水泵性能曲线。水泵性能曲线由实验确定，如图 6-23 所示。

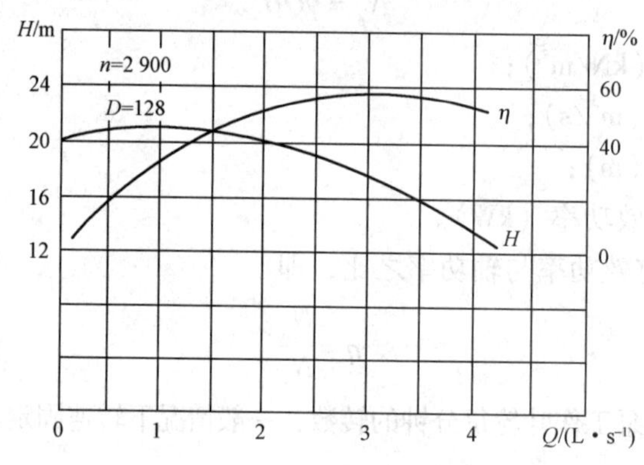

图 6-23　水泵性能曲线

水泵铭牌上所列的 Q、H，是指最高效率时的流量和扬程。通常水泵生产厂家对每一台水泵规定一个许可工作范围，并在水泵产品手册上写出，水泵在这个范围工作才能保持较高效率。一般水泵生产厂家的产品手册上还将同一类型、不同容量水泵的性能曲线绘在一张图上，以供用户选用。

②管路特性曲线。式（6-41）可改写为

$$\begin{aligned} H = H_g + h_w &= H_g + \sum \lambda \frac{l}{d} \frac{v^2}{2g} + \sum \zeta \frac{v^2}{2g} \\ &= H_g + \left[\left(\sum \lambda \frac{l}{d} + \sum \zeta \right) \frac{1}{2gA^2} \right] Q^2 \\ &= H_g + RQ^2 \end{aligned} \tag{6-42}$$

式中　$R=\left(\sum\lambda\frac{l}{d}+\sum\zeta\right)\frac{1}{2gA^2}$，即管路系统的总阻抗（$s^2/m^5$）。

根据式（6-42），以 Q 为自变量，给出 H-Q 关系曲线，即水泵管路特性曲线，如图6-24（a）所示。

水泵的 H-Q 性能曲线表示水泵在通过流量为 Q 时，水泵对单位重量液体提供的机械能为 H。管路特性曲线表示使流量 Q 通过该管路系统，单位重量液体所需要的能量。水泵工作点是提供与需要相等的点，将水泵性能曲线和管路特性曲线按同一比例绘在同一张图上，两条曲线的交点即水泵工作点，如图6-24（b）中的 A 点。由此知道，水泵系统工作是否在高效段，可以通过水泵工况的分析加以了解。大型水泵站常有水泵的串联或并联情况，此时水泵工况分析尤其重要。

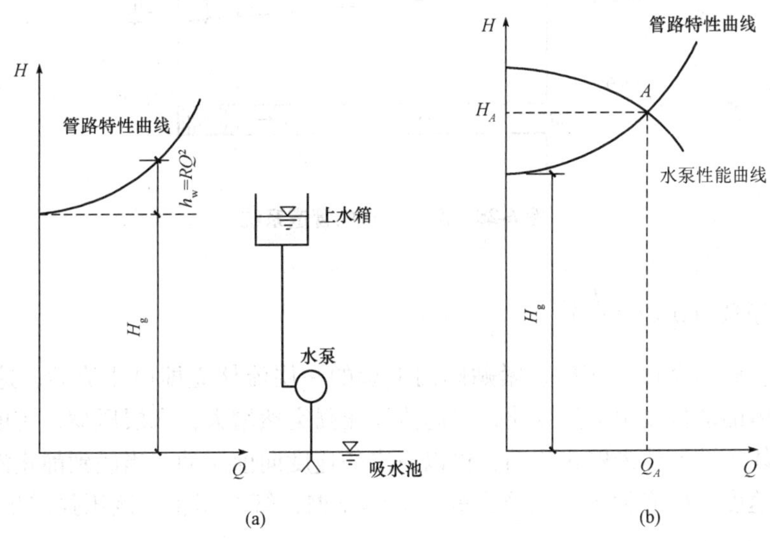

图6-24　水泵管路特性曲线和工作点

（a）水泵管路特性曲线；（b）水泵工作点

6.7　水击简介

水击是工业管道中常遇到的现象。当管道中的阀门突然关闭时，以一定压强流动着的水由于受阻而流速突然降低，压强突然升高，突然升高的压强迅速地向上游传播，并在一定条件下反射回来，产生往复波动而引起管道振动，甚至形成轰轰的振动声，这便是管中的水击现象。在各种水泵的运行过程中，当由于某些意外的原因突然停止运转，流速突然变化，在管道中也会出现水击现象。水击引起的压强波动值很高，可达管道正常工作压强的几十倍甚至几百倍，严重影响管道系统中水的正常流动和水泵的正常运转，压强很高的水击还可能造成管道和管件的破裂。

认识水击现象的规律，合理地采取防范措施，可以避免水击现象的发生或者减轻水击造成的危害。例如在管道上安装安全阀、调压阀或者缓慢关闭阀门等。水击也有可以利用的一面，如水锤泵（水锤扬水机）便是利用水击能量泵水的一例。

6.7.1　水击现象分析

为了方便地了解水击的产生过程，以图 6-25 所示的管道系统为例进行说明，管道总长为 l，其上游 M 点连接水池，下游 N 点装有阀门。设水击前管道内的流动速度为 v，由于在水击过程中流体速度变化极快，应充分考虑到水的可压缩性和管道的变形。

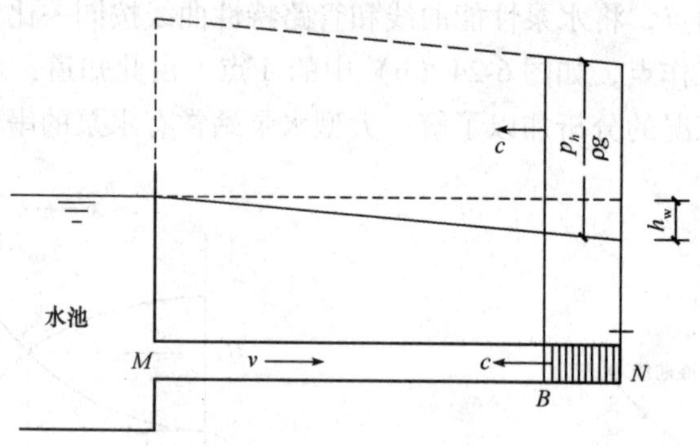

图 6-25　发生水击的管道系统

（1）第一阶段（$0<t<\frac{l}{c}$）。

①$t=0$ 时。阀门突然关闭时，紧贴阀门上游的一层流体立即停止流动，速度突然降到零，使该层流体的动量发生突然变化，引起流体压强突然增大，水层压缩，密度增大，管壁膨胀。该层流体上游流体未停止流动，仍以原来的速度向前流动。当碰到静止液层时，也像碰到阀门一样速度立即变为零，压强升高，流体压缩，管壁膨胀。该压强增量 p_h 就是水击压强［见图 6-26（a）］。

②$0<t<\frac{l}{c}$时。这种压缩一层一层地向上游传播，称为压缩波，其传播速度以 c 表示。当压缩波到达管道入口 M 点时（$t=\frac{l}{c}$），整个管道内流体处于静止状态，流体受压，管道膨胀。

（2）第二阶段（$\frac{l}{c}<t<\frac{2l}{c}$）。此时，由于管道入口 M 点内外压差$\frac{p_h}{\rho g}$的作用，管道内的流体必然要以速度 v 向水池内倒流，使管内压强降低到原来的 p_r，管壁也恢复到原来的状态。管内流体的这种由压缩到恢复原状，是从管入口一层一层以速度 c 传播到管末端 N，如图 6-26（b)所示。

（3）第三阶段（$\frac{2l}{c}<t<\frac{3l}{c}$）。当 $t=\frac{2l}{c}$时，整个管中水流的压强均变到正常压强 p_r，流体和管壁也恢复至常态，整个管中的流体具有向水池方向的运动速度 v_0。继 $t=\frac{2l}{c}$之后，由于流体的惯性作用，管中的流体仍然向水池倒流，而阀门全部关闭无水补充，以致阀门处的一层流体必须首先停止运动，速度由 $-v_0$ 变为零，流体更加膨胀，压强降低到 p_r-p_h。这个

减压波由管末端阀门处以速度 c 向水池传播，如图 6-26（c）所示。

（4）第四阶段（$\frac{3l}{c}<t<\frac{4l}{c}$）。在 $t=\frac{3l}{c}$ 时，整个管中水流处于瞬时低压状态。因管道入口压强比水池的静压强低 p_h，在压强差作用下，流体又以速度 v 向阀门方向流动，管道中的流体密度又逐层恢复正常。至 $t=\frac{4l}{c}$ 时，整个管中流体压强以及管壁又恢复到起始状态，如图 6-26（d）所示。

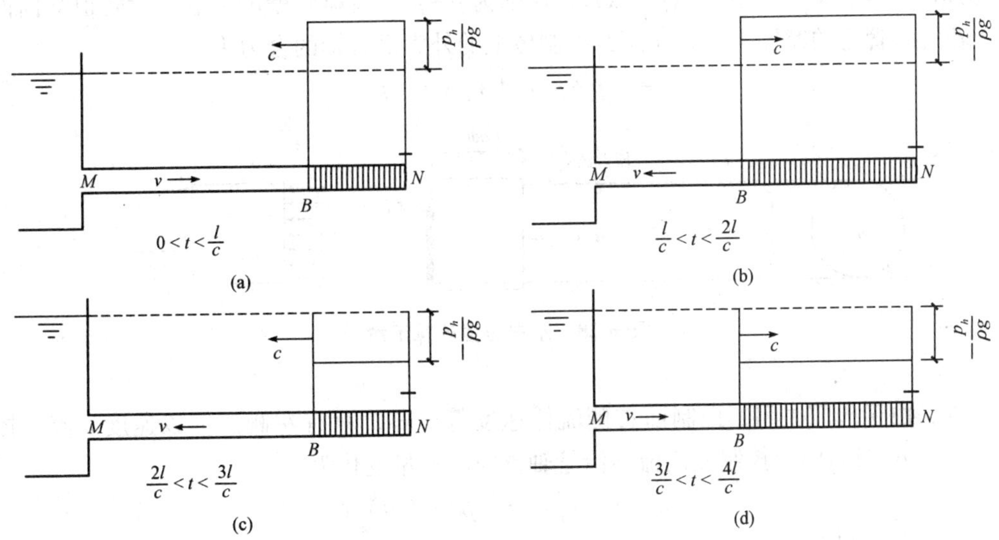

图 6-26　水击过程分析

（a）$0<t<\frac{l}{c}$；（b）$\frac{l}{c}<t<\frac{2l}{c}$；（c）$\frac{2l}{c}<t<\frac{3l}{c}$；（d）$\frac{3l}{c}<t<\frac{4l}{c}$

在流体的惯性作用下，管中流体仍以速度 v 向下流动，但阀门关闭，流动被阻止，于是又重复到阀门突然关闭时的状态，周期性地循环下去。

从以上分析可见，水击每经过 $\frac{4l}{c}$ 的时间重复一次全过程，如果水击在传播过程中没有能量损失，水击波将一直周期性地传播下去。但实际上由于流体受摩擦阻尼作用以及流体和管材非完全弹性影响，水击压强逐渐衰减，如图 6-27 所示。

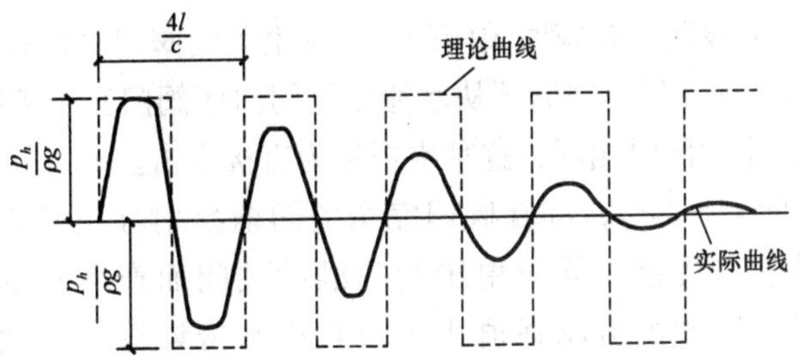

图 6-27　水击传播过程中能量损失情况

6.7.2 水击压强的计算

前面讨论了水击的发生过程，在此基础上，研究水击压强 p_h 的计算，为防止和减小水击，设计合理的压力管道系统以及利用其为工程实际服务提供依据。

如图 6-28 所示，当阀门突然关闭，紧贴阀门的流体开始被压缩，其压力波以速度 a 沿管道向上游传播，在 $\mathrm{d}t$ 时间内受压缩的流体长度为 $a\mathrm{d}t$，现以这部分流体为控制体。控制体内流体速度为零，流体密度为（$\rho+\Delta\rho$），压强为 $p+p_h$，忽略管壁的膨胀，设管道截面面积为 A。若忽略管道的摩擦力，则作用在控制体上的外力沿管轴的合力为

$$-(p+p_h)A+pA=-p_hA$$

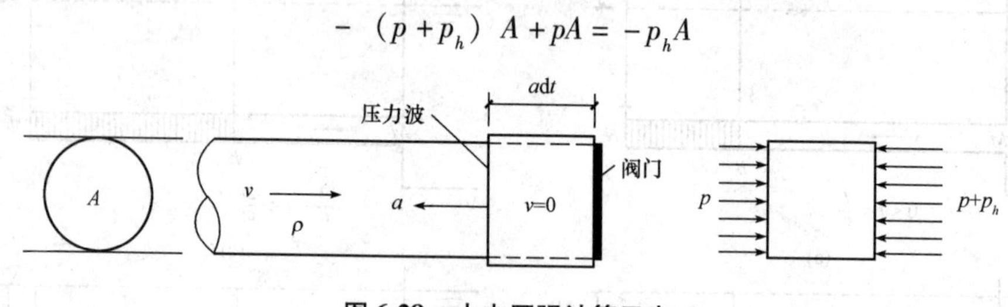

图 6-28 水击压强计算示意

另外，由于阀门关闭，控制面右侧流体速度等于零，只有左侧流体以速度 v 流入控制面，因此在 $\mathrm{d}t$ 时间内，控制面内流体沿管轴方向的动量变化为

$$m(v_2-v_1)=-\rho Aa(\mathrm{d}t)v$$

根据动量方程有

$$p_hA=\frac{\rho Aa(\mathrm{d}t)v}{\mathrm{d}t}=\rho Aav$$

所以

$$p_h=\rho av \tag{6-43}$$

式（6-43）即水击压强计算式。假设压强波在水管中的传播速度 $a=1\ 000$ m/s，水的密度 $\rho=1\ 000\ \mathrm{kg/m^3}$，管道内水流速度 $v=1.0$ m/s，当阀门突然关闭时，产生的水击压强 $p_h=10^6$ Pa，约等于100 m 水柱高，约为大气压强的10 倍。另外从式（6-43）知，水击压强与管道内最初流动速度 v 成正比，因此高速水流的管道中发生的水击，其危害性是相当大的。

在上面的讨论中，假设阀门是瞬时关闭的，实际上关闭阀门总是有一个时间过程。如果阀门关闭时间 $t_z<2l/a$，即在反射膨胀波从水池传至阀门前阀门完全关闭，这时阀门处的水击压强与阀门在瞬时完全关闭时相同，这种水击称为直接水击。

如果阀门关闭时间 $t_z>2l/a$，即在阀门完全关闭前反射波已传至阀门断面，随即变为负的水击波向管道入口传播，同时由于阀门继续关闭而产生正的水击波，正负水击压强相叠加，使阀门处最大水击压强值小于按直接水击计算的数值，这种水击称为间接水击。

由于间接水击存在水击波与反射波的相互作用，计算比较复杂。一般情况下，间接水击压强可近似由下式来计算：

$$p_h = \rho a v \frac{2l/a}{t_z} = \rho v \frac{2l}{t_z} \tag{6-44}$$

式中　t_z——阀门关闭时间。

6.7.3　水击波的传播速度

无论直接水击或是间接水击，水击压强与压强波传播速度 a 成正比。下面简单介绍水击波的传播速度。

压力波在介质中的传播速度为

$$a = \sqrt{\frac{K}{\rho}} \tag{6-45}$$

式中　K——介质的体积模量。

对于水，K 大约为 2.07×10^6 kN/m^2，那么水中压力波的传播速度 $a \approx 1\ 440$ m/s。

水击波是流体在管道中发生的，在水击过程中由于管内压强大幅度变化，管壁的弹性变形会影响压强波的传播，水的体积模量需要进行修正，用 K' 表示，其计算式为

$$K' = \frac{K}{1 + \frac{D}{\delta}\frac{K}{E}} \tag{6-46}$$

式中　D、δ——管道直径和管壁厚度；

　　E——管材的弹性模量。

将式（6-46）中的 K' 替代式（6-46）中的 K 后得

$$a = \sqrt{\frac{1}{\rho}K'} = a_0 \sqrt{\frac{1}{1 + \frac{D}{\delta}\frac{K}{E}}} \tag{6-47}$$

式中　a_0——水中声波的传播速度。

习　题

1. 如 1 题图所示，薄壁容器侧壁上有一直径 $d = 200$ mm 的孔口，孔口中心线以上水深 $H = 5$ m。试求孔口的出流流速 v_C 和流量 q_v，倘若在孔口上外接一条长 $l = 8\ d$ 的短管，取短管进口局部损失系数 $\zeta = 0.5$，沿程阻力系数 $\lambda = 0.02$，试求短管的出流流速 v 和 q_v。[7.7 m/s, 0.002 4 m^3/s]

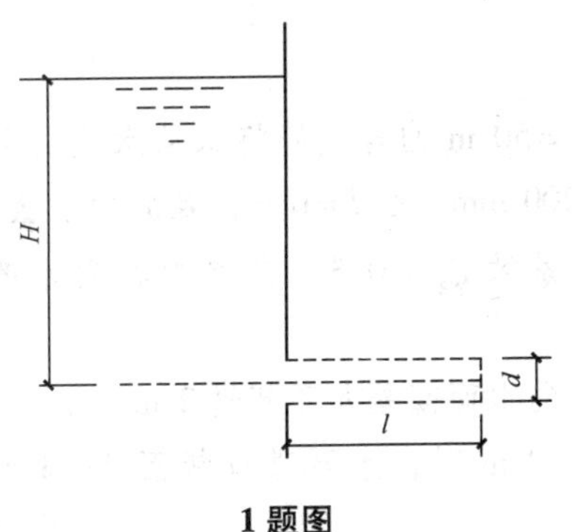

1 题图

2. 如2题图所示，水箱用隔板分为左右两个水箱，隔板上开一直径 $d_1=40$ mm 的薄壁小孔口，水箱底接一直径 $d_2=30$ mm 的外管嘴，管嘴长 $l=0.1$ m，$H_1=3$ m。试求在恒定出流时的水深 H_2 和水箱出流流量 Q_1、Q_2。[1.896 m，$Q_1=Q_2=3.6$ L/s]

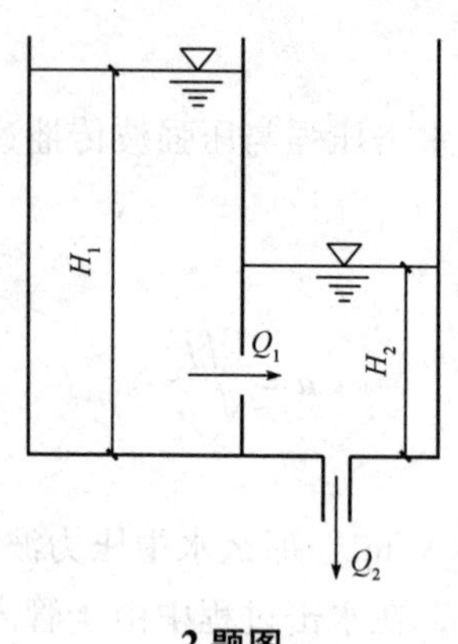

2 题图

3. 如3题图所示，在混凝土坝中设置一泄水管，管长 $l=4$ m，管轴处的水头 $H=6$ m，现需通过流量 $Q=10$ m^3/s，若流量因数 $\mu=0.82$，试确定所需管径 d，并求管中水流收缩断面处的真空值。[$d=1.2$ m，4.5 mH_2O]

4. 如4题图所示，圆形水池直径 $D=4$ m，在水深 $H=2.8$ m 的侧壁上开一直径 $d=200$ mm 的孔口，若近似按薄壁小孔口出流计算，试求放空所需时间。[8.13 min]

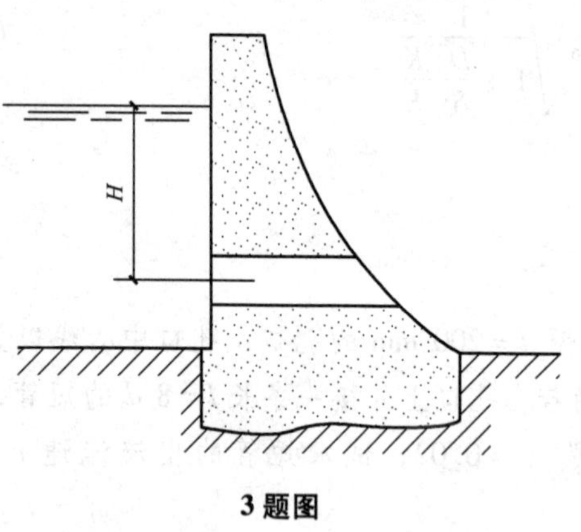

3 题图

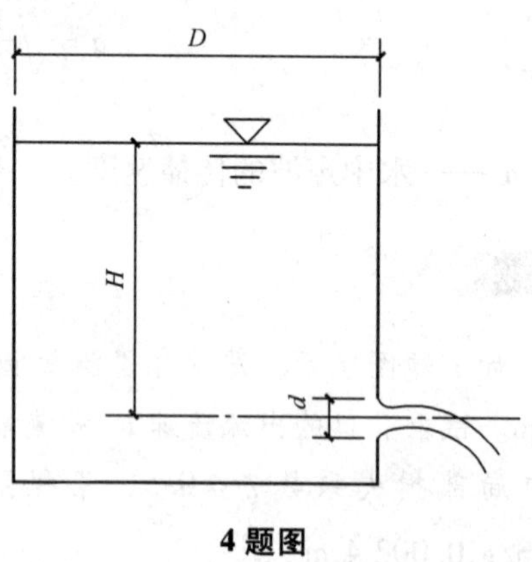

4 题图

5. 如5题图所示，用长 $L=50$ m 的自流管将水从水池引至吸水井，然后用水泵送至水塔。已知泵的吸水管直径 $d=200$ mm，长 $l=6$ m，泵的抽水量 $Q=0.064$ m^3/s，滤水网的阻力系数 $\xi_1=\xi_2=6$，弯头阻力系数 $\xi_3=0.3$，自流管和吸水管的沿程阻力系数 $\lambda=0.03$。试求：

（1）当水池水面与吸水井的水面高差 h 不超过 2 m 时，自流管的直径 D。[220 mm]

（2）水泵的安装高度 $H_s=2$ m 时，水泵进口断面 $A—A$ 的压强。[61.4 kPa（绝对压强）]

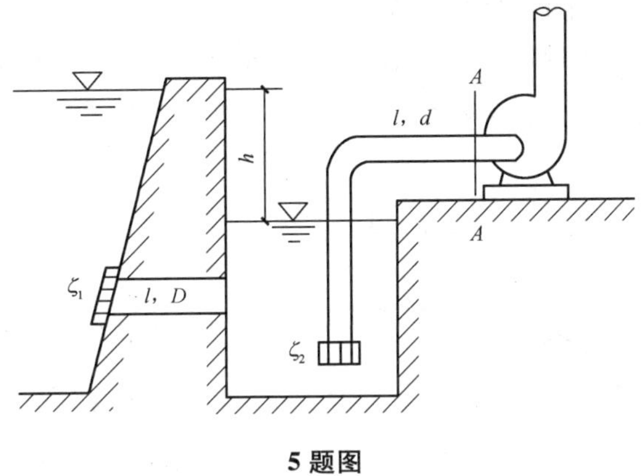

5 题图

6. 如6题图所示，有一虹吸管，已知 $H_1=2.5$ m，$H_2=2$ m，$l_1=5$ m，$l_2=5$ m。管道沿程阻力系数 $\lambda=0.02$，进口设有滤网，其局部阻力系数 $\xi_e=10$，弯头阻力系数 $\xi_b=0.15$。试求：

（1）通过流量为0.015 m^3/s 时，所需管径。[100 mm]

（2）校核虹吸管最高处 A 点的真空高度是否超过允许的6.5 m 水柱高。[4.26 mH_2O，不超过]

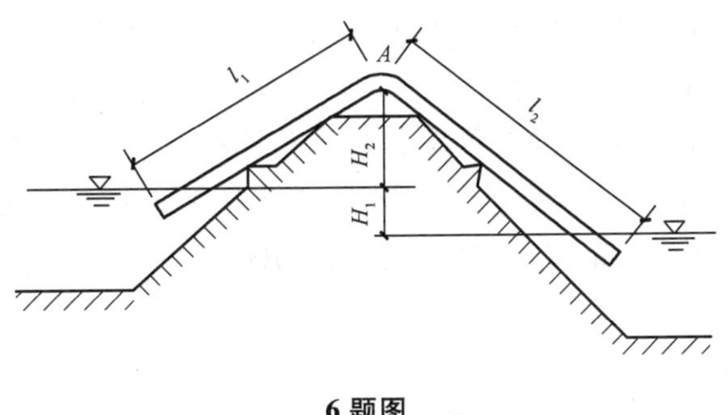

6 题图

7. 如7题图所示，路基下埋设圆形有压涵管，已知涵管长 $L=50$ m，上下游水位差 $H=1.9$ m，管道沿程阻力系数 $\lambda=0.030$，进口局部阻力系数 $\xi_e=0.5$，转弯局部阻力系数 $\xi_b=0.65$，出口局部阻力系数 $\xi_o=1.0$，要求涵管通过流量 $Q=1.5$ m^3/s，试确定涵管管径。[$D=0.8$ m]

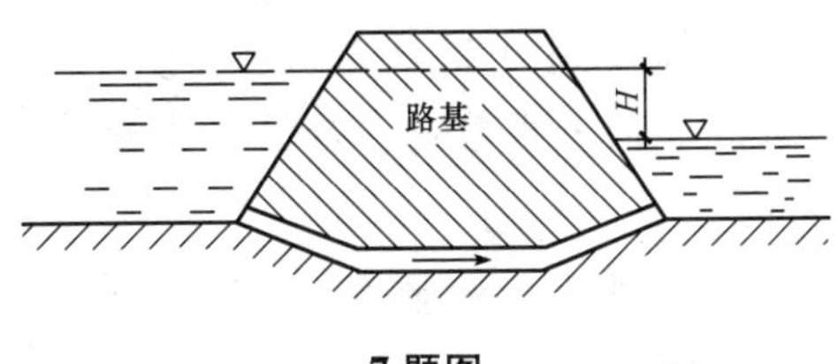

7 题图

8. 如8题图所示，某一施工工地用水由水池供给，从水池到用水点距离大约1 000 m，水池水面与用水点高差 $H=6$ m，用水点要求自由水头 $H_z=2$ m。若用水量 $Q=163$ L/s，敷

设的铸铁管管径应为多少？[$d=450$ mm]

9. 如9题图所示，某车间一小时用水量是36 m^3，用直径 $d=75$ mm，管长 $l=140$ m 的管道自水塔引水。用水点要求自由水头 $h=12$ m，设管道粗糙系数 $n=0.013$。试求水塔的高度 H。[38.14 m]

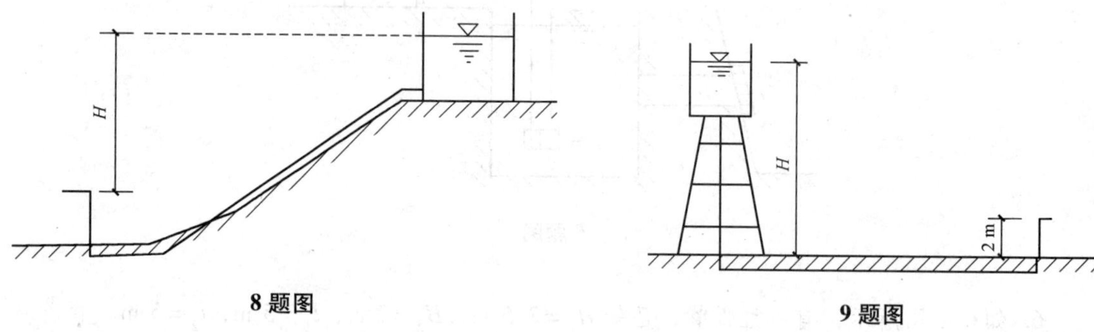

8 题图　　9 题图

10. 用两根不同直径的管道并联将两个水池相连接，两水池水面高差为 H，设大管径是小管径的两倍，两管沿程阻力系数 λ 相同。忽略局部损失，求两管内流量的比值。[$Q_1/Q_2=5.657$]

11. 水箱的水经两条串联而成的管路流出，水箱的水位保持恒定。两管的管径分别为 $d_1=0.15$ m，$d_2=0.12$ m，管长 $l_1=l_2=7$ m，沿程阻力系数 $\lambda_1=\lambda_2=0.03$，有两种连接法：粗在前或粗在后。流量分别为 q_{v1}、q_{v2}，不计局部损失，求 q_{v1}/q_{v2}。[1.027]

12. 如12题图所示，某工厂供水管道由水泵 A 向 B、C、D 三处供水。已知流量 $Q_B=0.01$ m^3/s，$Q_C=0.005$ m^3/s，$Q_D=0.01$ m^3/s，铸铁管直径 $d_{AB}=200$ mm，$d_{BC}=150$ mm，$d_{CD}=100$ mm，管长 $l_{AB}=350$ m，$l_{BC}=450$ m，$l_{CD}=100$ m。整个场地水平，试求水泵出口处的水头 H。[10.2 m]

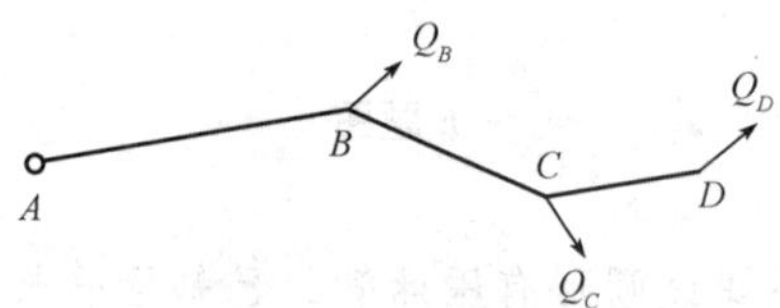

题12图

13. 如13题图所示，管道系统的管材为铸铁管，各管段长度、管径见图。试求：

(1) 若管道总流量为0.56 m^3/s，求 A 到 D 点总水头损失。[93.48 m]

(2) 如果用一根管道代替并联的三根管道，若保证流量及总水头损失不变，问管道3的管径 d_3 应取多少？[400 mm]

14. 如14题图所示，并联管路的干管流量 $Q=0.1$ m^3/s；长度 $l_1=1\,000$ m，$l_2=l_3=500$ m；直径 $d_1=250$ mm，$d_2=300$ mm，$d_3=200$ mm，如采用铸铁管，试求各支管的流量及 A、B 两点间的水头损失。[$Q_1=57.6$ L/s，$Q_2=Q_3=42.4$ L/s，$h_F=9.18$ m]

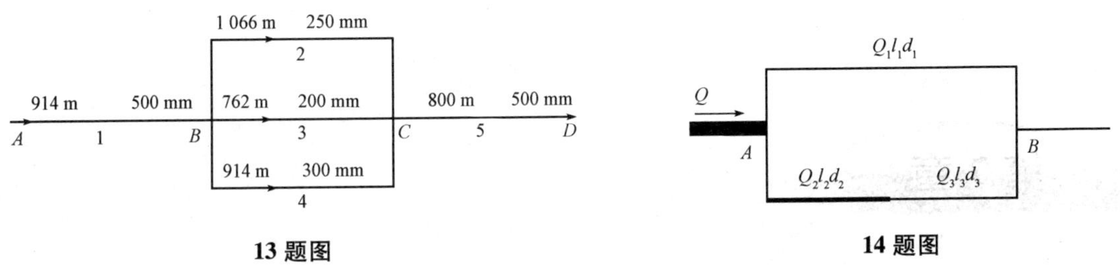

13 题图　　　　14 题图

15. 如 15 题图所示，两水池用两根不同直径的管道串联相接，管道直径分别为 d_1 = 250 mm，d_2 = 200 mm，管道长度 l_1 = 300 m，l_2 = 350 m，设管材用铸铁管。若 h = 10 m，求管道通过的流量。[65 L/s]

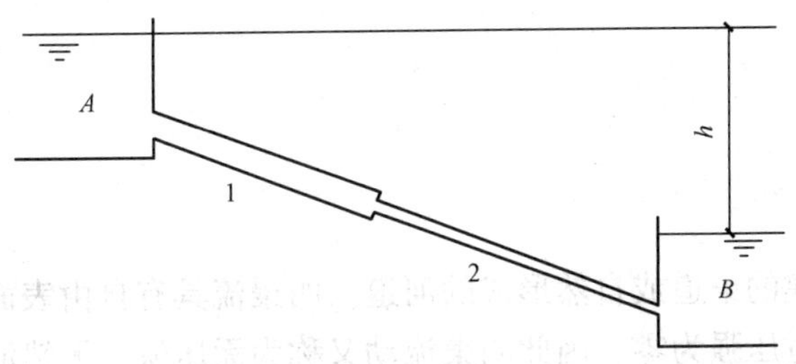

15 题图

16. 由水塔经铸铁管路供水如 16 题图所示，已知 C 点流量 Q = 0.025 m^3/s，要求自由水头 H_z = 5 m，B 点分出流量 q_B = 12 L/s，各管段直径 d_1 = 150 mm，d_2 = 100 mm，d_3 = 200 mm，d_4 = 150 mm，管长 l_1 = 300 m，l_2 = 400 m，l_3 = l_4 = 500 m，试求并联管路内的流量分配及所需水塔高度。[Q_1 = 28.6 L/s，Q_2 = 8.4 L/s，H = 33.4 m]

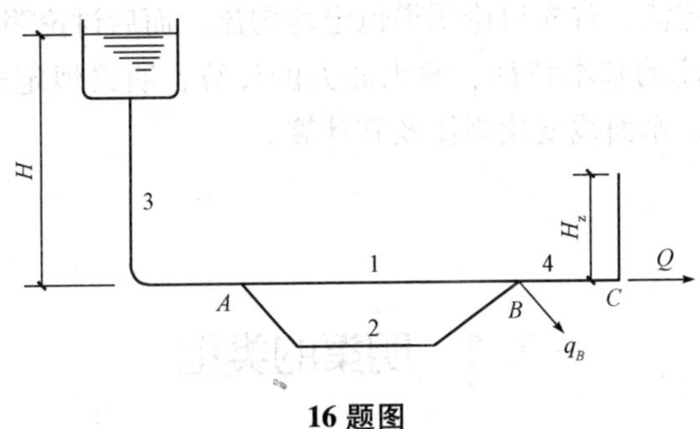

16 题图

第7章

明渠恒定流

明渠是指人工修建的渠道或自然形成的河道。明渠流具有自由表面，自由表面上各点压强均为大气压强，相对压强为零，因此明渠流动又称为无压流。天然河道、输水渠道、无压隧洞、渡槽、涵洞中的水流都属于明渠水流。在水利工程中经常遇到明渠流动问题，例如开挖溢洪道或泄洪洞需要有一定的输水能力，以宣泄多余的洪水；为引水灌溉或发电而修建的渠道或无压隧洞，需要确定合理的断面尺寸等，这些问题的解决都需要掌握明渠水流的运动规律，应用明渠均匀流的水力计算方法。

明渠水流根据其运动要素是否随时间变化，分为恒定流和非恒定流；根据其运动要素是否沿流程变化，分为均匀流和非均匀流。非均匀流又有渐变流和急变流之分。

本章仅限于明渠恒定流，首先讨论明渠恒定均匀流，而后讨论明渠恒定非均匀流。本章重点研究明渠恒定均匀流的基本特征、输水能力的计算；明渠恒定非均匀渐变流的基本方程、水深沿程变化规律、水面线变化规律及其计算。

7.1 明渠的类型

渠道是约束明渠水流运动的外部条件，渠道边壁的几何特征和水力特性对明渠中的水流有着重要的影响。明渠通常分为如下几种类型。

7.1.1 按明渠横断面形状分类

按明渠横断面的形状，明渠可分为规则断面明渠和不规则断面明渠两大类。

规则断面明渠常为人工修筑，常见的断面形状有矩形、梯形、圆形、U形及复式断面等，如图7-1（a）~（e）所示。天然河道的断面一般为不规则断面，如图7-1（f）所示。

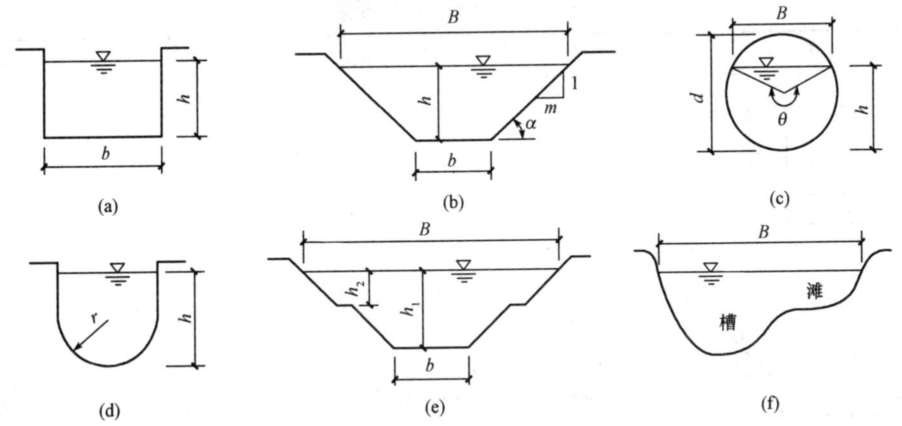

图 7-1　明渠按横断面形状分类

(a) 矩形；(b) 梯形；(c) 圆形；(d) U 形；(e) 复式；(f) 不规则

以梯形断面为例，分析说明计算中涉及的过水断面几何要素，以 h 表示水深，b 表示底宽，m 表示边坡系数，α 为边坡倾角。其中 m 的大小如表 7-1 所示。

$$m = \cot\alpha \tag{7-1}$$

表 7-1　梯形渠道的边坡系数

土壤种类		边坡系数 m
粉砂		3.0～3.5
细砂、中砂、粗砂	疏松的、中等密实的	2.0～2.5
	密实的	1.5～2.0
沙壤土		1.5～2.0
黏壤土、黄土或黏土		1.0～1.5
卵石或砌石		1.0～1.25
半岩性的抗水的土壤		0.5～1.0
风化的岩石		0.25～0.5
未风化的岩石		0～0.25

梯形断面的水力要素为

面积
$$A = (b + mh)h \tag{7-2}$$

水面宽度
$$B = b + 2mh \tag{7-3}$$

湿周
$$\chi = b + 2h\sqrt{1 + m^2} \tag{7-4}$$

水力半径
$$R = \frac{A}{\chi} = \frac{(b + mh)h}{b + 2h\sqrt{1 + m^2}} \tag{7-5}$$

矩形、梯形、圆形断面的水力要素如表 7-2 所示。

表 7-2 断面的水力要素

断面形状	水面宽度 B	过水断面面积 A	湿周 χ	水力半径 R
矩形	b	bh	$b+2h$	$\dfrac{bh}{b+2h}$
梯形	$b+2mh$	$(b+mh)h$	$b+2h\sqrt{1+m^2}$	$\dfrac{(b+mh)h}{b+2h\sqrt{1+m^2}}$
圆形	$2\sqrt{h(d-h)}$	$\dfrac{d^2}{8}(\theta-\sin\theta)$	$\dfrac{1}{2}\theta d$	$\dfrac{d}{4}\left(1-\dfrac{\sin\theta}{\theta}\right)$

7.1.2 按断面形状、尺寸是否沿流程变化分类

断面形状和尺寸沿流程不变且底坡线为直线的渠道称为棱柱体渠道；否则，称为非棱柱体渠道（见图 7-2）。在棱柱体渠道中，水流的过水断面面积 A 仅随水深 h 而变，即 $A=f(h)$。而在非棱柱体渠道中，过水断面面积 A 既随水深 h 变化，又随流程 s 变化，即 $A=f(h, s)$。

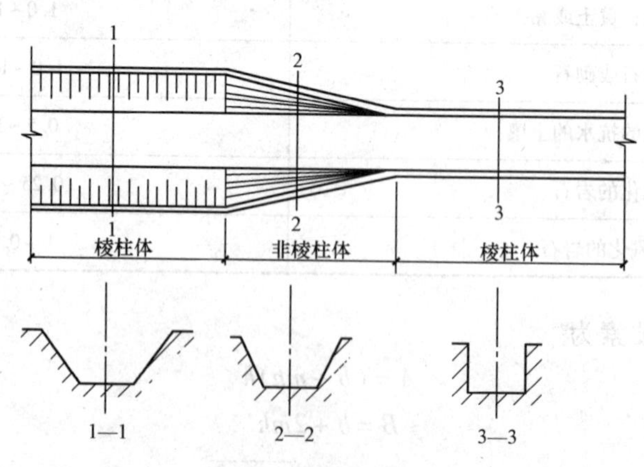

图 7-2 断面形状

7.1.3 按明渠底坡分类

明渠的渠底线沿流程下倾的程度称为明渠的底坡，也称渠道比降，用 i 表示。底坡 i 等

于渠底线与水平线夹角 θ 的正弦，即

$$i=\sin\theta=\frac{z_1-z_2}{\Delta S'}=\frac{\Delta z}{\Delta S'} \tag{7-6}$$

当底坡较小时（通常 $\theta\leqslant6°$），$\sin\theta$ 与 $\tan\theta$ 之间的差值很小，可以用 $\tan\theta$ 代替，即用水平距离 ΔS 代替 $\Delta S'$，这在工程中是允许的，即

$$i=\tan\theta=\frac{\Delta z}{\Delta S} \tag{7-7}$$

根据底坡 i 的大小，明渠可分为三类：渠底沿程下降的称为顺坡明渠（$i>0$）；渠底水平的称为平坡明渠（$i=0$）；渠底沿程上升的称为逆坡明渠（$i<0$），如图 7-3 所示。

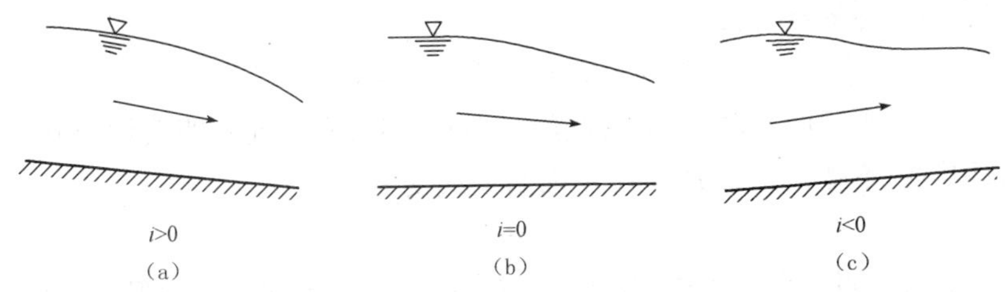

图 7-3　顺坡、平坡、逆坡明渠

（a）顺坡明渠；（b）平坡明渠；（c）逆坡明渠

天然河道的河底起伏不平，底坡沿程变化，一般常用一个平均坡度来代替实际底坡。

7.2　明渠均匀流

7.2.1　明渠均匀流的特性及形成条件

由均匀流的定义可知，明渠均匀流是指水流中各点流速的大小、方向都沿流程不变的明渠水流，或者说流线为相互平行的直线的明渠水流。由此推出，明渠均匀流具有下列特性：

（1）过水断面的形状、尺寸和水深沿流程不变。

（2）过水断面上的流速分布和断面平均流速沿流程不变，因而水流的动能修正系数和流速水头也沿流程不变。

（3）由于水深和断面平均流速沿流程不变，所以总水头线、水面线（即测压管水头线）和渠底线是三条相互平行的直线，也就是水力坡度 J、水面坡度（测压管水头线坡度）J_z 和渠底坡度 i 三者相等，如图 7-4 所示，即

$$J=J_z=i \tag{7-8}$$

明渠均匀流为匀速直线运动，因此从受力情况看，作用在明渠均匀流中任一流段上的所有外力，在水流方向的合力为零。如图 7-4 所示，作用在流段上的外力有流段的水体重量 G，渠壁的摩阻力 T，作用在两过水断面 1—1 和 2—2 上的动水压力 P_1 和 P_2。根据外力在水

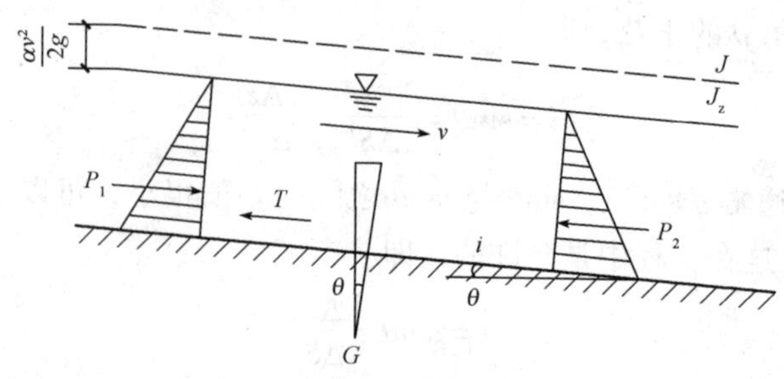

图 7-4 明渠均匀流分析

流运动方向的合力为零的条件得

$$P_1 + G\sin\theta - T - P_2 = 0$$

由于均匀流中过水断面上动水压强按静水压强规律分布，而且明渠均匀流中过水断面形状、水深、面积沿程不变，故有 $P_1 = P_2$。因而上式变为

$$G\sin\theta = T \tag{7-9}$$

式（7-9）表明，明渠水流为均匀流时，重力在水流方向的分力和阻力相平衡。

若 $G\sin\theta \neq T$，则明渠水流变成为非均匀流动：$G\sin\theta > T$，水流做加速运动；$G\sin\theta < T$，水流做减速运动。平坡棱柱体明渠中，水体重力沿流向分量 $G\sin\theta = 0$；逆坡棱柱体明渠中，水体重力沿流向分量 $G\sin\theta < 0$，方向同边界阻力相一致。这两种情况下，式（7-9）都不可能成立，即不可能形成均匀流。非棱柱体明渠中水流过水断面面积既是水深的函数，又沿程变化，显然不可能形成满足式（7-9）的均匀流。因此，明渠恒定均匀流只能发生在顺坡棱柱体明渠中。

由于明渠均匀流有上述特性，它的形成就需要有一定的条件：

（1）水流应为恒定流。

（2）流量应沿程不变，即无支流的汇入或分出。

（3）渠道必须是长而直的棱柱体顺坡明渠，粗糙系数沿程不变。

（4）渠道中无闸、坝或跌水等建筑物的局部干扰。

显然，实际工程中的渠道不可能严格满足上述要求，特别是许多渠道中总有这种或那种建筑物存在，因此大多数明渠中的水流都是非均匀流。但是，在顺直棱柱体渠道中的恒定流，当流量沿程不变时，只要渠道有足够的长度，在离开渠道进口、出口或建筑物一定距离的渠段，水流仍近似于均匀流，实际上常按均匀流处理。至于天然河道，因其断面几何尺寸、坡度、粗糙系数一般均沿程改变，所以不会产生均匀流。但对于较为顺直、整齐的河段，当其余条件比较接近时，也常按均匀流公式求近似解。

7.2.2 明渠均匀流的水力计算公式

明渠均匀流水力计算的基本公式有两个，一个为恒定流的连续性方程

$$Q = Av = \text{常数}$$

另一个则为均匀流的动力方程，即谢才公式

$$v = C\sqrt{RJ}$$

由于明渠均匀流具有 $J=J_z=i$ 的特点，则上式可写成

$$v=C\sqrt{Ri} \tag{7-10}$$

根据连续性方程和谢才公式，可得到计算明渠均匀流的流量公式

$$Q=AC\sqrt{Ri} \tag{7-11}$$

或

$$Q=K\sqrt{i} \tag{7-12}$$

式中　$K=AC\sqrt{R}$——流量模数（m^3/s）。

流量模数综合反映了明渠断面形状、尺寸和粗糙程度对过水能力的影响，表示底坡 $i=1$ 时渠道中能够通过的均匀流流量。在底坡一定的情况下，流量与流量模数成正比。

明渠中发生均匀流时的水深称为正常水深，以 h_0 表示。与其相应的水力要素均加下标“0”。则有

$$Q=A_0C_0\sqrt{i}=K_0\sqrt{i} \tag{7-13}$$

由于明渠水流多属紊乱粗糙区，因此可采用曼宁公式 $C=\frac{1}{n}R^{1/6}$ 计算谢才系数 C_0。

$$Q=\frac{A_0}{n}R_0^{2/3}i^{1/2}=\frac{A_0^{5/3}i^{1/2}}{n\chi^{2/3}} \tag{7-14}$$

在以上各式中，糙率 n 是反映渠道壁面粗糙情况的综合性系数。糙率 n 越大，对应的阻力越大，在其他条件相同的情况下，通过的流量就越小。在设计明渠时，若选择的 n 比实际值偏大，会导致设计断面尺寸偏大，增加工程土方开挖量，造成浪费；反之，达不到原设计的过水能力。因此选择正确的糙率 n 是明渠均匀流计算的一个关键问题。各种材料明渠的糙率 n，如表 7-3 所示。

表 7-3　各种材料明渠的糙率 n

明渠壁面材料情况及描述	表面粗糙情况		
	较好	中等	较差
1. 土渠			
清洁、形态正常	0.020	0.022 5	0.025
不通畅，并有杂草	0.027	0.030	0.035
渠线略有弯曲、有杂草	0.025	0.030	0.033
挖泥机挖成的土渠	0.027 5	0.030	0.033
砂砾渠道	0.025	0.027	0.030
细砾石渠道	0.027	0.030	0.033
土底、石砌坡岸渠	0.030	0.033	0.035
不光滑的石底、有杂草的土坡渠	0.030	0.035	0.040
2. 石渠			
清洁的、形状正常的凿石渠	0.030	0.033	0.035
粗糙的断面不规则的凿石渠	0.040	0.045	
光滑面均匀的石渠	0.025	0.035	0.040

续表

明渠壁面材料情况及描述	表面粗糙情况		
	较好	中等	较差
精细开凿的石渠		0.020~0.025	
3. 各种材料护面的渠道			
三合土（石灰、砂、粉煤灰）护面	0.014	0.016	
浆砌砖护面	0.012	0.015	0.017
条石砌面	0.013	0.015	0.017
浆砌块石护面	0.017	0.022 5	0.030
干砌块石护面	0.023	0.032	0.035
4. 混凝土渠道			
抹灰的混凝土或钢筋混凝土护面	0.011	0.012	0.013
无抹灰的混凝土或钢筋混凝土护坡	0.013	0.014~0.015	0.017
喷浆护面	0.016	0.018	0.021
5. 木质渠道			
刨光木板	0.012	0.013	0.014
未刨光的木板	0.013	0.014	0.015

7.2.3 明渠均匀流水力计算的基本问题

明渠均匀流主要有三类基本问题：

（1）验证渠道的输水能力。由明渠均匀流的基本公式可以看出，各水力要素间存在以下函数关系：

$$Q=C_0A_0\sqrt{i}=f\ (m,\ b,\ h_0,\ n,\ i)$$

对已建成的渠道，已知渠道断面的形状、尺寸，渠道土壤性质，护面情况以及渠道底坡，即已知 m、b、h_0、n 和 i，求输水能力 Q。在这类问题中，可由已知值求出 A、R 和 C 后，直接按式（7-13）求出流量 Q。

【例7.1】 有一梯形断面棱柱体渠道，底坡 $i=0.000\ 2$，底宽 $b=1.5$ m，边坡系数 $m=1.0$，糙率 $n=0.027\ 5$。明渠中正常水深 $h_0=1.1$ m，求通过渠道的流量 Q 和流速 v_0。

解： 面积

$$A=(b+mh_0)h_0=(1.5+1.0\times1.1)\times1.1=2.86\ (\mathrm{m}^2)$$

湿周

$$\chi=b+2h_0\sqrt{1+m^2}=1.5+2\times1.1\times\sqrt{1+1.0^2}=4.61\ (\mathrm{m})$$

水力半径

$$R=\frac{A}{\chi}=\frac{2.86}{4.61}=0.62\ (\mathrm{m})$$

谢才系数

$$C=\frac{1}{n}R^{\frac{1}{6}}=\frac{1}{0.027\ 5}\times0.62^{\frac{1}{6}}=33.579\ (\mathrm{m}^{\frac{1}{2}}/\mathrm{s})$$

流量

$$Q=AC\sqrt{Ri}=2.86\times33.579\times\sqrt{0.62\times0.0002}=1.069\ (\mathrm{m^3/s})$$

流速

$$v=\frac{Q}{A}=\frac{1.069}{2.86}=0.37\ (\mathrm{m/s})$$

（2）确定渠道底坡。实际水利工程中常遇到类似这样的问题：已知渠道断面的形状、尺寸、糙率及设计流量或流速，要求确定渠道底坡。例如，有通航任务的渠道可根据要求的流速来进行底坡的设计，又如为避免下水道淤塞，需要一定的“自清”流速，即有一定的底坡。

由已知的 n、m、b、h_0，可首先算出流量模数 K，再按下式求解渠道底坡 i：

$$i=\frac{Q^2}{A^2C^2R}=\frac{Q^2}{K^2} \tag{7-15}$$

【例7.2】一矩形断面的钢筋混凝土引水渡槽，底宽 $b=1.5$ m，渠道长 $L=120$ m，出口处渠底高程为51 m。当通过设计流量 $Q=8\ \mathrm{m^3/s}$ 时，渠中正常水深 $h_0=1.7$ m，求渡槽进口处渠底高程。

解：面积

$$A=bh_0=1.5\times1.7=2.55\ (\mathrm{m^2})$$

湿周

$$\chi=b+2h_0=1.5+2\times1.7=4.9\ (\mathrm{m})$$

水力半径

$$R=\frac{A}{\chi}=\frac{2.55}{4.9}=0.52\ (\mathrm{m})$$

钢筋混凝土渡槽的 n，查表为0.014。

谢才系数

$$C=\frac{1}{n}R^{\frac{1}{6}}=\frac{1}{0.014}\times0.52^{\frac{1}{6}}=64\ (\mathrm{m^{\frac{1}{2}}/s})$$

底坡

$$i=\frac{Q^2}{A^2C^2R}=\frac{8^2}{2.55^2\times64^2\times0.52}=0.0046$$

进口处渠底高程 = 出口处渠底高程 + $iL=51+0.0046\times120=51.55$ (m)

（3）设计渠道断面尺寸。在设计渠道时，一般已知设计流量，由地形条件确定渠道底坡 i，由土壤性质或渠道表面材料的性质确定边坡系数 m 和糙率 n，根据已知的 Q、m、n 和 i，求解渠道的断面尺寸 b 或 h_0。这类问题有两个未知量，求解时需要结合工程和技术经济要求，再附加一个条件，有以下两种情况：

①根据需要选定正常水深 h_0，求相应的渠道底宽 b；

②由工程要求选定渠道底宽 b，求相应的正常水深 h_0。

求解 b 和 h_0 时，要求解高阶隐函数，一般用试算法或用计算机求数值解。

【例7.3】某灌溉渠道，断面为梯形，边坡系数 $m=1.5$，糙率 $n=0.025$，底宽 $b=5$ m，当设计流量 $Q=8\ \mathrm{m^3/s}$，底坡 $i=0.0003$ 时，确定渠堤高。

解：设计的渠堤高应等于正常水深 h_0 加上安全超高 a，下面采用试算法求解正常水深 h_0。

设不同的 h_0，按公式 $Q=C_0A_0\sqrt{i}$ 计算流量 Q，为了计算方便可以列表试算（见表 7-4）。

表 7-4 计算值

设定值	计算值						
h_0/m	A_0/m	χ_0/m	R_0/m	C_0/（$m^{\frac{1}{2}}\cdot s^{-1}$）	K/（$m^3\cdot s^{-1}$）	$\sqrt{i}$	Q/（$m^3\cdot s^{-1}$）
1.0	6.5	8.61	0.755	38.17	215.6	0.017 32	3.73
1.5	10.88	10.41	1.041	40.29	477.9	0.017 32	7.74
2.0	16.00	12.21	1.310	41.84	766.2	0.017 32	13.27
2.5	21.88	14.01	1.561	43.08	1 177.7	0.017 32	20.40

由计算值绘出 $Q=f(h)$ 曲线，如图 7-5 所示。

从曲线查得，当 $Q=8\ m^3/s$ 时，$h_0=1.51$ m，即所求的 h_0。

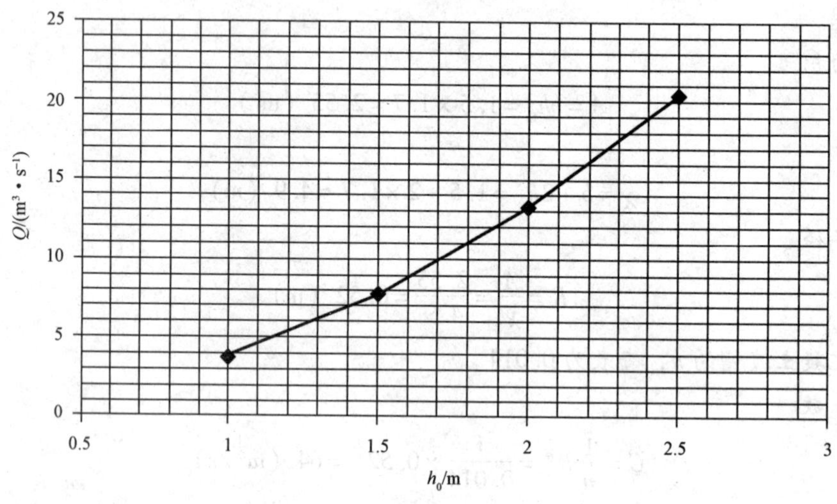

图 7-5 曲线图

7.2.4 明渠均匀流水力计算的其他问题

（1）水力最佳断面。从均匀流的公式可以看出，明渠输水能力取决于过水断面的形状、尺寸、底坡和粗糙系数的大小。设计渠道时，底坡一般随地形条件或其他技术要求而定；粗糙系数主要取决于渠道的选材。在渠道底坡和粗糙系数已定的前提下，渠道的过水能力主要取决于断面形状及尺寸。从设计的角度考虑，总是希望所选定的横断面形状在通过已知的设计流量时面积最小，或者是过水面积一定时通过的流量最大。符合这种条件的断面，称为水力最佳断面。由公式

$$Q=\frac{A_0}{n}R_0^{\frac{2}{3}}i^{\frac{1}{2}}=\frac{A_0^{\frac{5}{3}}i^{\frac{1}{2}}}{n\chi^{\frac{2}{3}}}$$

可知：当 Q、n、i 一定时，湿周 χ 越小或水力半径 R 越大，所需的过水断面面积 A 越小。

由几何学可知，面积一定时，圆形断面的湿周最小，水力半径最大，而半圆形的过水断面与圆形断面的水力半径相同，所以在各种断面中，半圆形断面是水力最佳断面。但由于工程中半圆形断面渠道施工不易，对于无衬护的土渠，两侧边坡很难达到稳定要求，因此很难广泛运用，只有在渡槽等建筑物中才采用类似断面。

工程中较多采用的是梯形断面，下面讨论梯形断面的水力最佳断面条件。在 m 已确定的情况下，同样的过水断面面积 A，湿周的大小因底宽与水深的比值 b/h 而异，令 $\beta_g = b/h$，由水力最佳断面定义可得，在过水断面 A 一定，湿周 χ 最小时，流量 Q 最大。将湿周 χ 对水深 h 求导数，并令其为零，求极值可得梯形断面水力最佳断面条件，即

$$\frac{\mathrm{d}\chi}{\mathrm{d}h}=0,\ \frac{\mathrm{d}^2\chi}{\mathrm{d}h^2}>0$$

$$\chi = b+2h\sqrt{1+m^2}=\frac{A}{h_0}-mh_0+2h_0\sqrt{1+m^2}=f(h_0)$$

$$\frac{\mathrm{d}\chi}{\mathrm{d}h_0}=-\frac{A}{h_0^2}-m+2\sqrt{1+m^2}=-\frac{(b+mh_0)h_0}{h_0^2}-m+2\sqrt{1+m^2}=-\frac{b}{h_0}-2m+2\sqrt{1+m^2}$$

故

$$\frac{\mathrm{d}^2\chi}{\mathrm{d}h_0^2}=\frac{b}{h_0^2}>0$$

由于 χ 对水深的二阶导数大于 0，所以存在 $\chi_{\min}$，因此梯形断面的水力最佳断面的宽深比条件为

$$\frac{\mathrm{d}\chi}{\mathrm{d}h}=0$$

即

$$\beta_g = 2\left(\sqrt{1+m^2}-m\right) \tag{7-16}$$

式（7-16）表明 β_g 仅与渠道的边坡系数 m 有关，不同的 m 就有不同的 β_g（见表 7-5）。

表 7-5　系数表

m	0	0.25	0.50	0.75	1.00	1.25	1.50	1.75	2.00	2.50	3.00
β_g	2.00	1.56	1.24	1.00	0.83	0.70	0.61	0.53	0.47	0.39	0.32

将式（7-16）代入面积和湿周表达式，得梯形水力最佳断面的面积 A_g 和湿周 χ_g 满足下列关系

$$A_g=\left(2\sqrt{1+m^2}-m\right)h_0^2$$

$$\chi_g=2\left(2\sqrt{1+m^2}-m\right)h_0$$

则水力半径为

$$R_g=\frac{A_g}{\chi_g}=\frac{h_0}{2}$$

此式表明，梯形水力最佳断面时的水力半径是正常水深的一半。水力最佳断面的优点是，通过流量一定时，过水断面面积最小，可以减少工程挖方量，而其缺点是断面大多窄而

深，造成施工不便，养护困难，流量改变时引起水深变化较大，给通航和灌溉带来不便，经济上反而不利，因此限制了水力最佳断面的实际应用。但一些山区的渡槽和涵洞是按水力最佳断面设计的。

（2）允许流速。为了保证渠道的正常运行，需要规定渠道通过的断面平均流速上限值和下限值，称为允许流速，用 v 表示。例如在设计渠道时，为保证渠道不致发生渠床的冲刷和泥砂的淤积，要求 $v_{不淤} < v < v_{不冲}$。$v_{不冲}$为保证渠道不遭受水流冲刷的允许流速上限，称为允许不冲流速。渠道的最大允许不冲流速与渠床土壤性质（即土壤种类、颗粒大小和密实性能）、水力半径（或水深）大小等因素有关，不同土壤和砌护条件下渠道的最大允许不冲流速 $v_{不冲}$列于表 7-6、表 7-7，也可采用经验公式计算。例如黄土地区浑水渠道的不冲流速可用陕西省水利科学研究所的公式

$$v_{不冲} = CR^{0.4}$$

式中　C——系数，粉质壤土的 $C = 0.96$，沙壤土的 $C = 0.70$。

表 7-6　土壤渠道（水力半径 $R = 1$ m）最大允许 $v_{不冲}$

土壤种类		干重度/（N·m⁻¹）	$v_{不冲}$/（m·s⁻¹）
均质黏性土	轻壤土	12 740 ~ 16 660	0.6 ~ 0.8
	中壤土	12 740 ~ 16 660	0.65 ~ 0.85
	重壤土	12 740 ~ 16 660	0.70 ~ 1.0
	黏土	12 740 ~ 16 660	0.75 ~ 0.95
土壤种类		粒径/mm	$v_{不冲}$/（m·s⁻¹）
均质无黏性土	极细砂	0.05 ~ 0.10	0.35 ~ 0.45
	细砂和中砂	0.25 ~ 0.50	0.45 ~ 0.60
	粗砂	0.50 ~ 2.00	0.60 ~ 0.75
	细砾石	2.00 ~ 5.00	0.75 ~ 0.90
	中砾石	5.0 ~ 10.0	0.90 ~ 1.10
	粗砾石	10 ~ 20	1.10 ~ 1.30
	小卵石	20 ~ 40	1.30 ~ 1.80
	中卵石	40 ~ 60	1.80 ~ 2.20

表 7-7　岩石和人工护面渠道最大允许 $v_{不冲}$

岩石或护面种类	流量/（m³·s⁻¹）		
	$v_{不冲}$/（m·s⁻¹）		
	<1	1 ~ 10	>10
软质水成岩（泥灰岩、页岩、软砾岩）	2.5	3.0	3.5
中等硬质水成岩（多孔石灰岩、层状石灰岩、白云石灰岩等）	3.5	4.25	5.0
硬质水成岩（白云砂岩、砂质石灰岩）	5.0	6.0	7.0
结晶岩、火成岩	8.0	9.0	10.0
单层块石铺砌	2.5	3.5	4.0

续表

岩石或护面种类	流量/ $(m^3 \cdot s^{-1})$		
	$v_{不冲}$/ $(m \cdot s^{-1})$		
	<1	1 ~ 10	>10
双层块石铺砌	3.5	4.5	5.0
混凝土护面（水流中不含砂和卵石）	6.0	8.0	10.0

说明：表 7-6 和表 7-7 中的水力半径 R 均为 1 m，如果 $R \neq 1$ m，则应将表中数值乘以 R^a 才能得到相应的允许不冲流速。对于砂、砾石、卵石、疏松的壤土、黏土，$a = 1/4 \sim 1/3$；对于密实的壤土、黏土，$a = 1/5 \sim 1/4$。

$v_{不淤}$为保证含砂水流中挟带的泥砂不致在渠道中淤积的允许流速下限，称为允许不淤流速，水流的挟砂能力决定 $v_{不淤}$。可根据经验公式确定允许不淤流速。水流的挟砂能力与平均流速有关。$v_{不淤}$可根据经验公式确定，例如

$$v_{不淤} = c'\sqrt{R}$$

式中　R——水力半径，以 m 计；

c'——系数，与悬浮泥砂直径和水力粗度（泥砂颗粒在静水中沉降的速度）有关，还与渠道壁面糙率有关（见表 7-8）。

表 7-8　系数 c'

泥砂性质	c'	泥砂性质	c'
粗颗粒泥砂	0.65 ~ 0.77	细颗粒泥砂	0.41 ~ 0.45
中颗粒泥砂	0.58 ~ 0.64	很细颗粒泥砂	0.37 ~ 0.41

一般在渠道设计时，渠道的流速应满足：

$$v_{不冲} > v > v_{不淤}$$

【例 7.4】 有一梯形土渠，土质为重粉质黏土，可取糙率 $n = 0.025$，边坡系数 $m = 1.5$，底宽 $b = 1.5$ m，水深 $h = 1.2$ m，底坡 $i = 0.000\,35$。求渠道的过水能力，并校核渠道中的流速是否满足不冲、不淤要求（已知 $v_{不淤} = 0.5$ m/s）。

解：渠道过水能力计算：采用 $Q = K\sqrt{i}$ 计算。

$$A = (b + mh)h = (1.5 + 1.5 \times 1.2) \times 1.2 = 3.96\ (\text{m}^2)$$

$$\chi = b + 2h\sqrt{1 + m^2} = 1.5 + 2 \times 1.2 \times \sqrt{1 + 1.5^2} = 5.83\ (\text{m})$$

$$R = \frac{A}{\chi} = \frac{3.96}{5.83} = 0.679\ (\text{m})$$

$$K = AC\sqrt{R} = 3.96 \times 37.5 \times \sqrt{0.679} = 122.4\ (\text{m}^3/\text{s})$$

$$Q = K\sqrt{i} = 122.4 \times \sqrt{0.000\,35} = 2.29\ (\text{m}^3/\text{s})$$

$$v = \frac{Q}{A} = \frac{2.29}{3.96} = 0.578\ (\text{m/s})$$

校核流速：查表 7-6，得 $R = 1$ m 时，$v_{不冲} = 0.7$ m/s，则 $R = 0.679$ m 时

$$v_{不冲}=0.7\times 0.679^{1/4}=0.635\ (\text{m/s})$$

因此

$$v_{不冲}>v>v_{不淤}$$

该渠道满足设计要求。

7.3 明渠非均匀流的基本概念

明渠均匀流的主要研究内容为围绕三类问题的水力计算，而明渠非均匀流的主要研究内容则是明渠水流沿程水深的变化规律。这种变化因水流的流动状态的不同而不同。人工或天然河道中的水流大多数属于非均匀流，因此掌握不同流动状态的实质，对认识明渠流动现象，分析明渠水流的运动规律，有着重要意义。

7.3.1 缓流、急流和临界流

明渠水流有的比较平缓，如灌溉渠道和平原地区江河中缓缓流动，有的则十分湍急，观察上述两种情况中障碍物对水流的影响，可以发现两种截然不同的情况：湍急河流中若有大块孤石阻水，水面会隆起并激起浪花，而孤石对上游远处的急流并不会造成任何影响；水流徐缓的平原河道中，如遇桥墩等障碍，则桥墩上游水面的壅高可以向上游较远处延伸。显然，明渠水流中有两种流态：一种流态能把障碍物的干扰向上游传播；另一种流态遇到障碍只能引起附近局部扰动而不能向上游传播。这种干扰在静水中的传播速度称为干扰波波速或微波波速，以 ω 表示。如果投石子于流水之中，此时干扰所形成的波将随着水流向上、下游移动，干扰波传播的速度应该是干扰波波速 ω 与水流速度 v 的矢量和。此时有如下三种情况。

（1）$v<\omega$，此时干扰波将以绝对速度 $\omega'_{上}=v-\omega<0$ 向上游传播（以水流速度 v 的方向为正方向讨论），同时也以绝对速度 $\omega'_{下}=v+\omega>0$ 向下游传播，由于 $\omega'_{上}<\omega'_{下}$，故形成的干扰波将是一系列近似的同心圆［见图 7-6（b）］。

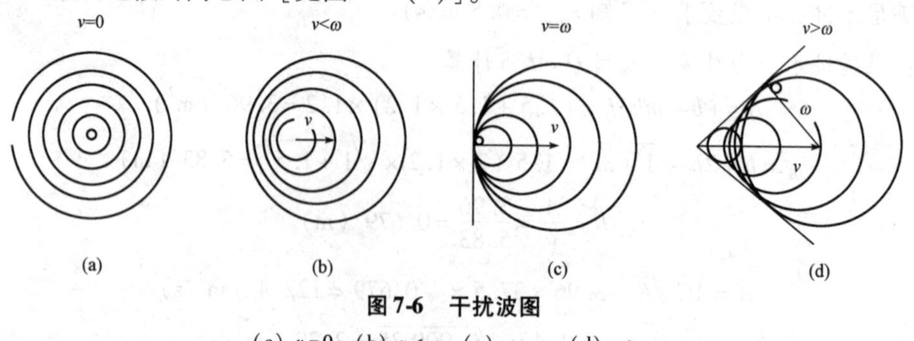

图 7-6 干扰波图

（a）$v=0$；（b）$v<\omega$；（c）$v=\omega$；（d）$v>\omega$

（2）$v=\omega$，此时干扰波向上游传播的绝对速度 $\omega'_{上}=v-\omega=0$，而向下游传播的绝对速度 $\omega'_{下}=v+\omega=2\omega$，形成的干扰波是一系列以落入点为平角的扩散波纹向下游传播［见

图 7-6（c）]。

（3）$v>\omega$，此时干扰波将不能向上游传播，而是以绝对速度 $\omega'_{上}=v-\omega>0$ 向下游传播，并与向下游传播的干扰波绝对速度 $\omega'_{下}=v+\omega>0$ 相叠加，由于 $\omega'_{下}>\omega'_{上}$，故形成的干扰波是一系列以落入点为顶点的锐角形扩散波纹［见图 7-6（d）］。

这样一来，就可根据干扰波波速 ω 与水流流速 v 的大小关系将明渠水流分为三种流态；缓流、急流、临界流。$v<\omega$ 的水流称为缓流；$v=\omega$ 的水流称为临界流；$v>\omega$ 的水流称为急流。临界流是缓流和急流的分界点。

上述分析说明了外界对水流的扰动（如投石水中、闸门的启闭等）有时能传至上游，而有时不能的原因。实际上，设置于水流中的各种建筑物可以看作对水流连续不断的扰动，如闸门、水坝、桥墩等，上述分析结论仍然是适用的。

若要判断明渠水流流态，必须首先确定干扰波的相对波速 ω。设平坡矩形断面棱柱体渠道，渠内水静止，水深为 h，水面宽为 B，断面面积为 A。如用直立薄板 $M—M$ 向左拨动一下，使水面产生一个波高为 Δh 的微波，以速度 ω 传播，波形所到之处，引起水体运动，渠内形成非恒定流，如图 7-7（a）所示。将动坐标系取在波峰上，该坐标系随波峰做匀速直线运动，仍为惯性坐标系。对于该坐标系而言，水是以波速 v 由左向右运动，渠内水流转化为恒定流，如图 7-7（b）所示。假若忽略摩擦阻力不计，以水平渠底为基准面，选取波峰断面 1—1 和波峰前断面 2—2，建立连续性方程和能量方程。

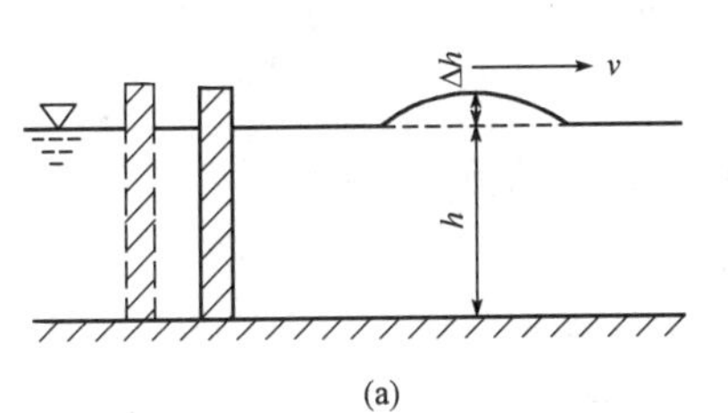

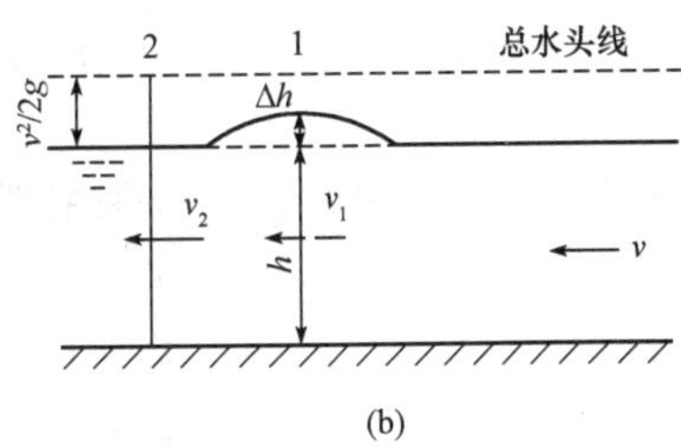

图 7-7　水流流态

（a）非恒定流；（b）恒定流

连续性方程：
$$(h+\Delta h)v_1=h\omega$$

能量方程：
$$h+\Delta h+\frac{\alpha_1 v_1^2}{2g}=h+\frac{\alpha_2\omega^2}{2g}$$

令 a_1、a_2 为 1，联立两式可得

$$\omega=\sqrt{gh\frac{(H\frac{\Delta h}{h})^2}{(H\frac{\Delta h}{2h})^2}}$$

由于波高较小，$\Delta h/h\approx 0$，上式可简化为

$$\omega=\sqrt{gh} \tag{7-17}$$

式（7-17）就是矩形断面明渠静水中微波传播的相对波速公式，又称为拉格朗日波速方程。

当明渠断面为任意形状时，式（7-17）可以写成

$$\omega = \sqrt{g\bar{h}} \tag{7-18}$$

式中，$\bar{h} = A/B$，称为断面平均水深，平均水深相当于把过水断面面积为 A 的任意断面化成面积相等，而宽度为 B 的矩形对应水深。

在断面平均流速为 v 的水流中，微波传播的绝对速度 ω'应是静水中的相对波速 ω 与水流速度 v 的代数和，即

$$\omega' = v \pm \omega = v \pm \sqrt{g\bar{h}} \tag{7-19}$$

式中，微波顺水流方向传播的绝对速度用“+”号，微波逆水流方向传播的绝对速度用“-”号。

当计算出微波传播的绝对速度 ω'时，即可判断水流的流态。

$v < \omega'$时，水流为缓流，干扰波能向上游传播；

$v = \omega'$时，水流为临界流，干扰波不能向上游传播；

$v > \omega'$时，水流为急流，干扰波不能向上游传播。

7.3.2 佛汝德数

水力学中把流速与波速的比值称为佛汝德数，以 Fr 表示，即

$$Fr = \frac{v}{\omega} = \frac{v}{\sqrt{g\bar{h}}} \tag{7-20}$$

佛汝德数是一个无量纲数，可以用来判别明渠水流的流态，即

$Fr < 1$，水流为缓流

$Fr = 1$，水流为临界流

$Fr > 1$，水流为急流

为了加深理解佛汝德数的物理意义，把它的形式改写为

$$Fr = \frac{v}{\sqrt{g\bar{h}}} = \sqrt{2\,\frac{\frac{v^2}{2g}}{\bar{h}}}$$

由上式可以看出，佛汝德数表示过水断面单位重量液体平均动能与平均势能之比的 2 倍开平方。不同的比值，反映不同的水流流态。

还可以从液体质点受力情况来分析佛汝德数的物理意义。设水流中某液体质点的质量为 $\mathrm{d}m$，流速为 u，则它所受到的惯性力 F 的量纲式为

$$[F] = \left[\mathrm{d}m \cdot \frac{\mathrm{d}u}{\mathrm{d}t}\right] = \left[\mathrm{d}m \cdot \frac{\mathrm{d}u}{\mathrm{d}x} \cdot \frac{\mathrm{d}x}{\mathrm{d}t}\right] = \left[\rho L^3 \cdot \frac{v}{L} \cdot v\right] = [\rho L^2 v^2]$$

重力 G 的量纲式为

$$[G] = [g \cdot \mathrm{d}m] = [\rho g L^3]$$

惯性力和重力之比开平方的量纲式为

$$\left[\frac{F}{G}\right]^{1/2} = \left[\frac{\rho L^2 v^2}{\rho g L^3}\right]^{1/2} = \left[\frac{v}{\sqrt{gL}}\right] = [Fr]$$

即佛汝德数的力学意义是代表水流的惯性力与重力的对比关系。当 $Fr=1$，说明惯性力和重力作用相等，水流是临界流；当 $Fr<1$，说明惯性力作用小于重力作用，这时重力起主导作用，水流处于缓流状态；当 $Fr>1$，说明惯性力作用大于重力作用，这时惯性力起主导作用，水流处于急流状态。

7.3.3　断面比能和临界水深

（1）断面比能。图 7-8 所示为一渐变流，若以 0—0 为基准面，则过水断面上单位重量液体所具有的总能量为

$$E = z + \frac{av^2}{2g} = z_0 + h\cos\theta + \frac{av^2}{2g} \tag{7-21}$$

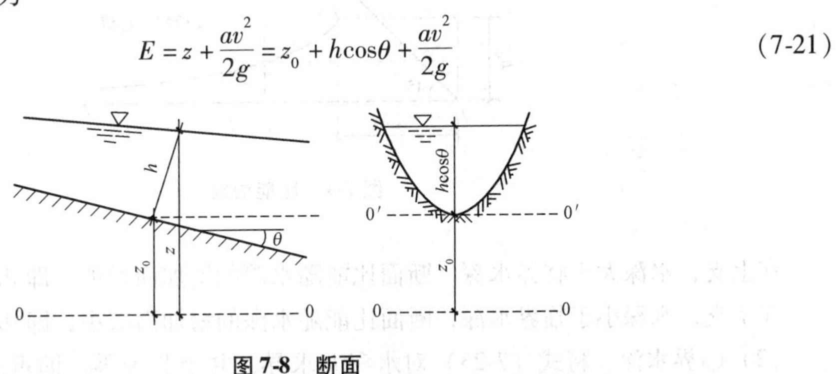

图 7-8　断面

式中　θ——明渠底面对水平面的倾角。

如果把参考基准面选在渠底，把对通过渠底的水平面 0′—0′所计算得到的单位能量称为断面比能，用 E_s 来表示，则

$$E_s = h\cos\theta + \frac{\alpha v^2}{2g} \tag{7-22}$$

显然断面比能 E_s 是过水断面上单位液体总能量 E 的一部分，两者相差的数值是两个基准面的高差 z_0。

在实际应用中，因为一般渠道底坡较小，可认为 $\cos\theta \approx 1$，故常采用

$$E_s = h + \frac{\alpha v^2}{2g} = h + \frac{\alpha Q^2}{2gA^2} \tag{7-23}$$

由式（7-23）可知，当流量 Q 和过水断面的形状及尺寸一定时，断面比能仅仅是水深的函数，即 $E_s = f(h)$，按照此函数可以绘出断面比能随水深变化的关系曲线，该曲线称为比能曲线。很明显，要具体绘出一条比能曲线，必须首先给定流量 Q 和断面的形状及尺寸。对于一个已经给定尺寸的断面，当通过不同流量时，其比能曲线是不相同的；同样，对某一给定的流量，断面的形状及尺寸不同时，其比能曲线也是不相同的。

假定已经给定某一流量和过水断面的形状及尺寸，现在定性讨论比能曲线的特征。由式（7-23）可知，若过水断面 A 是水深 h 的连续函数，当 $h \to 0$ 时，$A \to 0$，则 $\frac{\alpha Q^2}{2gA^2} \to \infty$，故 $E_s \to \infty$；当 $h \to \infty$ 时，$A \to \infty$，则 $\frac{\alpha Q^2}{2gA^2} \to 0$，而 $E_s \to \infty$。若以 h 为纵坐标，E_s 为横坐标，根据上述讨论，绘出的比能曲线是一条二次抛物线，曲线的下端以水平线为渐近线，上端以

与坐标轴成45°并通过原点的直线为渐近线。该曲线在 K 点断面比能有最小值 E_{smin}，K 点处对应的水深称为临界水深，用 h_K 来表示。K 点将曲线分成上、下两支，如图 7-9 所示。

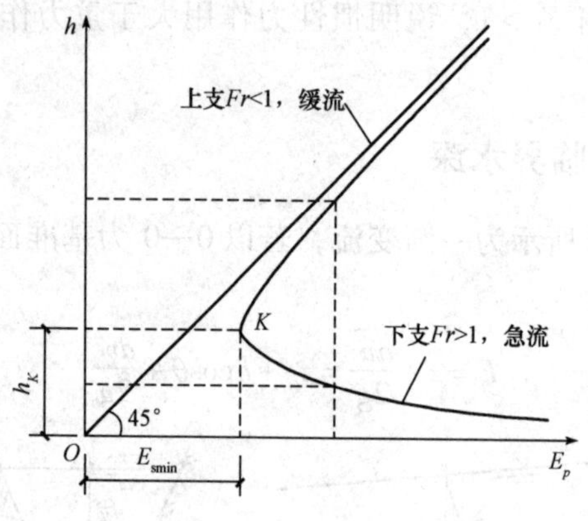

图 7-9　比能曲线

在上支，水深大于临界水深，断面比能随水深的增加而增加，即 $\mathrm{d}E_s/\mathrm{d}h>0$；

在下支，水深小于临界水深，断面比能随水深的增加而减小，即 $\mathrm{d}E_s/\mathrm{d}h<0$。

（2）临界水深。将式（7-23）对水深 h 求导，并令其为零，即可求临界水深应满足的条件：

$$\frac{\mathrm{d}E_s}{\mathrm{d}h}=1-\frac{\alpha Q^2\mathrm{d}A}{2gA^3\mathrm{d}h}=1-\frac{\alpha Q^2B}{2gA^3}=0 \tag{7-24}$$

对应临界水深时的水力要素均以角标 K 来表示，式（7-24）可写成

$$\frac{\alpha Q^2}{g}=\frac{A_K^3}{B_K} \tag{7-25}$$

当流量和过水断面形状及尺寸给定时，利用式（7-25）可求解临界水深 h_K。

矩形断面明渠临界水深的计算如下：

令矩形断面宽为 b，则 $B_K=b$，$A_K=bh_K$，代入式（7-25）可解出临界水深公式为

$$h_K=\sqrt[3]{\frac{\alpha Q^2}{gb^2}} \tag{7-26}$$

或

$$h_K=\sqrt[3]{\frac{\alpha q^2}{g}} \tag{7-27}$$

其中，$q=Q/b$ 为单宽流量。

由式（7-27）还可以看出

$$h_K{}^2=\frac{\alpha q^2}{g}=\frac{\alpha\ (h_Kv_K)^2}{g}$$

故

$$h_K=\frac{\alpha v_K^2}{g}$$

或

$$\frac{h_K}{2}=\frac{\alpha v_K^2}{2g}$$

即在临界流时，断面比能

$$E_{smin}=h_K+\frac{h_K}{2}=\frac{3h_K}{2} \qquad (7\text{-}28)$$

由此可知：在矩形断面渠道中，临界流的流速水头是临界水深的 1/2；而临界水深则是最小断面比能 E_{smin} 的 2/3。

(3) 临界底坡。在流量和断面形状、尺寸一定的棱柱体明渠中，当水流做均匀流动时，如果改变渠道的底坡，则相应的均匀流正常水深 h_0 也会相应地改变。当 h_0 变至某一底坡 i_K 时，其均匀流的正常水深 h_0 恰好等于临界水深 h_K，此时的底坡 i_K 就称为临界底坡。

在临界底坡上做均匀流动既要满足公式

$$\frac{\alpha Q^2}{g}=\frac{A_K^3}{B_K}$$

又要满足均匀流基本方程

$$Q=A_K C_K\sqrt{R_K i_K}$$

联解可得临界底坡的计算公式

$$i_K=\frac{gA_K}{\alpha C_K^2 R_K B_K}=\frac{g\chi_K}{\alpha C_K^2 B_K} \qquad (7\text{-}29)$$

临界底坡只取决于流量及断面形状、尺寸，并与粗糙系数有关，而与渠道的实际底坡无关。它并不是实际存在的渠道底坡，只是与某一流量，断面形状、尺寸及粗糙系数相对应的某一特定坡度，是为便于分析非均匀流而引入的一个概念。事实上，实际渠道的底坡只可能在某一流量下为临界底坡，而在其他流量下则不是。引入临界底坡之后，可将正坡明渠再分为缓坡、陡坡、临界坡三种类型。如果渠道的实际底坡 $i<i_K$（$h_0>h_K$），称为缓坡；$i>i_K$（$h_0<h_K$）称为陡坡；$i=i_K$（$h_0=h_K$）称为临界坡。

这就是说，可以利用临界底坡判断明渠均匀流的水流流态，即缓坡上的均匀流是缓流，陡坡上的均匀流是急流，临界坡上的均匀流是临界流。

【例 7.5】 一矩形断面渠道，粗糙系数 $n=0.02$，宽度 $b=5$ m，正常水深 $h_0=2$ m 时，其通过流量 $Q=40\ \mathrm{m^3/s}$。试分别用 h_K、i_K、Fr 及 v_K 来判别水流的缓、急状态。

解：(1) 用临界水深判别。

$$h_K=\sqrt[3]{\frac{\alpha Q^2}{gb^2}}=\sqrt[3]{\frac{1\times 40^2}{9.8\times 5^2}}=1.87\ (\mathrm{m})$$

$h_0>h_K$，故此明渠均匀流为均匀缓流。

(2) 用临界坡度判别。

$$A_K=bh_K=5\times 1.87=9.35\ (\mathrm{m^2})$$

$$\chi_K=b+2h_K=5+2\times 1.87=8.74\ (\mathrm{m})$$

$$R_K=\frac{A_K}{\chi_K}=\frac{9.35}{8.74}=1.07\ (\mathrm{m})$$

由公式（7-14）得

$$i_K=\frac{Q^2n^2}{A_K^2R_K^{4/3}}=\frac{40^2\times0.02^2}{9.35^2\times1.07^{4/3}}=0.006\ 69$$

$$A_0=bh_0=5\times2=10\ (\mathrm{m}^2)$$

$$\chi_0=b+2h_0=5+2\times2=9\ (\mathrm{m})$$

$$R_0=\frac{A_0}{\chi_0}=\frac{10}{9}=1.11\ (\mathrm{m})$$

$$i_0=\frac{Q^2n^2}{A_0^2R_0^{4/3}}=\frac{40^2\times0.02^2}{10^2\times1.11^{4/3}}=0.005\ 57$$

因 $i_K<i_0$，则渠道为缓坡；又由于流动为均匀流，则流态必为缓流。

（3）用佛汝德数判别。

$$Fr=\sqrt{\frac{\alpha Q^2B}{gA^3}}$$

其中

$$A=A_0=bh_0=5\times2=10\ (\mathrm{m}^2)$$

$$B=b=5\ \mathrm{m}$$

则

$$Fr=\sqrt{\frac{1\times40^2\times5}{9.8\times10^3}}=0.904$$

由 $Fr<1$，可知此均匀流为缓流。

（4）用临界流判别。

$$v_K=\frac{Q}{A_K}=\frac{Q}{bh_K}=\frac{40}{5\times1.87}=4.28\ (\mathrm{m/s})$$

$$v_0=\frac{Q}{A_0}=\frac{Q}{bh_0}=\frac{40}{5\times2}=4\ (\mathrm{m/s})$$

由 $v_0<v_K$ 可知，此均匀流为缓流。

7.4 水跃和跌水

7.4.1 水跃

水跃是明渠水流从急流状态过渡到缓流状态时水面骤然跃起的局部水力现象，如图7-10所示。它可以在溢洪道下、泄水闸下、跌水下形成，也可以在平坡渠道中闸下出流时形成。在水跃发生的流段内，流速大小及其分布不断变化。水跃区域的

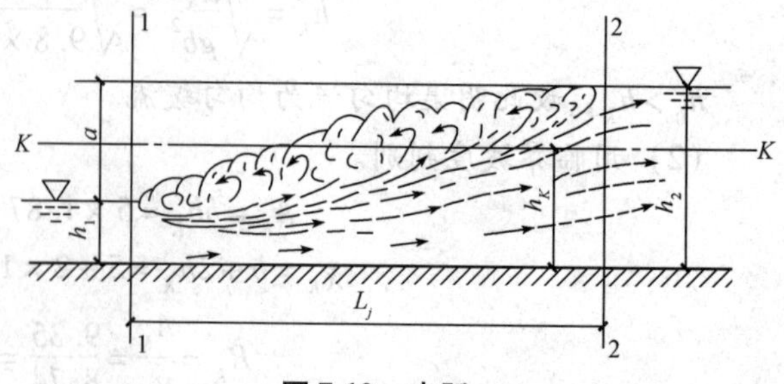

图7-10 水跃

上部为从急流冲入缓流所激起的表面旋流，翻腾滚动，饱掺空气，叫作表面水滚。下部是主流，流速由快变慢，水深由浅变深。主流与表面水滚间并无明显的分界，两者之间不断地进行着质量交换，即主流质点被卷入表面水滚，同时表面水滚内的质点又不断地回到主流。

通常将表面水滚的始端称为跃首或跃前断面，该处的水深 h_1 称为跃前水深；表面水滚的末端称为跃尾或跃后断面，该处的水深 h_2 称为跃后水深。跃前水深与跃后水深之差称为跃高，即 $h_2 - h_1 = a$。跃前、跃后两断面的距离称为水跃长度 L_j。水跃是明渠非均匀急变流的重要现象，它的发生不仅增加了上、下游水流衔接的复杂性，还引起大量的能量损失，因此常利用水跃来消除泄水建筑物下游高速水流中的巨大动能。

（1）水跃的基本方程。设一水跃产生于一棱柱体水平明渠中。由于水跃区内部水流极为紊乱复杂，其阻力分布规律尚未弄清，应用能量方程还有困难，故应采用恒定总流的动量方程来推导。并在推导过程中，根据水跃发生的实际情况，做下列假设：

①跃段长度不大，可忽略渠床的摩擦阻力，即 $F_F = 0$；

②跃前（1—1）、跃后（2—2）两过流断面为渐变流过流断面，因此断面上的动水压强分布可按静水压强分布规律考虑，即

$$P_1 = \gamma h_{c1} A_1 P_2 = \gamma h_{c2} A_2$$

③跃前、跃后两过流断面的动量修正系数相等，即 $\beta_1 = \beta_2 = 1$。

对跃前断面和跃后断面沿水流方向列动量方程

$$\frac{\gamma Q}{g}(\beta_2 v_2 - \beta_1 v_1) = P_1 - P_2 - F_F$$

即

$$\frac{\gamma Q}{g}(v_2 - v_1) = \gamma(y_1 A_1 - y_2 A_2)$$

以 Q/A_1 代替 v_1，Q/A_2 代替 v_2，经整理得

$$\frac{Q^2}{gA_1} + y_1 A_1 = \frac{Q^2}{gA_2} + y_2 A_2 \tag{7-30}$$

式（7-30）就是棱柱体平坡渠道中完整水跃的基本方程。

令

$$J(h) = \frac{Q^2}{gA} + Ah_c \tag{7-31}$$

式中　h_c——断面形心的水深；

$J(h)$——水跃函数。

当流量和断面尺寸一定时，水跃函数便是水深 h 的函数。因此，完整水跃的基本方程式（7-30）可写为

$$J(h_1) = J(h_2) \tag{7-32}$$

式中　h_1、h_2——跃前、跃后水深，这两个水深也称为共轭水深。

上述水跃基本方程表明，对于某一流量 Q，具有相同的水跃函数 $J(h)$ 的两个水深即共轭水深。

当流量和明渠断面的形状、尺寸给定时，水跃函数仅与水深有关，以水跃函数 $J(h)$ 为横坐标，以水深 h 为纵坐标绘出水跃关系曲线如图 7-11 所示，可以发现水跃函数曲线有如

下特征：

①水跃函数 $J(h)$ 有一极小值 $J(h)_{\min}$，且与 $J(h)_{\min}$ 对应的水深就是临界水深 h_K。

②当 $h > h_K$ 时，$J(h)$ 随着跃后水深的减小而减小；当 $h < h_K$ 时，$J(h)$ 随着跃后水深的减小而增大。

③跃前水深越小，则跃后水深越大；跃前水深越大，则跃后水深越小。

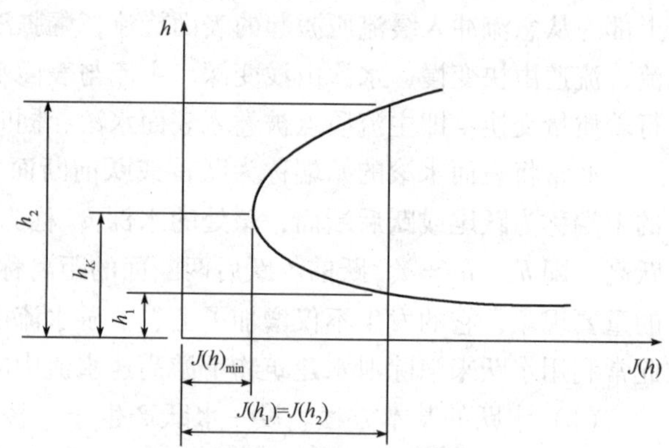

图 7-11　水跃关系曲线

（2）共轭水深的计算。对于矩形断面的棱柱体渠道，有 $A = bh$，$h_c = h/2$，单宽流量 $q = Q/b$，代入式(7-30)可得

$$\frac{q^2}{gh_1}+\frac{h_1^2}{2}=\frac{q^2}{gh_2}+\frac{h_2^2}{2}$$

即

$$h_1h_2^2+h_1^2h_2-\frac{2q^2}{g}=0$$

从而解得

$$\left.\begin{aligned} h_1&=\frac{h_2}{2}\left[\sqrt{1+8\frac{q^2}{gh_2^3}}-1\right]\\ h_2&=\frac{h_1}{2}\left[\sqrt{1+8\frac{q^2}{gh_1^3}}-1\right]\end{aligned}\right\}\tag{7-33}$$

由于$\frac{q^2}{gh^3}=\frac{v^2}{gh}=Fr^2$，所以式（7-33）又可写为

$$\left.\begin{aligned} h_1&=\frac{h_2}{2}\left[\sqrt{1+8Fr_2^2}-1\right]\\ h_2&=\frac{h_1}{2}\left[\sqrt{1+8Fr_1^2}-1\right]\end{aligned}\right\}\tag{7-34}$$

式（7-33）、式（7-34）即矩形断面渠道中的水跃共轭水深关系式。

（3）水跃的能量损失与长度。水跃现象不仅改变了水流的外形，也引起了水流内部结构的剧烈变化。随着这种变化而来的是水跃所引起的大量的能量损失（见图 7-12）。研究表明，水跃造成的能量损失主要集中在水跃区断面 1—1 至 2—2 间，仅有少量分布在跃后流段。因此，通常均按能量损失全部消耗在水跃区来进行计算。这样，对于平底矩形断面明渠单位重量水体的能量损失为

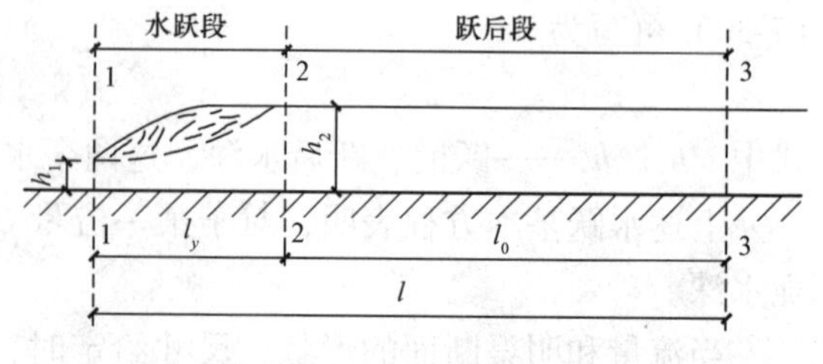

图 7-12　水跃能量变化

$$\Delta h_w = E_1 - E_2 = \left(h_1 + \frac{\alpha_1 v_1^2}{2g}\right) - \left(h_2 + \frac{\alpha_2 v_2^2}{2g}\right) \tag{7-35}$$

以 $v_1 = \frac{q}{h_1}$，$v_2 = \frac{q}{h_2}$ 代入式（7-35）得

$$\Delta h_w = h_1 - h_2 + \frac{q^2}{2g}\left(\frac{\alpha_1}{h_1^2} - \frac{\alpha_2}{h_2^2}\right)$$

由于 $\frac{q^2}{2g} = \frac{h_2 h_1^2 + h_1 h_2^2}{4h_1 h_2}$，$\alpha_1 = \alpha_2 = 1$，可得

$$\Delta h_w = \frac{(h_2 - h_1)^3}{4h_1 h_2} \tag{7-36}$$

可见，在给定流量下，跃后水深与跃前水深的差值越大，则水跃中的能量损失 Δh_w 也越大。

水跃长度 l 应理解为水跃段长度 l_y 和跃后段长度 l_0 之和：

$$l = l_y + l_0$$

水跃长度是泄水建筑物消能设计的主要依据之一，因此水跃长度的确定具有重要的实际意义。由于水跃运动复杂，目前水跃长度仍只是根据经验公式计算。关于水跃段长度 l_y，对于 i 较小的矩形断面渠道可用以下公式计算：

$$l_y = 4.5h_2$$

或

$$l_y = \frac{1}{2}(4.5h_2 + 5a) \tag{7-37}$$

式中　a——水跃高度（即 $h_2 - h_1$）。

跃后段长度可用下式计算：

$$l_0 = (2.5 \sim 3.0)l_y$$

上述经验公式仅适用于底坡较小的矩形渠道，可在工程上作为初步估算之用，若要获得准确值，尚需通过水工模型实验来确定。

7.4.2　跌水

处于缓流状态的明渠水流，或因下游渠底坡度变陡（$i > i_K$），或因下游渠道断面形状突然扩大，引起水面急剧降落，水流以临界流动状态通过这个突变的断面，转变为急流，这种从缓流向急流过渡的局部水力现象称为“水跌”或“跌水”。

现以平坡明渠末端为跌坎的水流为例，根据断面比能的变化规律说明跌水发生的必然性。

图 7-13 所示为平底明渠中的缓流，在 A 处突遇一跌坎，明渠对水流的阻力在跌坎处消失，水流以重力为主，自由跌落。取 0—0 为基准面，则水流单位机械能 E 等于断面比能 E_s。根据 E_s-h 关系曲线可知，缓流状态下，水深减小时，断面比能减小，当跌坎上水面降落时，水流断面比能将沿 E_s-h 曲线从 b 向 K 减小。在重力作用下，坎上水面最低只能降至 K 点，即水流断面比能最小的临界水深位置。如果继续降低，则为急流状态，能量反而增

大，这是不可能的。所以跌坎上最小水深只能是临界水深。以上是按渐变流条件分析的结果，其坎上的理论水面线如图 7-13 中虚线所示。而实际上，跌坎处水流流线很弯曲，水流为急变流。实验观测得知，坎末端断面水深 h_A 小于临界水深，$h_K \approx 1.40h_A$，而临界水深 h_K 发生在坎末端断面上游 3 ~4 倍 h_K 的位置，其实际水面线如图 7-13 中实线所示。

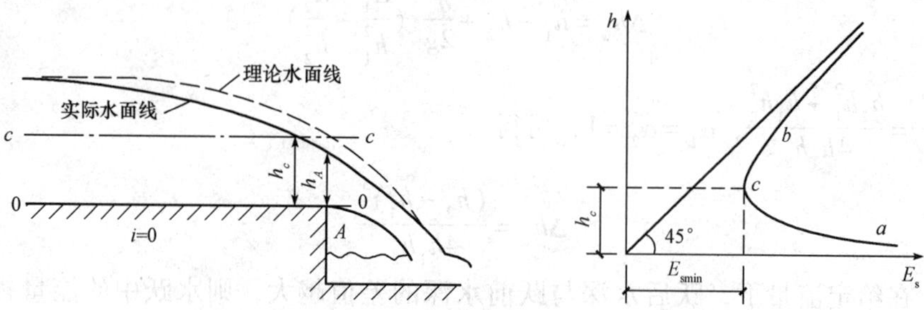

图 7-13　平底明渠中的缓流

【**例 7.6**】两段底坡不同的矩形断面渠道相连，渠道底宽都是 5 m，上游渠道中水深为 0.7 m。下游渠道为平坡渠道，在连接处附近水深约为 6.5 m，通过流量为 48 m³/s。

（1）试判断在两渠道连接处是否会发生水跃。

（2）若发生水跃，试以上游渠中水深为跃前水深，计算其共轭水深。

（3）计算水跃长度和水跃所消耗的水流能量。

解：（1）判别是否发生水跃。

$$h_K = \sqrt[3]{\frac{\alpha Q^2}{gb^2}} = \sqrt[3]{\frac{1 \times 48^2}{9.8 \times 5^2}} = 2.11\ (\mathrm{m})$$

上游 $h_1 = 0.7\ \mathrm{m} < 2.11\ \mathrm{m}$ 为急流；下游 $h_2 = 6.5\ \mathrm{m} > 2.11\ \mathrm{m}$ 为缓流。水流由急流转变为缓流，必将发生水跃。

（2）以 $h_1 = 0.7$ m 计算共轭水深 h_2。

根据式（7-34）

$$h_2 = \frac{h_1}{2}\left(\sqrt{1 + 8Fr_1^2} - 1\right)$$

又

$$Fr_1^2 = \frac{v^2}{gh_1} = \frac{48^2/(5 \times 0.7)^2}{9.8 \times 0.7} = 27.42$$

则

$$h_2 = \frac{0.7}{2} \times \left(\sqrt{1 + 8 \times 27.42} - 1\right) = 4.85\ (\mathrm{m})$$

（3）先根据式（7-37）计算水跃段长度：

$$l_y = 4.5h_2 = 4.5 \times 4.85 = 21.83\ (\mathrm{m})$$

单位重量液体通过水跃损失的能量为

$$\Delta h_w = \frac{(h_2 - h_1)^3}{4h_1h_2} = \frac{(4.85 - 0.7)^3}{4 \times 0.7 \times 4.85} = 5.263\ (\mathrm{m})$$

7.5　明渠恒定非均匀渐变流的基本微分方程

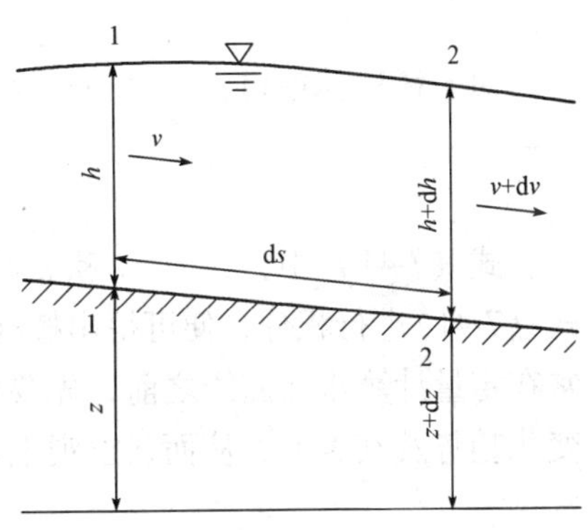

图 7-14　明渠恒定非均匀流

非均匀流是一种流速沿程变化的流动，伴随着流速变化，水位（或水深）、过水断面面积等水力要素也将沿程变化。这里讲的明渠非均匀流水深或水位的沿程变化规律包括两方面的含义：一是水面曲线的定性分析，即探求水面曲线大致是什么形状的曲线；二是水面曲线的定量计算，即需要知道沿程的水深或水位。为解决这两个问题，必须首先建立描述水深或水位沿程变化规律的微分方程。下面讨论和建立明渠恒定非均匀渐变流的基本微分方程。现有一明渠水流，如图 7-14 所示，取其断面 1—1 和 2—2，两者相隔一无限短的距离 ds。

两断面间水流的能量变化关系可引用总流的能量方程来表达。为此，取 0—0 作为基准面，在断面 1—1 与 2—2 之间建立能量方程

$$z + h + \frac{\alpha v^2}{2g} = (z + \mathrm{d}z) + (h + \mathrm{d}h) + \frac{\alpha\,(v + \mathrm{d}v)^2}{2g} + \mathrm{d}h_w$$

式中　dh_w——所取两断面间的水头损失，$\mathrm{d}h_w = \mathrm{d}h_i - \mathrm{d}h_j$。

因为是渐变流，局部水头损失 dh_j 可忽略不计，即 $\mathrm{d}h_w \approx \mathrm{d}h_i$。

将上式展开并略去二阶微量$(\mathrm{d}v)^2$ 后，得

$$\mathrm{d}z + \mathrm{d}h + \mathrm{d}\left(\frac{\alpha v^2}{2g}\right) + \mathrm{d}h_i = 0 \tag{7-38}$$

各项除以 ds，则式（7-38）变为

$$\frac{\mathrm{d}z}{\mathrm{d}s} + \frac{\mathrm{d}h}{\mathrm{d}s} + \frac{\mathrm{d}}{\mathrm{d}s}\left(\frac{\alpha v^2}{2g}\right) + \frac{\mathrm{d}h_i}{\mathrm{d}s} = 0 \tag{7-39}$$

现要求从上述微分方程中推求 dh/ds 的表达式，以便分析水深沿流程的变化。为此，就式中各项分别进行讨论：

（1）$$\frac{\mathrm{d}z}{\mathrm{d}s} = \frac{z_1 - z_2}{\mathrm{d}s} = -\frac{z_2 - z_1}{\mathrm{d}s} = -i$$

（2）$$\frac{\mathrm{d}}{\mathrm{d}s}\left(\frac{\alpha v^2}{2g}\right) = \frac{\mathrm{d}}{\mathrm{d}s}\left(\frac{\alpha Q^2}{2gA^2}\right) = -\frac{\alpha Q^2}{gA^3}\frac{\mathrm{d}A}{\mathrm{d}s}$$

$$= -\frac{\alpha Q^2}{gA^3}\left(\frac{\partial A}{\partial h}\frac{\mathrm{d}h}{\mathrm{d}s} + \frac{\partial A}{\partial s}\right) = -\frac{\alpha Q^2}{gA^3}\left(B\frac{\mathrm{d}h}{\mathrm{d}s} + \frac{\partial A}{\partial s}\right)$$

（3）$$\mathrm{d}h_i/\mathrm{d}s \approx J = Q^2/K^2 = Q^2/\ (A^2C^2R)$$

此处做了一个假设，即非均匀渐变流微小流段内的水头损失计算可当作均匀流情况来处理。

将以上（1）、（2）、（3）各项代入式（7-39），便得到反映非棱柱体渠道中水深沿流程变化规律的基本微分方程

$$\frac{\mathrm{d}h}{\mathrm{d}s}=\frac{i-\dfrac{Q^2}{K^2}\left(1-\dfrac{\alpha C^2}{gA}\dfrac{\partial A}{\partial s}\right)}{1-\dfrac{\alpha Q^2 B}{gA^3}} \tag{7-40}$$

对于棱柱体渠道，$A=f(h)$，$\partial A/\partial s=0$，从而式（7-40）简化为

$$\frac{\mathrm{d}h}{\mathrm{d}s}=\frac{i-(Q/K)^2}{1-(\alpha Q^2 B/gA^3)} \tag{7-41}$$

式（7-41）中，在 Q、i 和 n 给定的情况下，K、A 和 B 均为水深 h 的函数。因此可对式（7-41）进行积分，便可得出棱柱体渠道非均匀渐变流中水深沿程变化的规律。但是，通常在定量计算水面曲线之前，先要根据具体条件进行定性分析，以便判明各流段水面曲线的变化趋势及其类型，从而在宏观上对水面曲线的计算起到指导作用。

7.6 棱柱体渠道中恒定非均匀渐变流的水面曲线分析

7.6.1 渐变流水面曲线的分区

明渠恒定非均匀渐变流水面曲线分析的主要任务，就是根据渠道的槽身条件、来流条件以及水工建筑物情况等确定水面曲线的沿程变化趋势和变化范围，定性地绘出水面曲线。

反映渐变流水面曲线变化规律的基本方程为式（7-41）。为了便于分析，尚需将式中的流量 Q 用某一种水深的关系来表示。为此，在$i>0$时引入一辅助的均匀流，令它在所给定的渠道断面形式和底坡 i 情况下，通过的流量等于非均匀流时渠道所通过的实际流量 Q，即

$$Q=A_0C_0\sqrt{i}=K_0\sqrt{i}=f(h_0)$$

引入上式后，则基本微分方程式（7-41）可表示为

$$\frac{\mathrm{d}h}{\mathrm{d}s}=\frac{i-(Q/K)^2}{1-(\alpha Q^2B/gA^3)}=\frac{i-(K_0^2 i/K^2)}{1-Fr^2}=i\frac{1-(K_0/K)^2}{1-Fr^2} \tag{7-42}$$

式中 K_0——对应 h_0 的流量模数；

K——对应非均匀流水深 h 的流量模数；

Fr——佛汝德数。

从式（7-42）可以看出，水面曲线的形状（$\mathrm{d}h/\mathrm{d}s$）一方面取决于渠道的底坡 i；另一方面与水深 h 的相对大小有关（在流量和断面形状、尺寸一定的条件下，K_0、Fr 都与水深有关）。根据底坡的不同，水面线的类型有五种。

（1）正坡渠道 $i>0$，有三种情况：

①缓坡，$i<i_K$，非均匀流水曲面以 M 表示。

②陡坡，$i>i_K$，非均匀流水曲面以 S 表示。

③临界坡，$i=i_K$，非均匀流水曲面以 C 表示。

（2）平坡渠道，$i=0$，非均匀流水曲面以 H 表示。

（3）逆坡渠道，$i<0$，非均匀流水曲面以 A 表示。

如图 7-15 所示，为了便于分析水面曲线沿程变化的情况，下面对水面曲线的形状和特点做一些定性分析。一般在水面曲线的分析图上作出两条平行于渠底的直线，其中一条距渠底 h_0，为正常水深线 $N—N$；而另一条距渠底 h_K，为临界水深线 $K—K$。

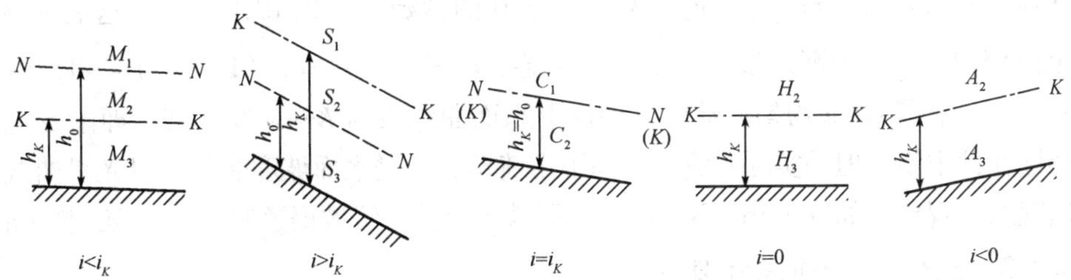

图 7-15　水面曲线类型

在渠底以上画出的这两条辅助线（$N—N$ 和 $K—K$）把渠道水流划分成三个不同的区域。如缓坡 $N—N$ 线在 $K—K$ 线之上；陡坡 $N—N$ 线在 $K—K$ 线之下；临界底坡明渠 $N—N$ 线和 $K—K$ 线重合；而平坡及逆坡棱柱体明渠中，不可能存在均匀流，则不会存在正常水深，故只有临界水深曲线 $K—K$。根据水面曲线与 $N—N$ 线和 $K—K$ 线的相对位置关系可划分为三个区，分别称为 1 区（在 $N—N$ 线和 $K—K$ 线之上）、2 区（在 $N—N$ 线和 $K—K$ 线之间）和 3 区（在 $N—N$ 线和 $K—K$ 线之下）。这样结合底坡类型及分区可划分为 12 种类型的水面曲线：在缓坡上可能产生的水面曲线类型有 M_1、M_2、M_3 三种类型；在陡坡上可能产生的水面曲线有 S_1、S_2、S_3 三种类型；在平坡上可能产生的水面曲线有 H_2、H_3 两种类型；在逆坡上可能产生的水面曲线有 A_2、A_3 两种类型；在临界坡面可能产生的水面曲线有 C_1、C_2 两种类型。

7.6.2　棱柱体渠道中恒定非均匀渐变流水面曲线的定性分析

现着重对缓坡（$i<i_K$）棱柱体渠道中水面曲线变化的情形进行讨论。

7.6.2.1　1 区，水面曲线为 M_1 型

1 区中的水面曲线，其水深 $h>h_0>h_K$。由 $h>h_0$ 得 $K=AC\sqrt{R}>K_0=A_0C_0\sqrt{R_0}$，式（7-42）的分子$[1-(K_0/K)^2]>0$。当$h>h_K$，则 $Fr<1$，式（7-42）的分母$(1-Fr^2)>0$。由此得 $\mathrm{d}h/\mathrm{d}s>0$，说明缓坡渠道 M_1 型曲线的水深沿程增加，为增深曲线，也称壅水曲线。

同时，由于是壅水曲线，其上游水深 $h\to h_0$，$K\to K_0$，$[1-(K_0/K)^2]\to 0$，又 $h>h_K$，非均匀流始终为缓流，$Fr<1$，$1-Fr^2$ 将趋近于某一大于 0 的常数，所以 $\mathrm{d}h/\mathrm{d}s\to 0$，这表明 M_1 型水面线上游以 $N—N$ 为渐近线，即 M_1 型水面线上游与正常水深线在无穷远处重合；水面线下游水深越来越大，其极限情况是 $h\to\infty$，则 $K\to\infty$，$[1-(K_0/K)^2]\to 1$，$Fr^2=\dfrac{v}{gh}\to 0$，

$(1-Fr^2)\to 1$，因此水深沿流程的变化率 $dh/ds\to i$，这表明 M_1 型水面线下游与水平线为渐近线。如图 7-16（a）所示，坝上游水库中水面的曲线即 M_1 型壅水曲线。

7.6.2.2 2 区，水面曲线为 M_2 型

2 区中的水面曲线，其水深 $h_0<h<h_K$，利用基本微分方程式（7-42），可证得 $dh/ds<0$，说明缓坡渠道 M_2 型曲线的水深沿程减小，称为降水曲线。

M_2 型降水曲线，其上游水深 $h\to h_0$，$K\to K_0$，$[1-(K_0/K)^2]\to 0$，又 $h>h_K$，非均匀流依然为缓流，$Fr<1$，$1-Fr^2$ 将趋近于某一大于 0 的常数，所以 $dh/ds\to 0$，这表明 M_2 型水面曲线上游仍以 N—N 为渐近线。水面曲线下游，$h\to h_K$，$Fr\to 1$，$(1-Fr^2)\to 0$，由此可得 $dh/ds\to -\infty$。这说明在非均匀流动中，理论上水面曲线将与 K—K 线正交，即渐变流水面曲线的连续性在此中断。但是实际水流仍要向下游流动，于是水面坡度变陡，以光滑曲线过渡为急流，出现跌水现象，如图 7-16（b）所示，即跌水上游为缓坡渠道时产生的 M_2 型降水曲线。

7.6.2.3 3 区，水面曲线为 M_3 型

3 区中的水面曲线，其水深 $h<h_K<h_0$，式（7-42）中的分子与分母均为"－"，由此可得 $dh/ds>0$，这说明缓坡渠道 M_3 型曲线的水深沿程增加，也为壅水曲线。

M_3 型壅水曲线上游段水深最小，其最小水深常常受来流条件控制，如闸孔开度。下游段水深沿程增加，其水深增加的极限情况是 $h\to h_K$，$Fr\to 1$，$1-Fr^2\to 0$，$dh/ds\to\infty$，水面曲线将与 K—K 线正交。如图 7-16（b）所示，缓坡渠道闸下出流为急流过渡到缓流就是产生 M_3 型壅水曲线的实例。

在临界坡渠道（$i=i_K$）的情况下有

$$\lim_{h\to h_0=h_K}\left(\frac{dh}{ds}\right)\approx i$$

如图 7-16（e）所示，C_1 与 C_2 型水面曲线在接近 K—K 线或 C—C 线时都近乎水平。

对于平坡渠道（$i=0$）的水面曲线形式（H_2 与 H_3 两种）和逆坡渠道（$i<0$）的水面曲线形式（A_2 与 A_3 两种），可采用上述类似的方法分析，在此不再赘述。

从图 7-16 可见，在堰坝、桥墩以及缩窄水流断面的各种水工建筑物的上游，一般会形成 M_1、S_1 型壅水曲线；在跌水处常发生 M_2、S_2 型降水曲线；而在堰、闸下游则常是 M_3、S_3、C_2 型曲线或发生水跃现象。

综上所述，在棱柱体渠道的恒定非均匀渐变流中，共有 12 种水面曲线，即顺坡渠道 8 种，平坡与逆坡渠道各 2 种。

7.6.3 水面曲线分析的步骤及注意要点

在具体进行水面曲线分析时，可参照以下步骤进行：

（1）根据已知条件，绘出 N—N 线和 K—K 线（平坡和逆坡渠道无 N—N 线）。

（2）从水流边界条件出发，即从实际存在的或经水力计算确定的，已知水深的断面（即控制断面）出发，确定水面曲线的类型，并参照其增深、减深的性质和边界情形进行描绘。

（3）如果水面曲线中断，出现了不连续而产生跌水或水跃，要做具体分析。一般情况

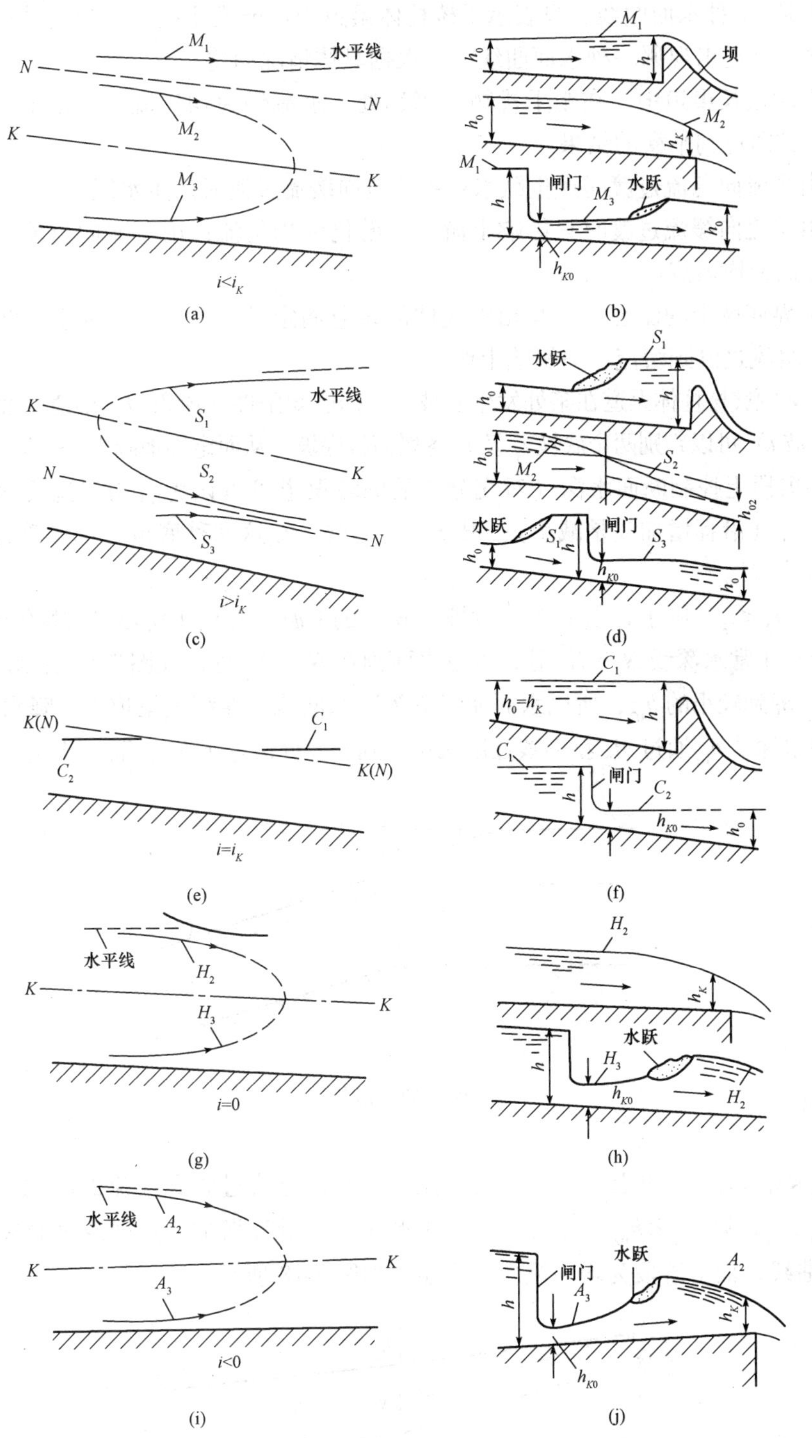

图 7-16　水面曲线变化

下，水流至跌坎处形成跌水现象；水流从急流到缓流，发生水跃现象。至于形成水跃的具体位置，则要根据水跃原理以及水面曲线计算理论做具体分析后才能确定。

为了能正确地分析水面曲线，还必须了解以下几点：

（1）上述 12 种水面曲线，只表示了棱柱体渠道中可能发生的渐变流的情况，至于在某一底坡条件下究竟出现哪一种水面曲线，需根据具体情况而定。

（2）在顺坡长渠道中，在距干扰物相当远处，水流仍为均匀流。这是水流重力与阻力相互作用，试图达到平衡的结果。

（3）由缓流向急流过渡时产生跌水；由急流向缓流过渡时产生水跃。

（4）由缓流向缓流过渡时只影响上游，下游仍为均匀流；由急流向急流过渡时只影响下游，上游仍为均匀流。

（5）临界底坡中的流态，视其相邻底坡的缓急而定其缓、急流，如上游相邻底坡为缓坡，则视为缓流过渡到缓流，只影响上游。

例如，某顺坡棱柱体渠道在某处发生变坡，根据已知条件（流量 Q，渠道断面形状、尺寸，糙率 n 及底坡 i）可以判别两个底坡 i_1 及 i_2 各属何种底坡，从而定性地画出 N—N 线及 K—K 线。

根据各渠段上控制断面水深（对充分长的顺坡渠道可以认为有均匀流段存在）判定水深的变化趋势（沿程增加或是减小）；根据这个趋势，在这两种底坡上选择符合要求的水面曲线进行连接。

（1）$i_1 < i_2 < i_K$。由于 i_1 及 i_2 均为顺坡，故 i_1 的上游与 i_2 的下游可以有均匀流段存在，即上游水面应在正常水深线 N_1—N_1 处，下游水面则在 N_2—N_2 处，如图 7-17 所示。这时水深应由较大的 h_{01} 降到较小的 h_{02}，所以水面曲线应为降水曲线。在缓坡渠道上，降水曲线只有 M_2 型曲线。即水深从 h_{01} 通过 M_2 型曲线逐渐减小，到交界处恰等于 h_{02}，而 i_2 渠道上仅有均匀流。

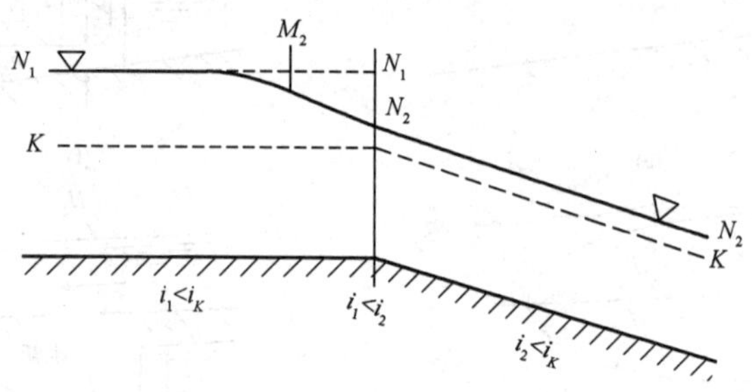

图 7-17　顺坡

（2）$i_2 < i_1 < i_K$。这里上、下游均为缓流，没有从急流过渡到缓流的问题，故无水跃发生，又因 $i_1 > i_2$，则 $h_{01} < h_{02}$，可见连接段的水深应当沿程增加，这样看来必须是上游段为 M_1 型水面曲线，而下游段为均匀流才有可能，如图 7-18 所示。

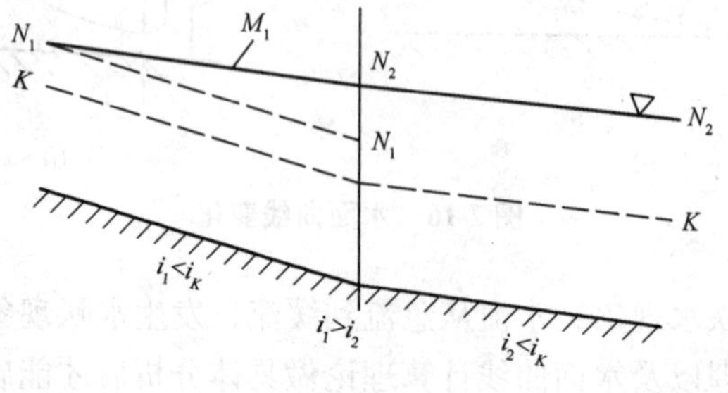

图 7-18　缓流

（3）$i_1 < i_K$、$i_2 > i_K$。此时 $h_{01} > h_K$、$h_{02} < h_K$。水深将由较大的 h_{01} 逐渐下降到较小的 h_{02}，水面必须采取降水曲线的形式。在这两种底坡上只有 M_2 及 S_2 型曲线可以满足这一要求，因此在 i_1 渠道上发生 M_2 型曲线，在 i_2 渠道上发生 S_2 型曲线，它们在变坡处互相衔接，如图7-19所示。

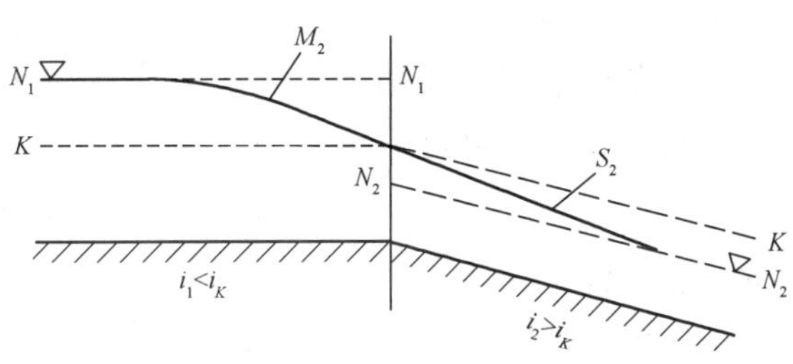

图7-19　变坡处互相衔接

（4）$i_1 > i_K$、$i_2 < i_K$。由于 $h_{01} < h_K$ 是急流，而 $h_{02} > h_K$ 是缓流，所以从 h_{01} 过渡到 h_{02} 乃是从急流过渡为缓流，此时必然发生水跃。这种连接又有三种可能，如图7-20所示。究竟发生哪一种，在何处发生，应根据 h_{01} 和 h_{02} 的大小做具体分析。

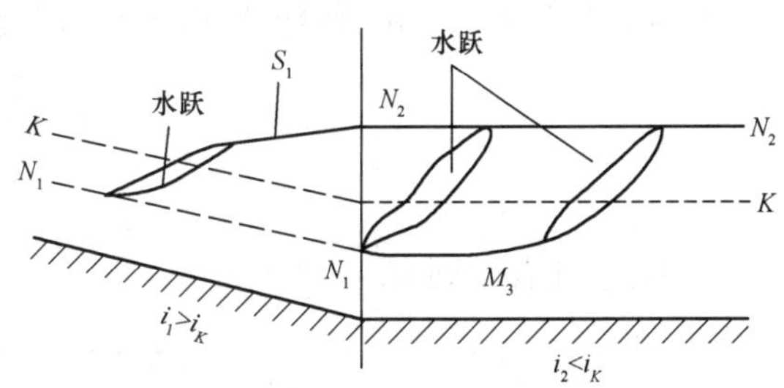

图7-20　连接的三种可能

①h_{01} 相应的共轭水深大于 h_{02}，水跃发生在 i_2 渠道上，称为远驱式水跃。这说明下游段的水深 h_{02} 挡不住上游段的急流而被冲向下游。水面连接由 M_1 型壅水曲线及其后面的水跃组成，为远驱式水跃连接。

②h_{01} 与 h_{02} 满足共轭关系，水跃发生在底坡交界断面处，称为临界水跃。

③h_{01} 相应的共轭水深小于 h_{02}，水跃发生在 i_1 渠道上，即发生在上游渠段，称为淹没水跃。

7.7　棱柱体渠道中恒定非均匀渐变流水面曲线的计算

对水面曲线的变化进行了定性分析后，需对它进行定量计算，根据计算结果，便可绘出非均匀流的水面曲线，从而满足工程实践的需要。

计算水面曲线的方法很多，目前应用较普遍的是分段求和法。

分段求和法是明渠水面曲线计算的基本方法。它将整个流程 l 分成若干流段 Δl 考虑，并以有限差分式来代替原来的微分式，然后根据有限差分式求得所需要的水力要素。

如图7-21所示，明渠中水流为渐变流，底坡为 i，对断面1和2列能量方程

$$z_1 + h_1 + \frac{a_1 v_1^2}{2g} = z_2 + h_2 + \frac{a_2 v_2^2}{2g} + h_w$$

移项，得

$$\left(h_2+\frac{\alpha_2 v_2^2}{2g}\right)-\left(h_1+\frac{\alpha_1 v_1^2}{2g}\right)=(z_1-z_2)-h_w$$

式中
$$h_1+\frac{\alpha_1 v_1^2}{2g}=E_1,\ h_2+\frac{\alpha_2 v_2^2}{2g}=E_2$$

$$z_1-z_2=i\Delta s$$

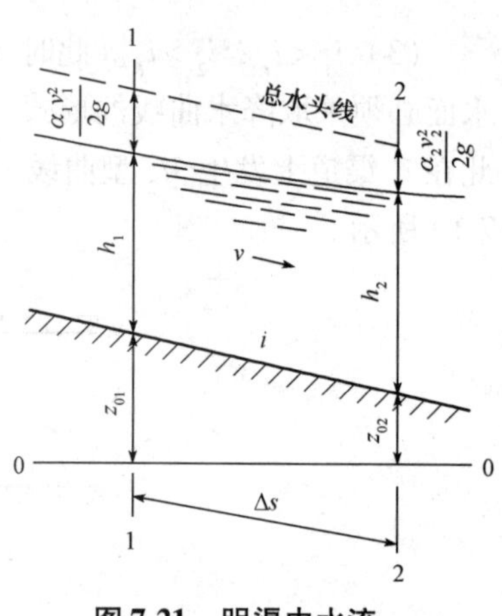

图 7-21 明渠中水流

对于渐变流，水头损失只考虑沿程水头损失，并认为在流程的各个分段内，其沿程水头损失可近似按均匀流规律计算，即

$$h_w=\bar{J}\cdot\Delta s$$

$$\bar{J}=\frac{\bar{v}^2}{\bar{C}^2\bar{R}}$$

式中 $\bar{v}$、$\bar{C}$ 及 $\bar{R}$——在所给流段内各水力要素的平均值，即

$$\bar{v}=\frac{v_1+v_2}{2};\ \bar{C}=\frac{C_1+C_2}{2};\ \bar{R}=\frac{R_1+R_2}{2}$$

综合上述各式则有

$$\Delta E=E_2-E_1=(i-\bar{J})\Delta s$$

或

$$\Delta s=\frac{E_2-E_1}{i-\bar{J}}=\frac{\Delta E}{i-\bar{J}} \tag{7-43}$$

式中 ΔE——Δs 流程范围内两断面单位能量的有限差值：

$$\Delta E=E_2-E_1=\left(h_2+\frac{\alpha_2 v_2^2}{2g}\right)-\left(h_1+\frac{\alpha_1 v_1^2}{2g}\right)$$

式中 $\bar{J}$——水流在 Δl 段内的平均水力坡度；

i——渠道坡度；

Δl——分段长度，即两个计算断面（1—1 与 2—2）间的距离。

式（7-43）为分段计算水面曲线的有限差分式，称为分段求和法计算公式。利用它便可逐步算出非均匀流中明渠各个断面的水深及它们相隔的距离，从而整个流程 $S=\sum\Delta s$ 上的水面曲线便可定量地确定和给出。

采用分段求和法计算水面曲线，分段越多，计算结果的精度越高，但计算工作量也越大，因此分段情况需根据工程要求而定。

分段求和法对棱柱体渠道和非棱柱体渠道的恒定渐变流均可适用。

【例 7.7】 现要设计一梯形土渠，输水量 $Q=3.5\ \mathrm{m^3/s}$，边坡系数 $m=1.5$，粗糙系数 $n=0.025$，底宽 $b=1.2$ m。允许流速 $v_{max}=1.2$ m/s，明渠底坡 i 按允许流速确定。某段因所经地形较陡，故将设立跌坎通过，如图 7-22 所示，因此渠道产生非均匀流，其中包括跌水现象。试问：在跌坎前的土渠会不会受冲刷？若发生冲刷，求渠道的防冲铺砌长度 Δl 需要多长？

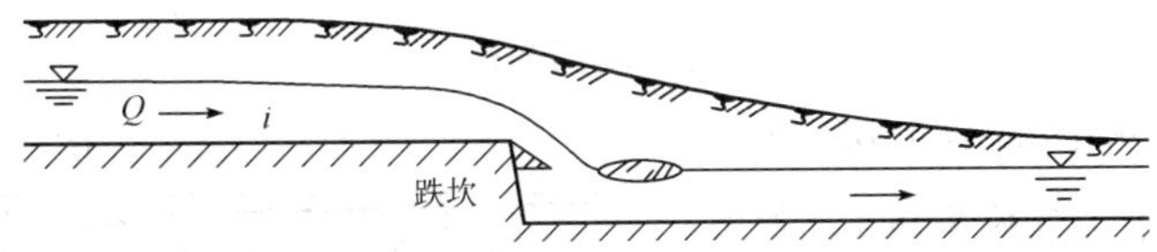

图 7-22　例 7.7 图

解：因设跌坎，渠道中产生了非均匀流，故首先要分析水面曲线的变化，然后校核流速是否超过了允许流速，最后决定防冲铺砌长度。

(1) 正常水深 h_0 和渠道底坡 i 的计算。从允许流速 v_{max} 出发，有

$$A_0=\frac{Q}{v_{max}}=\frac{3.5}{1.2}=2.92\ (\text{m}^2)$$

又从
$$A_0=(b+mh_0)h_0=(1.2+1.5h_0)h_0=2.92\ \text{m}^2$$

$$1.5\,h_0^2+1.2h_0-2.92=0$$

得 $h_0=1.05$ m。

从

$$i=\frac{v^2}{C_0^2R_0}=\frac{v^2}{(R_0^{1/3}/n)^2R_0}=\frac{n^2\ (v_{max})^2}{R_0^{4/3}}$$

而

$$R_0=\frac{A_0}{x_0}=\frac{A_0}{b+2h_0\sqrt{1+m^2}}=\frac{2.92}{1.2+2\times1.05\sqrt{1+1.5^2}}=0.586\ (\text{m})$$

得

$$i=\frac{(0.025\times1.2)^2}{(0.586)^{4/3}}=0.001\ 84$$

(2) 临界水深 h_K 的计算。根据计算 h_K 的普遍式 (7-25) 有

$$\frac{A_K^3}{B_K}=\frac{\alpha Q^2}{g}$$

而

$$\frac{\alpha Q^2}{g}=\frac{1\times3.5^2}{9.8}=1.25\ (\text{m}^5)$$

$$\frac{A_K^3}{B_K}=\frac{[(b+mh_K)h_K]^3}{b+2mh_K}=\frac{[(1.2+1.5h_K)h_K]^3}{1.2+2\times1.5h_K}$$

用试算法解上式，如表 7-9 所示。

表 7-9　试算结果

h_K/m	1.0	0.70	0.75	0.71
$\frac{A_K^3}{B_K}$/m^3	4.69	1.19	1.54	1.25

可见，当 $A_k^3/B_K=\alpha Q^2/g=1.25\ \text{m}^5$ 时，得

$$h_K=0.71\ \text{m}$$

由上述结果可知：$h_0=1.05\ \text{m}>h_K=0.71\ \text{m}$，故$i>i_K$（缓坡渠道），便可标出 N—N 与 K—K 线。再考虑此段非均匀流的边界条件，起始断面的水深 $h_1<h_0$，末端跌坎上的水深 $h_2=h_K$。因此，此段水流处于 2 区，水面曲线为 M_2 型降水曲线，如图 7-23 所示。

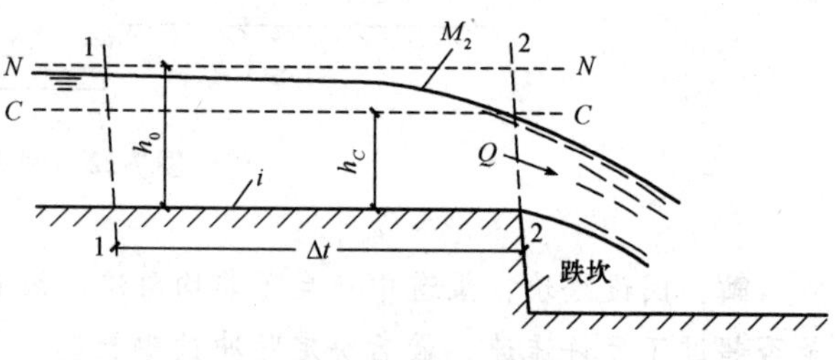

图 7-23　M_2 型降水曲线

(3) 渠中流速的校核。因为是 M_2 型曲线，在跌坎 2—2 处的水深为 $h_2=h_K=0.71\ \text{m}$，渠中非均匀流的最大流速 v_C 便发生在该处。此时

$$v_K=\frac{Q}{A_K}=\frac{3.5}{(1.2+1.5\times0.71)\times0.71}=2.18\ (\text{m/s})\ >v_{\max}=1.2\ \text{m/s}$$

可见，v_C 远远超过允许流速 $v_{\max}$，水流对渠底将产生巨大的冲刷。

(4) 防冲铺砌长度 Δl 的计算。现决定在 $v\geqslant1.5\ \text{m/s}$（比允许流速稍大）的一段渠道上铺砌防冲层。为此，可根据分段求和法计算公式确定铺砌长度 Δl。

$$\Delta l=\frac{\Delta E}{i-\bar{J}}$$

而

$$\Delta E=\left(h_2+\frac{\alpha_2 v_2^2}{2g}\right)-\left(h_1+\frac{\alpha_1 v_1^2}{2g}\right)$$

现 $h_2=h_{CK}=0.71\ \text{m}$，$v_2=v_K=2.18\ \text{m/s}$，并设 $a_1=a_2=1$，h_1（未知）可根据 $v_1=1.5\ \text{m/s}$ 计算

$$A_1=\frac{Q}{v_1}=\frac{3.5}{1.5}=2.33\ (\text{m}^2)$$

$$A_1=(b+mh_1)h_1=(1.2+1.5h_1)h_1$$

解得防冲起始断面 1—1 的水深 $h_1=0.91\ \text{m}$，则水力坡度的平均值为

$$\bar{J}=\frac{\bar{v}^2}{C^2R}=\frac{\bar{v}^2}{(R^{1/6}/n)^2R}=\frac{n^2\bar{v}^2}{R^{4/3}}$$

而

$$\bar{v}=\frac{v_1+v_2}{2}=\frac{1.5+2.18}{2}=1.84\ (\text{m/s})；\ n=0.025$$

$$\begin{aligned}R=\bar{A}/\bar{x}&=(b+m\bar{h})\bar{h}/\left(b+2\bar{h}\sqrt{1+m^2}\right)\\&=(1.2+1.5\times0.81)\times0.81/\left(1.2+2\times0.81\sqrt{1+1.5^2}\right)\\&=0.475\ (\text{m})\end{aligned}$$

代入后，有

$$\bar{J}=\frac{(0.025\times1.84)^{2}}{(0.475)^{4/3}}=\frac{0.002\ 12}{0.371}=0.005\ 71$$

将上述数据代入分段求和法算式后，便得到渠道的防冲铺砌长度为

$$\Delta l=\frac{\Delta E}{i-\bar{J}}=\frac{(0.71+0.051\times2.18^{2})-(0.91+0.051\times1.5^{2})}{0.001\ 84-0.005\ 71}=18.7\ (\mathrm{m})$$

7.8　天然河道中水面曲线的计算

在天然河道中修建桥梁、堰、坝或导流堤等建筑物时，必然会引起有关水面曲线的变化，并且天然河道断面形状极其不规则，曲直相间，底坡、糙率都沿程变化，因而使得天然河道中的水力要素变化复杂，因此天然河道的水流一般都是非均匀流。

根据天然河道的上述特点，水面曲线的计算多采取分段求和法，分段时应遵循以下原则：

（1）每个计算流段内，过水断面形状及尺寸、底坡、糙率等大致相同。

（2）每个计算流段内，上、下游断面水位差 Δz 不宜过大，一般对平原河流取 0.2 ~ 1.0 m，山区河流取 1.0 ~3.0 m。

（3）分段长短视具体情况而定，对不规则的河道，分段短一些，比较顺直的河道分段可长一些。一般每一河段的长度可在几百米至几千米之间。

在天然河道水面曲线的计算中，一般不用水深的变化来表示，这是因为河床起伏不平，水面线计算如用水深表示极为不便，也不易得出准确结果。一般观测河道水情首先是观测水位涨落，因此天然河道水面曲线用水位高程的沿程变化来表示。

在天然河道中，常用水位变化来代替水深变化进行分析。如图 7-24 所示，各断面的水位以 z_i 表示，先在断面 1—1 与 2—2 间建立能量方程，对图 7-24 的水深变化进行分析：

$$z_1+\frac{\alpha_1 v_1^2}{2g}=z_2+\frac{\alpha_2 v_2^2}{2g}+\Delta h_w$$

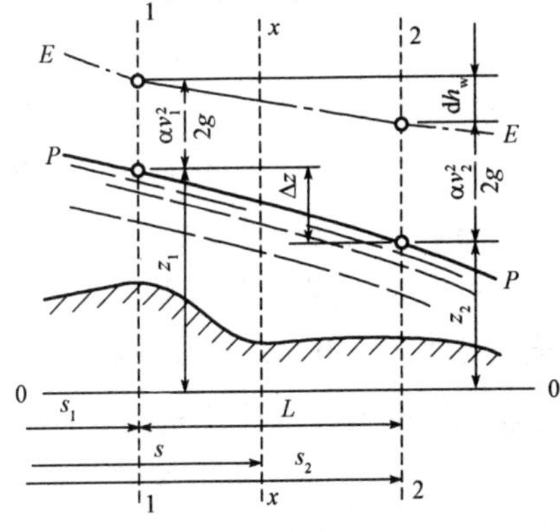

图 7-24　采用水位变化进行分析

在天然河道中，由于过流断面沿程变化较大，所以各流段内的局部水头损失 Δh_j 一般不能忽略。在各流段内的沿程水头损失 Δh_F 仍可按均匀流规律考虑。

$$\Delta h_j=\bar{\xi}\left(\frac{v_2^2}{2g}-\frac{v_1^2}{2g}\right)$$

$$\Delta h_F=\frac{Q^2}{\bar{K}^2}\Delta s$$

$\bar{\xi}$ 为流段内的局部阻力系数的平均值：对收缩段，局部水头损失较小，常可忽略不计，此时 $\bar{\xi}=0$；对扩展段，Δh_j 值不可忽略不计，一般采用 $\bar{\xi}=-0.33\sim-1.0$，$\bar{\xi}$ 用负号是为了使局部水头损失

得正值。而流量模数的平均值 $\bar{K}=\bar{A}\bar{C}\bar{R}^{1/2}$。

将 Δh_j 和 Δh_F 的公式代入得

$$z_1+\frac{\alpha_1 v_1^2}{2g}=z_2+\frac{\alpha_2 v_2^2}{2g}+\frac{Q^2}{\bar{K}^2}\Delta s+\bar{\xi}\left(\frac{v_2^2}{2g}-\frac{v_1^2}{2g}\right) \tag{7-44}$$

式（7-44）即天然河道水面曲线计算的一般计算式。

当流段的过流断面面积变化不大，即流速水头的变化 $\Delta(\alpha v^2/2g)$ 很小时，局部水头损失也忽略，则天然河道水面曲线的计算式（7-44）可简化为

$$z_1-z_2=\frac{Q^2}{\bar{K}^2}\Delta s \tag{7-45}$$

或

$$z_1=z_2+\frac{Q^2}{\bar{K}^2}\Delta s \tag{7-46}$$

在利用式（7-45）或式（7-46）进行天然河道水面曲线计算时，首先将有关计算的河道分成若干小段，然后就分段的上端或下端的已知水位，依次沿各个分段进行计算，直到算完有关河段为止。其计算步骤与 7.7 节所讲的分段求和法类似。

习 题

1. 有一明渠均匀流，过流断面如 1 题图所示。$B=1.2$ m，$r=0.6$ m，$i=0.0004$。当流量 $Q=0.55$ m³/s 时，断面中心线水深 $h=0.9$ m，问此时该渠道的流速系数（谢才系数）C 应为多少？[48.74]

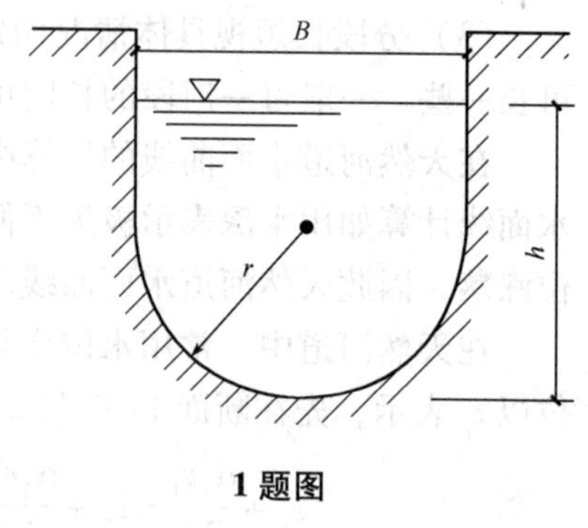

1 题图

2. 在我国铁路现场中，路基排水的最小梯形断面尺寸一般规定如下：底宽 b 为 0.4 m，过流深度 h 按 0.6 m 考虑，沟底坡度 i 规定最小值为 0.002。现有一段梯形排水沟在土层开挖（$n=0.025$），边坡系数 $m=1$，b、h 和 i 均采用上述规定的最小值。问此段排水沟按曼宁公式和巴甫洛夫斯基公式计算其通过的流量有多大？[0.466 m³/s，0.424 m³/s]

3. 有一条长直的矩形断面明渠，过流断面宽 $b=2$ m，水深 $h=0.5$ m。若流量变为原来的两倍，水深变为多少？假定流速系数 C 不变。[0.85 m]

4. 为测定某梯形断面渠道的粗糙系数 n，选取 $l=150$ m 长的均匀流段进行测量。已知渠底宽度 $b=10$ m，边坡系数 $m=1.5$，水深 $h_0=3.0$ m，两断面的水面高差 $\Delta z=0.3$ m，流量 $Q=50$ m³/s，试计算 n。[0.064]

5. 一路基排水沟需要通过流量 $Q=1.0$ m³/s，沟底坡度 $i=0.004$，水沟断面采用梯形，并用小片石干砌护面，$n=0.02$，边坡系数 $m=1$。试按水力最优条件设计此排水沟的断面尺寸。[$b=0.51$ m，$h=0.62$ m]

6. 某梯形断面渠道中的均匀流动，流量 $Q=20$ m³/s，渠道底宽 $b=5.0$ m，水深 $h=2.5$ m，边坡系数 $m=1.0$，粗糙系数 $n=0.025$，试求渠道底坡 i。[0.396%]

7. 有一输水渠道，在岩石中开凿，$n=0.02$，采用矩形过流断面。$i=0.003$，$Q=1.2\ m^3/s$。试按水力最优条件设计断面尺寸。[$b=1.34$ m，$h=0.67$ m]

8. 今欲开挖一梯形断面土渠。已知流量 $Q=10\ m^3/s$，边坡系数 $m=1.5$，粗糙系数 $n=0.02$，为防止冲刷取最大允许流速 $v=1.0$ m/s。试求：

(1) 按水力最优条件设计断面尺寸。[$b=1.33$ m，$h=2.18$ m]

(2) 渠道底坡 i 为多少？[0.000 357]

9. 梯形断面渠道，底宽 $b=1.5$ m，边坡系数 $m=1.5$，通过流量 $Q=3\ m^3/s$，粗糙系数 $n=0.03$，当按最大不冲流速 $v'=0.8$ m/s 设计时，求正常水深及底坡。[$h_0=1.16$ m，$i=1\times10^{-3}$]

10. 有一梯形渠道，用大块石干砌护面，$n=0.02$。已知底宽 $b=7$ m，边坡系数 $m=1.5$，底坡 $i=0.001\ 5$，需要通过的流量 $Q=18\ m^3/s$，试决定此渠道的正常水深 h_0。[1.15 m]

11. 有一梯形渠道，设计流量 $Q=10\ m^3/s$，采用小片石干砌护面，$n=0.02$，边坡系数 $m=1.5$，底坡 $i=0.003$，要求水深 $h=1.5$ m，问断面的底宽 b 应为多少？[0.77 m]

12. 某圆形污水管道，已知管径 $d=1\ 000$ mm，粗糙系数 $n=0.016$，底坡 $i=0.01$，试求最大设计充满度时的均匀流量 Q 及断面平均流速。[1.78 m^3/s，2.81 m/s]

13. 有一钢筋混凝土圆形排水管（$n=0.014$），管径 $d=500$ mm，试问在最大设计充满度下需要多大的管底坡度 i 才能通过 0.3 m^3/s 的流量？[$i=1.05\%$]

14. 已知混凝土圆形排水管（$n=0.014$）的污水流量 $Q=0.2\ m^3/s$，底坡 $i=0.005$，试决定管道的直径 d。[500 mm]

15. 有一直径为 $d=200$ mm 的混凝土圆形排水管（$n=0.014$），管底坡度 $i=0.004$，试问通过流量 $Q=20$ L/s 时管内的正常水深 h 为多少？[172 mm]

16. 梯形渠道底宽 3 m，边坡系数 $m=2$，流量 $Q=8\ m^3/s$，求临界水深。[0.754 m]

17. 一矩形渠道，过水断面宽度 $b=5$ m，通过流量 $Q=17.25\ m^3/s$，求此渠道的临界水深 h_K。[1.07 m]

18. 梯形断面渠道，已知 $Q=45\ m^3/s$，底宽 $b=10$ m，边坡系数 $m=1.5$，粗糙系数 $n=0.022$，底坡 $i=0.000\ 9$，求临界底坡 i_K，并判断渠道底坡的陡缓。[$i_K=0.005$，缓坡]

19. 梯形断面渠道，$b=2.5$ m，$n=0.001\ 4$，$Q=3.5\ m^3/s$，渠中某一断面水深为 0.8 m，试判别该断面水流的缓急状态。[急流]

20. 梯形断面渠道，底宽 $b=10$ m，边坡系数 $m=1.5$，水深 $h=5$ m，$Q=300\ m^3/s$，试用佛汝德数判别流态。[$Fr<1$，缓流]

21. 有一矩形断面平底渠道，底宽 $b=0.3$ m，渠中流量为 $Q=0.6\ m^3/s$，已知在某处发生水跃，跃前水深为 0.3 m，试求：(1) 跃后水深；[1.59 m] (2) 水跃的长度；[8.9 m] (3) 水跃中的能量损失。[1.12 m]

22. 一顺坡明渠渐变流段，长 $l=1$ km，全流段平均水力坡度 $\bar{J}=0.000\ 1$。若把基准面取在末端过流断面底部以下 0.5 m，则水流在起始断面的总能量 $E_1=3$ m。求末端断面水流所具有的断面单位能量 e_2。[1.5 m]

23. 棱柱体渠道中流量和糙率均沿程不变，分析 23 题图中当渠底坡度变化时，水面曲线连接的可能形式。

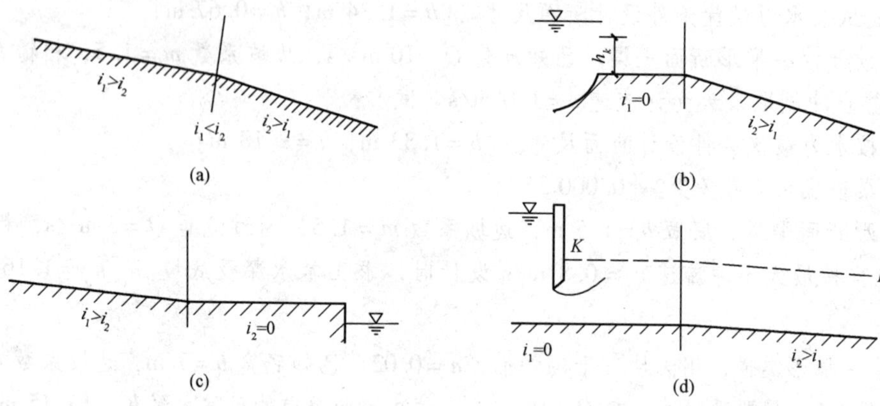

23 题图

第8章

渗　流

渗流即液体在土壤和岩石等孔隙介质中的流动，例如水、石油和天然气等各种流体都存在渗流。在水利工程中常见的渗流问题有水工建筑物基础的渗流与稳定，水井等集水建筑物的设计计算，取水建筑物抗渗、抗浮计算，挡水土坝的渗流即土坝稳定性的分析，渠道节水相关渗流分析，等等。渗流如图 8-1 所示。

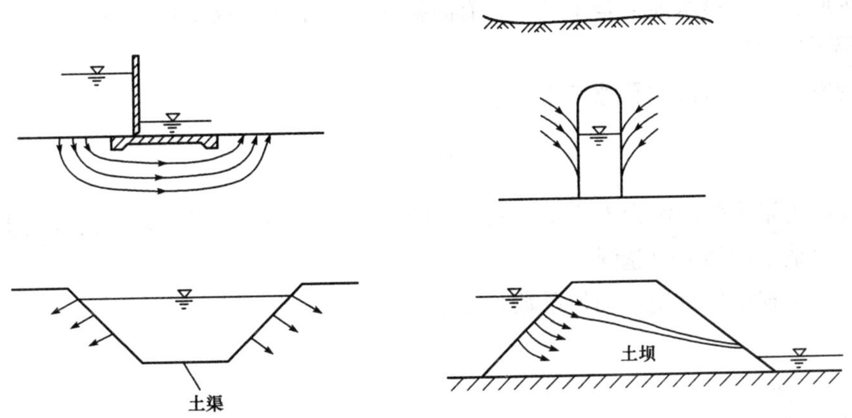

图 8-1　渗流

就水力学的内容来说，渗流的水力计算及研究内容包括：

（1）确定渗流流量；

（2）确定浸润线的位置；

（3）确定渗透压力；

（4）计算渗流流速；

（5）估计渗流对土壤的破坏作用。

8.1 渗流的基本概念

渗流即水在土壤孔隙中的流动。要研究渗流有三个问题需要弄清楚：土壤中水的形态、土壤的性质和渗流模型。

8.1.1 土壤中水的形态

（1）气态水：以水蒸气形式混合于空气之中，存在于土壤孔隙之内。数量很少，一般不考虑。

（2）附着水和薄膜水：受土颗粒分子的引力作用而存在于土壤之中，很难运移。

（3）毛细水：在毛管力作用下形成的可以运移的水。

（4）重力水：在重力作用下土壤孔隙中运动的水。

作为研究宏观运动的水力学，气态水、附着水、薄膜水和毛细水数量少又很难运移，故渗流中一般不考虑。而重力水对土壤颗粒有压力作用，可以带动土壤颗粒运动，严重时造成土壤结构的破坏，危及水利建筑物的安全稳定，所以本章仅讨论重力水的流动规律。

8.1.2 土壤的性质

水在土中的渗流规律一方面取决于水的物理性质，另一方面还要受到土壤性质的制约。不同的土壤或岩层的透水能力是不同的，有时甚至相差很大。这主要是由于土壤密实程度和均匀程度都不尽相同。

土壤的密实程度可以用孔隙率来表示：

$$\varepsilon = \frac{\omega}{W} \tag{8-1}$$

式中，ω 表示孔隙体积，W 为土壤总体积。孔隙率 ε 总是小于 1 的，ε 越大表明土壤的透水性能越强，容纳水的能力也越强。

土壤的均匀程度可以用不均匀系数来表示：

$$\eta = \frac{d_{60}}{d_{10}} \tag{8-2}$$

式中，d_{60} 表示经过筛分后占 60% 重量土粒所能通过的筛孔直径；d_{10} 表示经过筛分后占 10% 重量土粒所能通过的筛孔直径。一般 η 大于 1，η 越大表明土壤越不均匀。

为了研究渗流规律，把土壤按各点同一方向的透水性能分为均质土壤和非均质土壤两类。土壤各点同方向透水性能一致的叫作均质土壤；反之为非均质土壤。严格来讲，只有当土壤由等直径的圆球颗粒组成时，其透水能力才不随空间位置及方向变化，才符合均质土壤条件。而实际土壤的情况却非常复杂，为了使问题简化，在满足工程精度的前提下，一般都假定土壤是均质的。在渗流区中包括若干透水能力各不相同的土壤，这种土壤称为层状土壤。就其每一层而言，是可以当作均质土壤来处理的，此时各层土壤为了区分可用不同的渗透系数 k_i 来表示。有时当两层土壤的透水能力相差很大时，也可以将透水性很小的土壤层近似看作不透水层。

土壤按水的存在状态又可分为饱和带与非饱和带（又称包气带）。饱和带的土壤孔隙全部为水所充满，主要为重力水区，也包括饱和的毛细水区。非饱和带的土壤孔隙为水和空气所共同充满，其中气态水、附着水、薄膜水、毛细水、重力水都可能存在，其流动规律与饱和带重力水的流动规律不同。非饱和带中除重力外，还有土粒吸力、表面张力等作用。

本章主要讨论饱和带中均质土壤的渗流问题。

8.1.3　渗流模型

渗流是水在土壤孔隙中的运动，但由于土壤孔隙的形状、大小及分布极为复杂，从微观上详细研究渗流在每一孔隙中的运动是非常困难的，而且在工程实际中也没有必要，所以只需要了解渗流的宏观平均效果及运动规律。因此，按照生产实际需要对渗流加以简化，提出了渗流模型的概念，即不考虑渗流路径的迂回曲折，只考虑它的主要流向；不考虑土颗粒的存在，认为整个渗流空间全部为液体所充满，如图 8-2 所示。

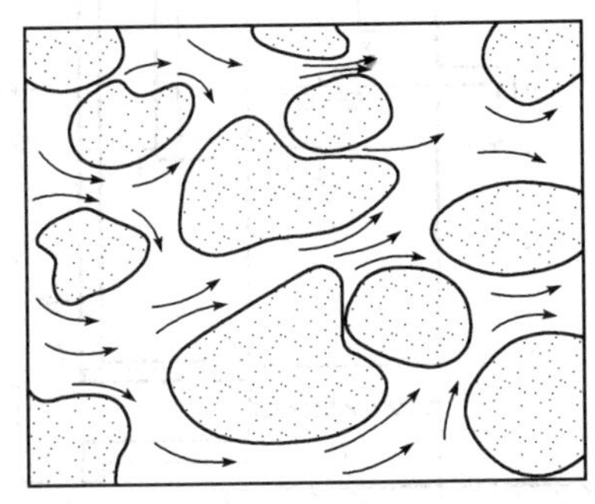

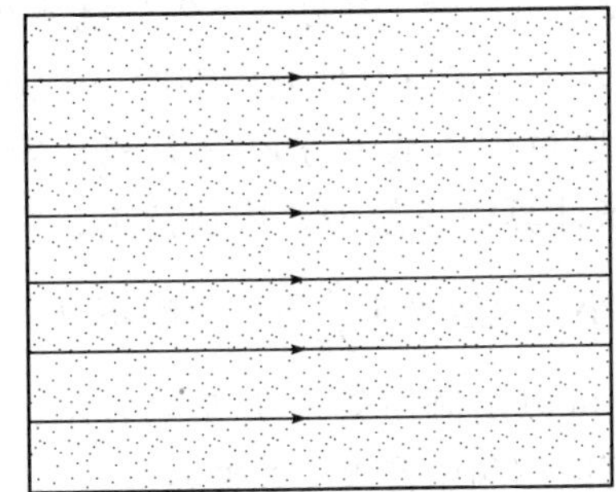

图 8-2　渗流空间

若要使这种假想的渗流模型在水力特性方面和真实渗流一致，就要求渗流模型必须满足以下几点：

（1）通过同一过水断面，渗流模型的流量应等于真实渗流的流量，即流量相等。

（2）渗流模型与真实渗流在相同距离内的水头损失应相等，即阻力相等。

（3）对某一作用面，渗流模型与真实渗流的动水压力应相等，即压力相等。

那么，渗流模型与真实渗流的流速是否相等呢？渗流模型某一微小过水断面的渗流流速为

$$u=\frac{\Delta Q}{\Delta A} \tag{8-3}$$

式中　ΔQ——通过微小过水断面的渗流流量；

ΔA——由土粒骨架和孔隙组成的微小过水断面面积。

式（8-3）中 ΔA 一部分面积为土粒占据，所以实际过水断面面积 $\Delta A'$ 要比 ΔA 小，$\Delta A'=\varepsilon\Delta A$，因此实际的渗流流速为

$$u'=\frac{\Delta Q}{\varepsilon\Delta A}=\varepsilon u \tag{8-4}$$

显然孔隙率 $\varepsilon<1$，所以 $u>u'$，即渗流模型中的流速小于实际渗流流速。

引入渗流模型后，可以认为渗流是发生在连续空间内的连续介质的运动，前面所学的水

力学概念和方法，如过水断面、流线、流束、断面平均流速等均可以应用到渗流运动的研究中。渗流可划分为恒定渗流与非恒定渗流、均匀渗流与非均匀渗流、渐变渗流与急变渗流，还可按有无自由表面划分为有压渗流与无压渗流。

8.2 渗流的达西定律

8.2.1 达西定律

达西实验装置如图 8-3 所示，在一个等直径圆筒内装入颗粒均匀的砂土，上端开口与大气相通，在筒的侧壁相距 l 的断面 1—1 和断面 2—2 上安装测压管，在砂土下安装滤水板。水由上端注入，溢水口 B 使筒内维持一个恒定水位，渗流通过砂体从下方短管 T 流入容器 V，并由此来计算渗流量 Q。特别指出，由于渗流流速很小，流速水头$\frac{u}{2g}$可以忽略不计，所以总水头 H 可以用测压管水头 h 来表示，水头损失 h_w 可以用测压管水头差来表示：

$$H = h = z + \frac{p}{\gamma} \tag{8-5}$$

$$h_w = h_1 - h_2 \tag{8-6}$$

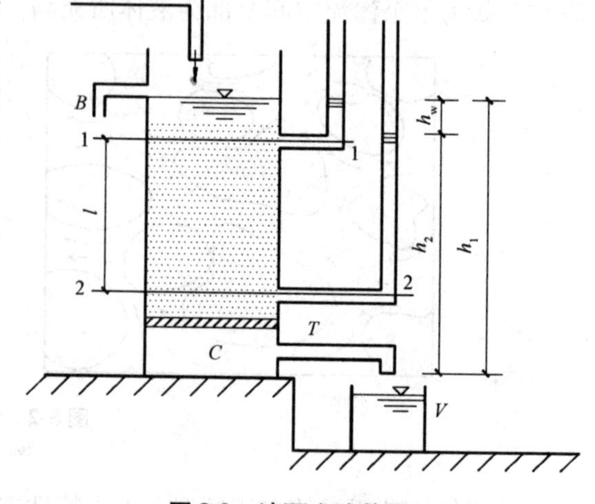

图 8-3 达西实验装置

水力坡度 J 为

$$J = \frac{h_w}{l} = \frac{h_1 - h_2}{l} \tag{8-7}$$

达西对大量实验资料进行分析，发现了不同尺寸的圆筒内装不同粒径的砂土，其渗流量 Q 与圆管的断面面积 A 和水力坡度 J 成正比，且和土壤的透水性有关，即

$$Q = kAJ \tag{8-8}$$

断面平均流速

$$v = \frac{Q}{A} = kJ \tag{8-9}$$

其中 k 为反映孔隙介质透水性能的一个综合系数，也就是渗透系数，它具有流速的量纲。

达西实验中渗流区为圆柱形均质砂土，属于恒定均匀渗流，可以认为各点的流动状态是相同的，任一点的渗流流速 u 等于断面平均流速 v，故达西定律也可表示为

$$u = kJ \tag{8-10}$$

达西定律是从均质砂土的恒定渗流实验中总结出来的，后又经过许多人将其近似推广到非均匀渗流、非恒定渗流等各种渗流运动中。此时，达西定律反映的只能是渗流流场中任一

点处的流速 u 与水力坡度 J 之间的关系，即 $u=kJ$，其中的流速 u 与水力坡度 J 都是随位置变化而变化的，故水力坡度可以微分形式来表示：

$$J=-\frac{\mathrm{d}H}{\mathrm{d}s} \tag{8-11}$$

任意一点的渗流流速可以表示为

$$u=-k\frac{\mathrm{d}H}{\mathrm{d}s} \tag{8-12}$$

8.2.2　达西定律的适用范围

达西定律中渗流流速与水头损失的一次方成正比，从沿程水头损失的变化规律来看，渗流符合层流运动。后来较广的实验指出，随着流速的增大，渗流流速将与水头损失的 1 ~ 2 次方成正比，当流速达到一定数值后，将与水头损失的平方成正比。由此可见，达西定律只适用于层流或者线性渗流。超出达西定律适用范围的渗流都称为非线性渗流，可能是层流也可能是紊流，其可概括为

$$J=\alpha u+\beta u^2 \tag{8-13}$$

式中，α 和 β 是待定的系数，通过实验可以确定。当 $\beta=0$ 时，式（8-13）满足线性关系；当渗流进入紊流阻力平方区时，$\alpha=0$，在这两种情况之间称为一般非线性定律。

渗流运动是线性的还是非线性的，该如何判断呢？曾有学者提出以颗粒直径为判别指标，而大多数学者认为仍以雷诺数作为判断指标：

$$Re=\frac{vd_{10}}{\upsilon}\leqslant 1\sim 10 \tag{8-14}$$

式中　d_{10}——土颗粒级配曲线上比它小的粒径占全部土重的 10% 时的粒径，称为有效粒径。

υ 为液体的运动黏滞系数，v 为平均流速。一般可以将 $Re=1$ 作为线性定律的上限值，$Re=100$ 作为层紊流的转变界限。

在水利工程中，大多数渗流运动服从达西定律，只有在砾石、碎石等大孔隙介质中的渗流，如堆石坝，不服从达西定律。土壤颗粒极细的黏土也服从达西定律。针对渗流过程中造成土壤变形结构失稳的相关问题，将在其他课程中阐述。本章所讨论的渗流，仅限于服从达西定律的渗流。

8.2.3　渗透系数

在应用达西定律进行水力计算时，还需要确定土壤的渗透系数 k，而渗透系数的影响因素很多，如土的颗粒形状、大小、结构、孔隙率、不均匀系数及水温等，要精确确定其数值比较困难。通常采用以下三种方法确定 k。

（1）实验室测定法。在实验室利用图 8-3 所示的渗流测定装置，将实测数据代入即可求得 k。

$$k=\frac{Ql}{Ah_{\mathrm{w}}} \tag{8-15}$$

此法设备简单，费用低，易于操作，但由于天然土并非完全均质土，较难完全反映真实情况，而且取样和操作过程难以保证土壤的结构不受扰动，因此要进行多次实验计算取

均值。

（2）现场测定方法。在所研究渗流区域的现场钻井或挖坑，往其中注水或从中抽水测流量和水头，再用理论公式推算 k。此法可测得大面积渗流区域的平均渗透系数，且数据可靠，但规模大，所需费用较高，一般多用于大型工程。

（3）经验法。进行初步估算时，因缺乏可靠的实际资料，可以参考有关规范或已建成工程的资料选用 k，或根据土的颗粒形状、大小、孔隙率、温度等参数由经验公式或规律来选定 k。显然，这种方法可靠性较差，只能用于粗略估算。现将各类土的渗透系数的参考值列于表 8-1，供估算选用。

表 8-1　土的渗透系数参考值

土　名	渗透系数 k	
	m/d	cm/s
黏土	<0.005	$<6\times10^{-6}$
粉质黏土	0.005～0.1	$6\times10^{-6}\sim1\times10^{-4}$
黏质粉土	0.1～0.5	$1\times10^{-4}\sim6\times10^{-4}$
黄土	0.25～0.5	$3\times10^{-4}\sim6\times10^{-4}$
粉砂	0.5～1.0	$6\times10^{-4}\sim1\times10^{-3}$
细砂	1.0～5.0	$1\times10^{-3}\sim6\times10^{-3}$
中砂	5.0～20.0	$6\times10^{-3}\sim2\times10^{-2}$
均质中砂	35～50	$4\times10^{-2}\sim6\times10^{-2}$
粗砂	20～50	$2\times10^{-2}\sim6\times10^{-2}$
均质粗砂	60～75	$7\times10^{-2}\sim8\times10^{-2}$
圆砾	50～100	$6\times10^{-2}\sim1\times10^{-1}$
卵石	100～500	$1\times10^{-1}\sim6\times10^{-1}$
无填充物卵石	500～1 000	$6\times10^{-1}\sim10$
稍有裂隙岩石	20～60	$2\times10^{-2}\sim7\times10^{-2}$
裂隙多的岩石	>60	$>7\times10^{-2}$

8.3　恒定无压渗流

在引进渗流模型后，就可以用过去研究地表水的方法来研究地下渗流。若渗流发生的区域位于不透水基底上，且渗流有自由表面，这种流动称为无压渗流。无压渗流表面称为浸润面，其与纵断面的交线称为浸润线。为了简便起见，把渗流区不透水基底视作平面，以 i 表示其坡度，有三种类型：正坡（$i>0$），平坡（$i=0$），逆坡（$i<0$）。其过水断面可以看作宽阔的矩形。

与明渠水流相似，无压渗流可以是均匀渗流，也可以是非均匀渗流。非均匀渗流又可以分为渐变渗流和急变渗流。本节主要讨论达西定律在恒定无压均匀渗流和非渐变渗流中的应用。

8.3.1　均匀渗流

如图 8-4 所示，发生在正坡不透水基层的无压均匀渗流，水深 h_0 沿程不变，浸润线平行于基层，水力坡度 $J=i$，根据达西定律断面平均流速为

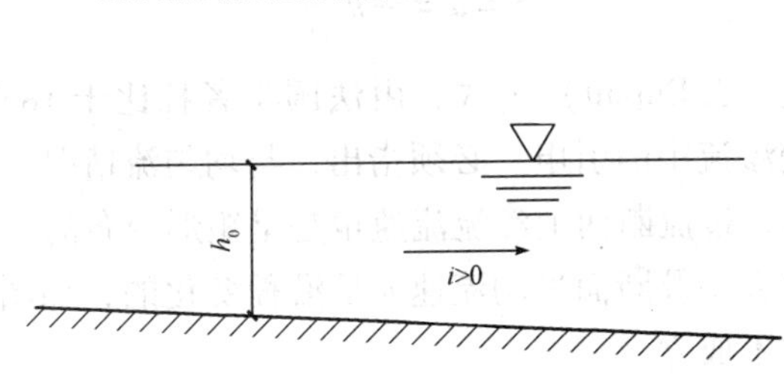

图 8-4　无压均匀渗流

$$v=ki \tag{8-16}$$

通过过水断面 A_0 的流量 Q 为

$$Q=kiA_0 \tag{8-17}$$

取过水断面的宽度为 b（$A_0=bh_0$），则单宽渗流量 q 为

$$q=kih_0 \tag{8-18}$$

8.3.2　渐变渗流的基本公式

图 8-5 所示为一地下水的无压非均匀渐变渗流。同一过水断面上各点的测压管水头相等，由于渗流速度很小，可不计流速水头的影响，所以同一过水断面上各点的总水头也相等。

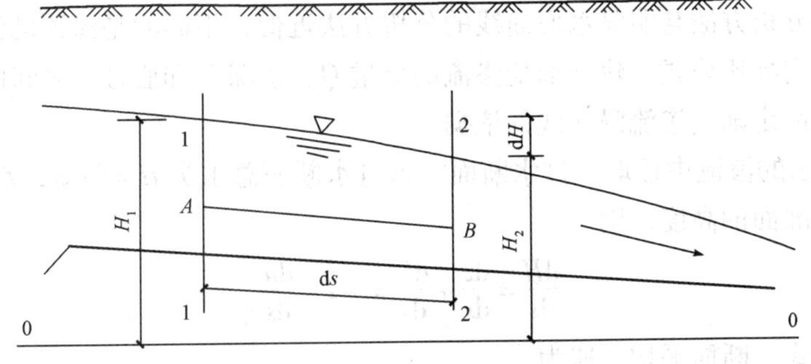

图 8-5　无压非均匀渐变渗流

若在相距 ds 的过水断面 1—1 和 2—2 之间任取一条流线 AB，由式（8-12），A 点处的渗流流速 u 为

$$u=-k\frac{dH}{ds}$$

由于渐变流过水断面总水头 $H=z+\frac{p}{\gamma}$ = 常数，所以水头差 $dH=H_1-H_2$ = 常数，因渐变渗流的流线曲率很小，两个过水断面之间各流线长度 ds 也近似相等，所以同一过水断面上各点的水力坡度 $J=-\frac{dH}{ds}$ 也相等，渐变渗流断面上渗流流速 u 也是均匀分布的，即

$$v=u=-k\frac{dH}{ds} \tag{8-19}$$

式（8-19）称为杜比（J. Dupuit）公式，由法国学者杜比于 1857 年首先推导出来。杜比公式为达西定律在渐变渗流中的引申。必须指出，与均匀流情况不同，在渐变渗流中，虽然在同一断面上 J 是常量，过流断面上渗流流速也是呈矩形分布的，但不同断面的 J 是不一样的，即各断面上的流速大小及断面平均流速 v 是沿程变化的，如图 8-6 所示。对于非均匀突变渗流，式（8-19）并不成立。

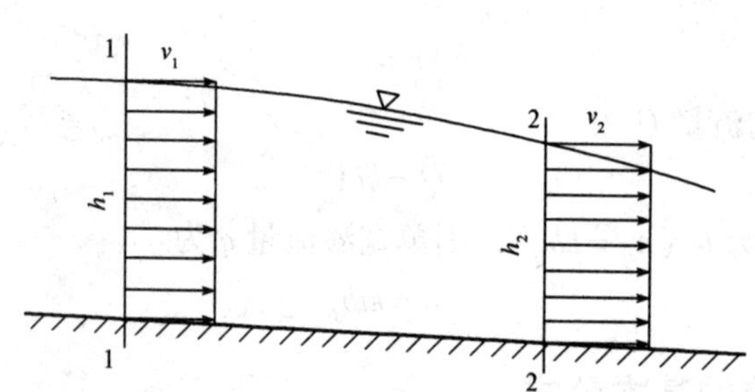

图 8-6　渐变渗流各断面上的流速大小及断面平均流速

8.3.3　地下水无压恒定渐变渗流的浸润线

浸润曲线的分析方法与明渠水面曲线的分析方法近似，不同的是渗流的流速水头可以忽略不计。现在利用杜比公式，建立渐变渗流的流量 Q、水深 h 和底坡 i 之间的关系式，作为分析和计算无压恒定渐变渗流浸润线的依据。

在图 8-7 所示的渗流中任取一过水断面，该过水断面总水头 $H=z+h$，水深为 h，z 为过水断面底部到基准面的高度，则

$$\frac{dH}{ds}=\frac{dz}{ds}+\frac{dh}{ds}=-i+\frac{dh}{ds} \tag{8-20}$$

根据杜比公式，断面平均流速为

$$v=-k\frac{dH}{ds}=k\left(i-\frac{dh}{ds}\right) \tag{8-21}$$

通过过水断面 A 的流量为

$$Q=kA\left(i-\frac{dh}{ds}\right) \tag{8-22}$$

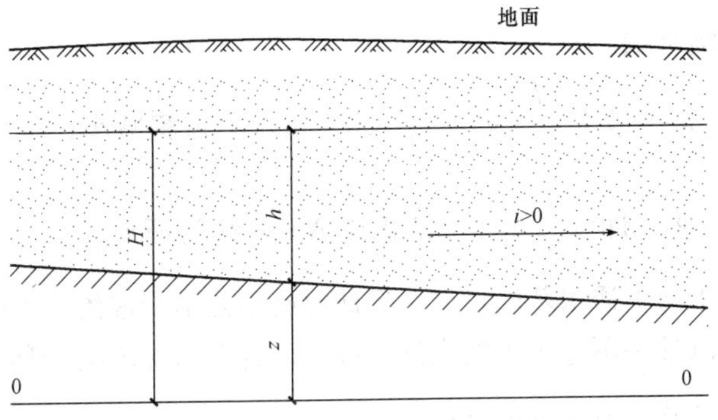

图 8-7　过水断面

式（8-22）即地下水无压恒定非均匀渐变渗流的基本微分方程式，利用该式就可以对浸润线进行定性分析和定量计算。

在非均匀渐变渗流中，和一般明渠流动的水面线一样，浸润线可以是降水曲线，也可以是壅水曲线。但由于地下水渗流时的动能极小，流速水头可忽略，断面比能 E_s 实际上就等于水深 h，故在地下水层流中不存在临界水深 h_K 的问题，临界底坡、缓坡、陡坡的概念及急流、缓流、临界流都不存在。因此，在不透水层坡度上也只有正坡、平坡和逆坡三种底坡形式，渗流水深也只需要与均匀渗流的正常水深做比较。由此可见，渐变渗流的浸润线要比明渠的水面线形式简单得多，3 种底坡上共有 4 种形式的浸润线。

8.3.3.1　正坡（$i>0$）

如图 8-8 所示，在正坡上可以发生均匀流，其流量为 $Q=bh_0k$，其中 h_0 表示均匀渗流的水深，代入式（8-22）有

$$\frac{\mathrm{d}h}{\mathrm{d}s}=i\left(1-\frac{h_0}{h}\right) \tag{8-23}$$

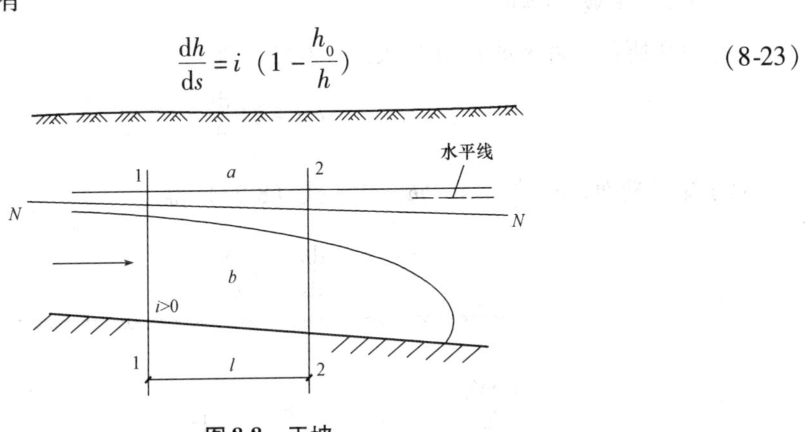

图 8-8　正坡

N—N 为与基底平行的正常水深线（h_0），N—N 线将水流划分为水深 $h>h_0$ 的 a 区和 $h<h_0$ 的 b 区。

在 a 区，由于 $h>h_0$，故 $\frac{\mathrm{d}h}{\mathrm{d}s}>0$，水深沿流程增加，浸润线为壅水曲线。当 $h\to h_0$ 时，$\frac{h_0}{h}\to 1$，$\frac{\mathrm{d}h}{\mathrm{d}s}\to 0$，即浸润线在上游以 N—N 线为渐近线。当 $h\to\infty$ 时，$\frac{h_0}{h}\to 0$，$\frac{\mathrm{d}h}{\mathrm{d}s}\to i$，即浸润

线在下游以水平线为渐近线。

在 b 区，由于 $h<h_0$，故 $1-\frac{h_0}{h}<0$，$\frac{dh}{ds}<0$，水深沿流程减小，浸润线为降水曲线。当 $h\to h_0$ 时，$\frac{h_0}{h}\to 1$，$\frac{dh}{ds}\to 0$，即浸润线在上游仍以 N—N 线为渐近线。当 $h\to 0$ 时，$\frac{dh}{ds}\to -\omega$，即浸润线在下游趋向于与不透水基底正交，但此时已不是渐变渗流，不能应用式（8-23）分析，实际上浸润线将以某一不等于零的水深为终点，这个水深取决于具体边界条件。

下面进行浸润线计算，对式（8-23）积分，令 $\frac{h}{h_0}=\eta$ 得

$$\frac{dh}{ds}=i\left(1-\frac{1}{\eta}\right) \tag{8-24}$$

利用 $h=\eta h_0$，$\frac{dh}{ds}=h_0\frac{d\eta}{ds}$，对式（8-24）分离变量得

$$ds=\frac{h_0}{i}\left[d\eta+\frac{d(\eta-1)}{\eta-1}\right] \tag{8-25}$$

把式（8-25）从断面 1—1 到断面 2—2 积分，得

$$l=\frac{h_0}{i}\left(\eta_2-\eta_1+\ln\frac{\eta_2-1}{\eta_1-1}\right)=\frac{h_0}{i}\left(\eta_2-\eta_1+2.3\lg\frac{\eta_2-1}{\eta_1-1}\right) \tag{8-26}$$

式中，l 为断面 1—1 至断面 2—2 的距离，$\eta_1=\frac{h_1}{h_0}$，$\eta_2=\frac{h_2}{h_0}$。

利用式（8-26）可进行正坡矩形过流断面渗流浸润线及其他相关计算。

8.3.3.2 平坡（$i=0$）

如图 8-9 所示，将平坡 $i=0$ 代入式（8-22）得

$$Q=-kA\frac{dh}{ds} \tag{8-27}$$

对于矩形断面，$q=\frac{Q}{b}$，$A=bh$，代入式（8-27）得

$$\frac{dh}{ds}=-\frac{q}{kh} \tag{8-28}$$

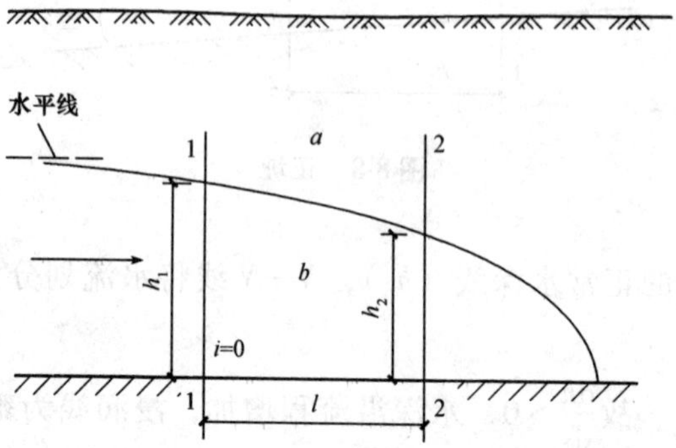

图 8-9　平坡

因为 $i=0$，不可能产生均匀渗流，不存在正常水深 N—N 线，故浸润只可能有一种形式。由式（8-28）可知，始终有$\frac{\mathrm{d}h}{\mathrm{d}s}<0$，浸润线只能是降水曲线，如图 8-9 所示。在曲线上游端，当 $h\to\infty$ 时，$\frac{\mathrm{d}h}{\mathrm{d}s}\to 0$，即浸润线以水平线为渐近线。在曲线下游端，当 $h\to 0$ 时，$\frac{\mathrm{d}h}{\mathrm{d}s}\to -\infty$，即浸润线与不透水基底有正交趋势。

对式（8-28）分离变量得

$$\frac{q}{k}\mathrm{d}s=-h\mathrm{d}h \tag{8-29}$$

从断面 1—1 至断面 2—2 对式（8-29）进行积分得

$$\frac{q}{k}l=\frac{h_1^2-h_2^2}{2} \tag{8-30}$$

或

$$l=\frac{k\left(h_1^2-h_2^2\right)}{2q} \tag{8-31}$$

式（8-31）即平底渗流浸润线的计算公式。

8.3.3.3 逆坡（$i<0$）

如图 8-10 所示，为了研究逆坡情况下的渗流，虚拟一个在底坡为 i' 的均匀渗流，令 $i'=-i$，其正常水深为 h_0'，代入式（8-22），则有

$$Q=-kA\left(i'+\frac{\mathrm{d}h}{\mathrm{d}s}\right)=-kbh\left(i'+\frac{\mathrm{d}h}{\mathrm{d}s}\right) \tag{8-32}$$

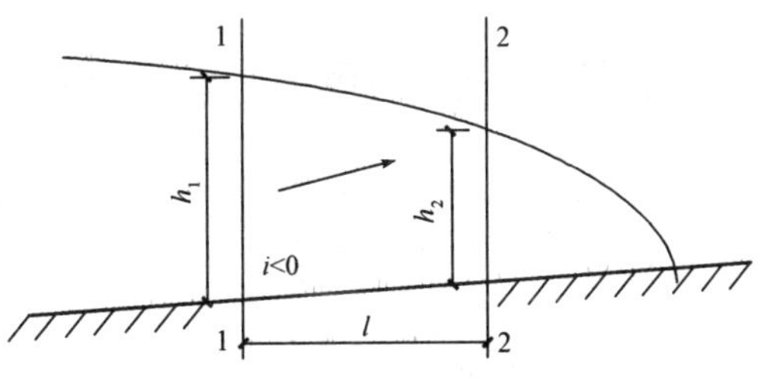

图 8-10 逆坡

假想的均匀渗流流量 $Q=kbh_0'i'$，代入式（8-32）得

$$\frac{\mathrm{d}h}{\mathrm{d}s}=-i'\left(1+\frac{h_0'}{h}\right) \tag{8-33}$$

令$\frac{h}{h_0'}=\eta'$，代入式（8-33）得

$$\frac{\mathrm{d}h}{\mathrm{d}s}=-i'\left(1+\frac{1}{\eta'}\right) \tag{8-34}$$

因为 η' 恒为正，所以 $\frac{dh}{ds}<0$，浸润线为降水曲线，与平坡上的浸润线分析相似，该浸润线的上游端以水平线为渐近线，下游端与不透水基底有正交趋势。

因为 $\frac{dh}{ds}=h_0'\frac{d\eta'}{ds}$，代入式（8-34）分离变量得

$$\frac{i'}{h_0'}ds=-\frac{\eta'}{1+\eta'}d\eta' \tag{8-35}$$

从断面 1—1 至断面 2—2 对式（8-35）进行积分得

$$l=\frac{h_0'}{i'}\left(\eta_1'-\eta_2'+2.3\lg\frac{\eta_2'+1}{\eta_1'+1}\right) \tag{8-36}$$

式中，$\eta_1'=\frac{h_1}{h_0'}$，$\eta_2'=\frac{h_2}{h_0'}$。

利用式（8-36）可进行逆坡地下渗流浸润线及其他有关计算。

【例 8.1】 如图 8-11 所示，已知平行于河道长度为 2 km 的渠道距河道 300 m，渠道水深 $h_1=2$ m，河道水深 $h_2=4$ m，不透水层底坡 $i=0.025$，土的渗透系数 $k=0.002$ cm/s。试求由渠道渗入河道的渗流量，并绘制浸润线。

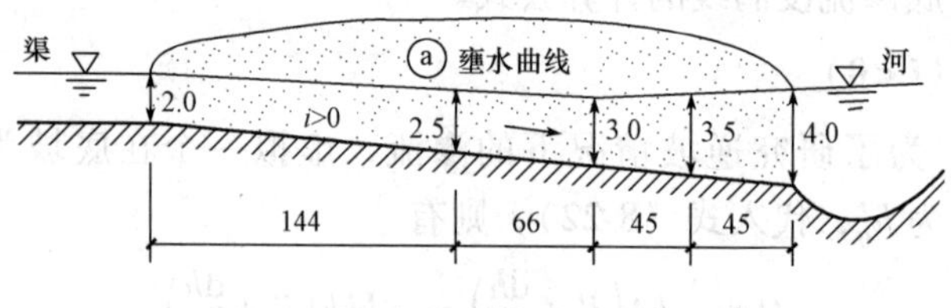

图 8-11　例 8.1 图

解：因为 $i>0$，$h_2>h_1$，可知此浸润线为正坡情况下的壅水曲线，可以按照以下两个步骤进行计算。

（1）利用式（8-26）求出正常水深 h_0，从而计算由渠道渗入河道的渗流量。

由式（8-26）得

$$\frac{i}{h_0}l=\eta_2-\eta_1+2.3\lg\frac{\eta_2-1}{\eta_1-1}$$

因为 $\eta_1=\frac{h_1}{h_0}$，$\eta_2=\frac{h_2}{h_0}$，上式可改写为

$$il-h_2+h_1=2.3\lg\frac{h_2-h_0}{h_1-h_0}h_0$$

将 $h_1=2$ m，$h_2=4$ m，$i=0.025$，$l=300$ m 代入上式得

$$2.3\lg\frac{h_2-h_0}{h_1-h_0}h_0=5.5$$

对上式进行试算或采用二分法进行数值计算得 $h_0=1.88$ m，代入式（8-17）得

$$Q=kiA_0=1.88\times 2\ 000\times 0.000\ 02\times 0.025=1.88\times 10^{-3}\ (m^3/s)$$

（2）计算浸润线。浸润线为壅水曲线，上游水深 $h_1=2$ m，依次设 $h_2=2.5$ m、$h_3=$

3.0 m 及3.5 m，分别算出各距上游的距离 l 为 144 m、210 m 及 255 m。于是可绘出浸润线，如图 8-11 所示。

【例 8.2】 在水利工程中，为了汲取地下水或排除坝身的渗水，常设置集水廊道。最简单的廊道为设置在水平不透水层上的水平廊道（它可以是单独的、平行系统的和其他多种形式的布置，这里只讨论单独的集水廊道），如图 8-12 所示，地下水从两侧流入廊道，故两侧将形成如图所示的浸润线。设廊道长度为 L，含水层的深度为 H，设廊道中水深为 h，距离廊道边缘 S 处地下水位开始下降，渗透系数为 k。试求：（1）沿廊道总渗流量 Q；（2）距离廊道 S_c（$S_c<S$）处，地下水位的下降值 Δh_c。

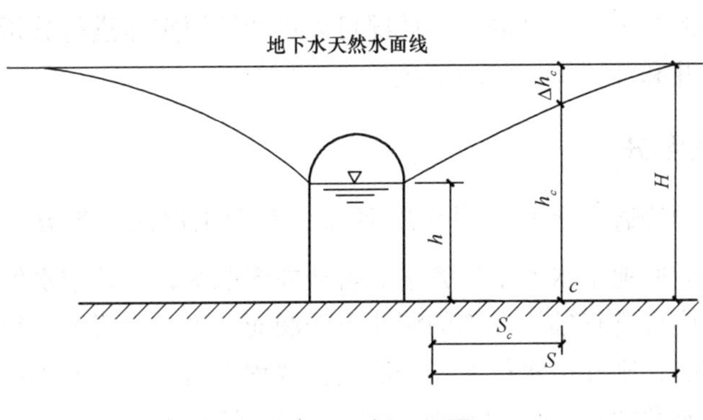

图 8-12　例 8.2 图

解：（1）廊道中的水是由两侧土层渗出的，每一侧的单宽流量为

$$q=\frac{Q}{2L}$$

利用平底河槽浸润线公式（8-31），得

$$l=\frac{k}{2\frac{Q}{2L}}(h_1^2-h_2^2)=\frac{kL}{Q}(h_1^2-h_2^2)$$

将 $l=S$，$h_1=H$，$h_2=h$ 代入上式得

$$Q=\frac{kL}{S}(H^2-h^2)$$

（2）设该处渗流水深为 h_c，将 $l=S_c$，$h_1=h_c$，$h_2=h$ 代入得

$$S_c=\frac{kL}{Q}(h_c^2-h^2)$$

即

$$h_c^2=\frac{QS_c}{kL}+h^2$$

水位下降值为

$$\Delta h_c=H-h_c$$

8.4 井的渗流

井是一种汲取地下水或排水用的集水建筑物。根据水文地质条件，井可分为普通井（无压井）和承压井（自流井）两种基本类型。普通井也称为潜水井，指在地表含水层中汲取无压地下水的井。当井底直达不透水层时称为完全井，如井底未达到不透水层，则称为非完全井。承压井指穿过一层或多层不透水层，而在有压的含水层中汲取有压地下水的井，它也可视井底是否直达不透水层分为完全井和不完全井。

一般来说，井的渗流运动属于非恒定流，当地下水开采量较大或需要较精确地测定水文地质参数时，应按非恒定流考虑。但在地下水补给来源充沛、开采量远小于天然补给量的地区，经过相当长时间的抽水后，井的渗流情况可以近似按恒定流进行分析。

本节仅分析完全井和井群恒定流的情况。

8.4.1 普通完全井

水平不透水层上的普通完全井如图 8-13 所示，其含水层深度为 H，井的半径为 r_0。当不取水时，井内水面与原地下水的水位齐平。若从井内取水，则井中水位下降，四周地下水向井渗流，形成对井中心垂直轴线对称的漏斗形浸润面。当含水层范围很大，从井中取水的流量不大并保持恒定时，则井中水位 h 与浸润面位置均保持不变，井周围地下水的渗流成为恒定渗流。这时流向水井的渗流过水断面，成为一系列同心圆柱面（仅在井壁附近，过水断面与同心圆柱面有较大偏差），以井轴为对称轴，通过井轴中心线沿径向的任意剖面上，流动情况均相同。所以对于井周围的渗流，可以近似按一维恒定渐变渗流处理。

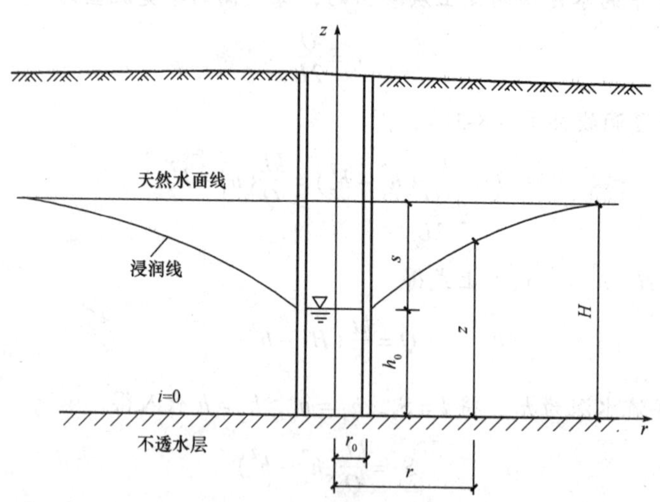

图 8-13 不透水层上的普通完全井

取半径为 r，并与井同轴的圆柱面为过水断面，设该断面浸润线高度为 z（以不透水层表面为基准面），则过水断面面积为 $A=2\pi rz$，断面上各处的水力坡度为 $J=\dfrac{dz}{dr}$。根据杜比公

式（8-19），该渗流断面平均流速为

$$v = k\frac{\mathrm{d}z}{\mathrm{d}r} \tag{8-37}$$

井的渗流量为

$$Q = Av = 2\pi rzk\frac{\mathrm{d}z}{\mathrm{d}r} \tag{8-38}$$

分离变量得

$$2z\mathrm{d}z = \frac{Q}{\pi k}\frac{\mathrm{d}r}{r}$$

积分后得

$$z^2 = \frac{Q}{\pi k}\ln r + C \tag{8-39}$$

利用 $r = r_0$ 时，$z = h_0$，求出常数 C

$$C = {h_0}^2 - \frac{Q}{\pi k}\ln r_0$$

代入上式得

$$z^2 - h_0^2 = \frac{Q}{\pi k}\ln\frac{r}{r_0} \tag{8-40}$$

或

$$z^2 - h_0^2 = \frac{0.73Q}{k}\lg\frac{r}{r_0} \tag{8-41}$$

式（8-41）即普通完全井的浸润线方程。

浸润线在离井较远的地方，逐步接近原有的地下水位。在井的渗流中常引入一个近似的概念，认为井的抽水有一个影响半径 R，在影响半径外的区域，地下水位将不受该井的影响。近似认为当 $R = r$ 时，$z = H$，代入式（8-41）可得普通完全井的出水量公式

$$Q = 1.36k\frac{H^2 - h_0^2}{\lg\frac{R}{r_0}} \tag{8-42}$$

影响半径 R 最好根据抽水实验测定。在初步计算中，可采用下列经验值估算：细粒土 $R = 100 \sim 200$ m；中粒土 $R = 250 \sim 700$ m；粗粒土 $R = 700 \sim 1\ 000$ m。也可采用如下经验公式估算：

$$R = 3\ 000\, s\sqrt{k} \tag{8-43}$$

式中，$s = H - h_0$；R、s 均以 m 计，k 为渗透系数，以 m/s 计。影响半径 R 是一个近似的概念，所以不同方法的 R 相差较大，但从式（8-42）可以看出，流量与影响半径的对数成反比，所以影响半径的变化对流量计算的影响并不大。

在工程实践中，一些井的井底不直达于基底，称作非完全井（见图 8-14），在此种情况下，井的出水量不仅来自井壁，还来自井底，流动较为复杂，常用以下经验公式估算井的流量：

$$Q = 1.36k\frac{H'^2 - t^2}{\lg\frac{R}{r_0}}\left[1 + 7\sqrt{\frac{r_0}{2H'}}\cos\left(\frac{\pi H'}{2H}\right)\right] \tag{8-44}$$

式中 H'——原地下水面到井底的深度；

t——井中水深。

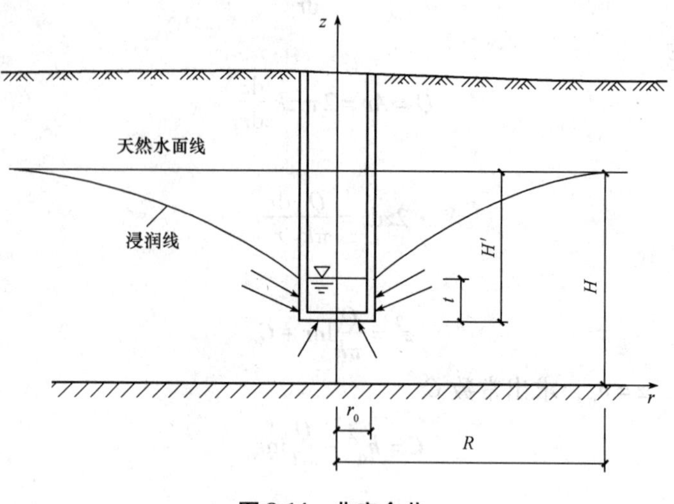

图 8-14 非完全井

8.4.2 承压完全井

当含水层位于两个不透水层之间时，这种含水层内的渗透压力将大于大气压力，从而形成了所谓的有压含水层（或承压层）。从有压含水层取水的水井，一般叫作自流井，或称为承压井。

图 8-15 所示为一承压完全井的纵断面，设渗流层具有水平不透水的基底和上顶，渗流层的均匀厚度为 t，完全井的半径为 r_0。当凿井穿过覆盖在含水层上的不透水层时，地下水位将上升到高度 H，H 为承压含水层的天然总水头。当从井中抽水并达到恒定流状态时，在井周围的测压管水头线将形成一漏斗形曲面。此时，和普通完全井一样，渗流仍可按一维恒定渐变渗流来处理。

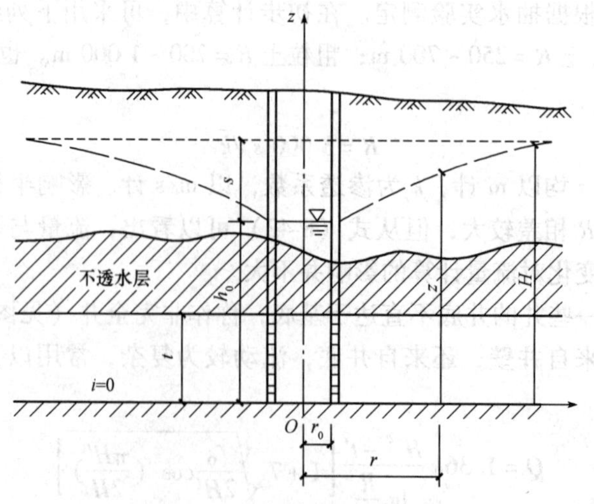

图 8-15 承压完全井的纵断面

取半径为 r，并与井同轴的圆柱面为过水断面，设该断面浸润线高度为 t（以不透水层表面为基准面），则过水断面面积为 $A=2\pi rt$，根据杜比公式，井的渗流量为

$$Q=Av=2\pi rtk\frac{\mathrm{d}z}{\mathrm{d}r} \tag{8-45}$$

分离变量得

$$z=\frac{Q}{2\pi kt}\ln r+C$$

式中　C——积分常数，由边界条件确定。

设 $r=r_0$ 时，$z=h_0$，则

$$C=h_0-\frac{Q}{2\pi kt}\ln r_0$$

代入上式得

$$z-h_0=\frac{Q}{2\pi kt}\ln\frac{r}{r_0}$$

或

$$z-h_0=0.37\frac{Q}{kt}\lg\frac{r}{r_0} \tag{8-46}$$

式（8-46）即承压完全井的浸润线方程。

同样引入影响半径 R，设 $R=r$ 时，$z=H$，代入式（8-46）可得承压完全井的出水量公式

$$Q=2.73\frac{kt(H-h_0)}{\lg\frac{R}{r_0}} \tag{8-47}$$

由于井中水面降深 $s=H-h_0$，则

$$Q=2.73\frac{kts}{\lg\frac{R}{r_0}} \tag{8-48}$$

8.4.3　井群

为了灌溉或者基坑降水，常常在一个区域内打多个井同时抽水，若各井之间的距离较近、井与井之间的渗流相互发生影响，这种情况称为井群。由于井群的浸润面相当复杂，其水力计算与单井不同，需应用势流叠加原理进行分析。井群大致可分为普通井群、承压井群和混合井群三大类，下面仅讨论普通完全井的井群计算。如图 8-16 所示，在水平不透水层上有 n 个普通完全井，在井群的影响范围内取一点 A，各井的半径、出水量以及到 A 点的水平距离分别为 r_{01}，r_{02}，…，r_{0n}；Q_1，Q_2，…，Q_n；r_1，r_2，…，r_n。

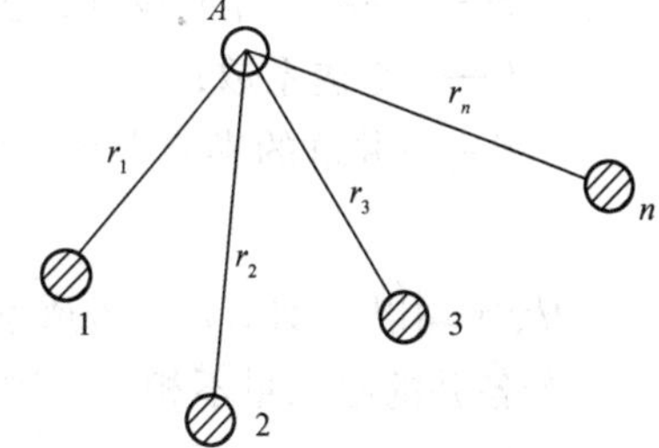

图 8-16　普通完全井井群

由于渗流可以看作有势流，所以有流速势函数存在，可以证明 z^2 为普通完全井的势函

数。当井群的各井单独工作时，井中水深为 h_{01}，h_{02}，…，h_{0n}，在 A 点处相应的地下水位分别为 z_1、z_2、…、z_n。由式（8-40）得各井的浸润线方程分别为

$$z_1^2=\frac{Q_1}{\pi k}\ln\frac{r_1}{r_{01}}+h_{01}^2$$

$$z_2^2=\frac{Q_2}{\pi k}\ln\frac{r_2}{r_{02}}+h_{02}^2$$

$$\vdots$$

$$z_n^2=\frac{Q_n}{\pi k}\ln\frac{r_n}{r_{0n}}+h_{0n}^2$$

当 n 个井同时工作时，必然形成一个公共的浸润面，根据势流叠加原理，A 点处的势函数应为各井单独工作时在该点的势函数之和，即 A 点的水位 z 可写成

$$z^2=\frac{Q_1}{\pi k}\ln\frac{r_1}{r_{01}}+\frac{Q_2}{\pi k}\ln\frac{r_2}{r_{02}}+\cdots+\frac{Q_n}{\pi k}\ln\frac{r_n}{r_{0n}}+C \tag{8-49}$$

式中　C——某一常数，需由边界条件确定。

若各井的出水量相同，$Q_1=Q_2=\cdots=Q_n=Q_0/n$，其中 Q_0 为井群的总出水量；设井群的影响半径为 R，若 A 点在影响半径上，因 A 点离各井很远，可近似认为 $r_1=r_2=\cdots=r_n=R$，此时 A 点的水位 $z=H$。将这些关系代入式（8-49）得

$$C=H^2-\frac{Q_0}{\pi k}\left[\ln R-\frac{1}{n}\ln(r_{01}\cdot r_{02}\cdot\cdots\cdot r_{0n})\right]$$

将 C 代入式（8-49）得

$$z^2=H^2-0.73\frac{Q_0}{k}\left[\lg R-\frac{1}{n}\lg(r_1\cdot r_2\cdot\cdots\cdot r_n)\right] \tag{8-50}$$

式（8-50）即普通完全井井群的浸润线方程，可以用来确定普通完全井井群中某点 A 的水位 z。井群的总排水量为

$$Q_0=1.36\frac{k(H^2-z^2)}{\lg R-\frac{1}{n}\lg(r_1\cdot r_2\cdot\cdots\cdot r_n)} \tag{8-51}$$

式中　H——含水层厚度；

z——井群工作时浸润面上某点 A 的水位；

k——渗透系数；

R——井群的影响半径，可由抽水实验测定或按如下经验公式估算：

$$R=575s\sqrt{kH} \tag{8-52}$$

H、s 均以 m 计，k 为渗透系数，以 m/s 计。

若各井的出水量不相等，则井群的浸润线方程为

$$z^2=H^2-\frac{0.73}{k}\left(Q_1\lg\frac{R}{r_1}+Q_2\lg\frac{R}{r_2}+\cdots+Q_n\lg\frac{R}{r_n}\right) \tag{8-53}$$

【例 8.3】为降低基坑中的地下水位，在基坑周围设置了六个普通完全井的井群，其分布如图 8-17 所示。长方形长边长 50 m，短边长 20 m。总抽水量 $Q_0=90$ L/m，井半径 $r_0=$

0.1 m，渗透系数 $k=0.001$ m/s，不透水层水平，含水层 $H=10$ m，影响半径 $R=500$ m。求基坑 a、b、c 点的地下水位。

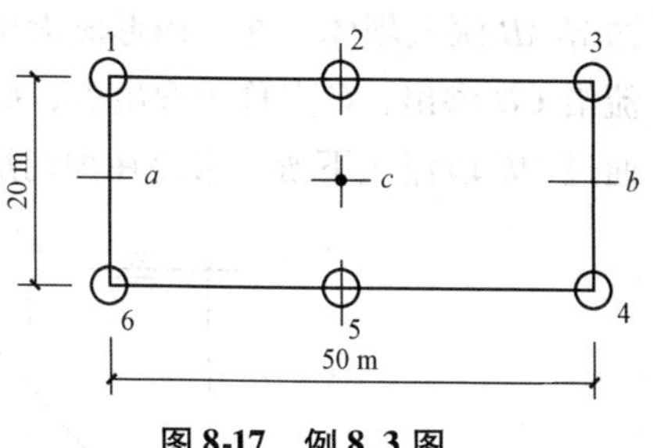

图 8-17　例 8.3 图

解：由图 8-17 可知，c 点距各井的距离为 $r_1=\sqrt{10^2+25^2}=26.9$（m）。

$$r_1=r_3=r_4=r_6=26.9\ \text{m}$$

$$r_2=r_5=10\ \text{m}$$

代入式（8-50）得

$$z_c^2=10^2-\frac{0.73\times0.09}{0.001}\times\left[\lg500-\frac{1}{6}\lg\left(10^2\times26.9^4\right)\right]=6.95$$

$$z_c=2.64\ \text{m}$$

又 a 点距各井距离

$$r_1=r_6=10\ \text{m},\ r_2=r_5=\sqrt{10^2+25^2}=26.9\ (\text{m})$$

$$r_3=r_4=\sqrt{10^2+50^2}=51\ (\text{m})$$

代入式（8-50）得

$$z_a^2=10^2-\frac{0.73\times0.09}{0.001}\times\left[\lg500-\frac{1}{6}\lg(10^2\times26.9^2\times51^2)\right]=13.04$$

$$z_a=3.61\ \text{m},\ z_b=z_a=3.61\ \text{m}$$

通过计算各点水位，可知井群工作时地下水位降低情况。

8.5　土坝渗流

土坝是水利工程中应用最广的挡水建筑物之一，土坝挡水后，渗流和渗透控制直接关系到工程的安全和投资。国内外有关资料表明，许多水工建筑物的事故都与渗流有关，根据我国对 241 座大型水库曾发生的 1 000 个工程安全问题所做的统计，其中有 37.1% 的安全问题是由于渗流引起的。因此土坝渗流的分析和计算非常重要。

一般情况下土坝轴线较长，断面形式比较一致，除坝两端外，可按平面问题处理；而当断面形状和地基条件比较简单时，又可进一步按一元渐变渗流处理。土坝形式众多，本节主要介绍最简单和最基本的水平不透水基础上均质土坝的恒定渗流问题，其他形式的土坝渗流计算可参考有关书籍。土坝渗流计算的主要目的和任务如下：

（1）确定坝身及坝基的渗流量；

（2）确定浸润线的位置；

（3）确定渗流流速和水力坡降。

设有一建在水平不透水地基上的均质土坝，如图 8-18 所示。当上游水深 H_1 和下游水深 H_2 固定不变时，渗流为恒定渗流。在上、下游水位差的作用下，上游水流将通过上游坝面

边界 AB 深入坝体，在坝内形成无压渗流，其自由表面即浸润面 AC，在下游坝坡，一部分渗流沿 CD 渗出，C 点称为逸出点，C 点距下游水面的距离 a_0，称为逸出点高度，另一部分则通过 DE 段流入下游。渗流在坝内形成浸润面 AC。

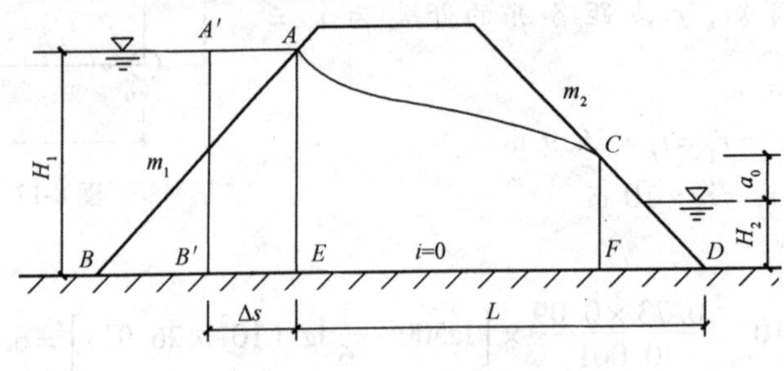

图 8-18　均质土坝

上述土坝的渗流计算常采用分段方法，一般有三段法和两段法两种计算方法。三段法是把坝内渗流区划分为三段，第一段为上游三角体 ABE，第二段为中间段 $AEFC$，第三段为下游三角体 CFD。对每一段利用渐变渗流的基本性质计算渗流流量，然后根据通过三段的渗流流量应该相等的连续性原理进行三段联合求解，即可求得坝的渗流流量和浸润线 AC。

两段法是在三段法基础上进行了修正和简化的方法。它把第一段的三角体用矩形体 $AA'B'E$ 代替，并使替代以后的渗流效果不变。这样就把第一段和第二段合并为一段，即上游渗流段 $A'B'EFCA$。替代矩形体宽度的确定应遵循以下原则：在上游水深 H_1 和单宽流量 q 相同的情况下，通过矩形体 $AA'B'E$ 和三角体 ABE 到达 AE 断面时的水头损失相等。根据实验，等效矩形体宽度为

$$\Delta s = \frac{m_1}{1 + 2m_1} H_1 \tag{8-54}$$

式中　m_1——土坝上游面边坡系数。

下面用两段法进行分析。

8.5.1　上游段的计算

上游段以坝底不透水层为基准面，水流从 $A'B'$ 入渗，该段视为渐变渗流，断面 $A'B'$ 至断面 CF 的水头差为 $\Delta H = H_1 - (H_2 + a_0)$，两过水断面间平均渗透流程为 $\Delta L = \Delta s + L - m_2(H_2 + a_0)$，$m_2$ 为土坝下游面边坡系数。由此得上游段的平均水力坡度为

$$J = \frac{\Delta H}{\Delta L} = \frac{H_1 - (H_2 + a_0)}{\Delta s + L - m_2(H_2 + a_0)}$$

根据杜比公式，上游段的平均渗流流速

$$v = kJ = k\frac{H_1 - (H_2 + a_0)}{\Delta s + L - m_2(H_2 + a_0)}$$

上游段单位坝长的平均过水断面面积

$$A = \frac{1}{2}(H_1 + H_2 + a_0)$$

则上游段所通过的单宽渗透流量为

$$q = vA = k\frac{H_1^2 - (H_2 + a_0)^2}{2[\Delta s + L - m_2(H_2 + a_0)]} \tag{8-55}$$

由于式（8-55）中 a_0 未知，故还不能计算 q，这一问题需通过下游段的分析才能解决。

8.5.2　下游段的计算

由于土坝下游有水，下游段 CFD 的渗流应分为两个区域Ⅰ、Ⅱ处理，下游水面线以上部分是无压渗流，以下部分为有压渗流，如图 8-19 所示。根据实际流线情况，可近似地把下游段内的渗流流线看作水平线。对于下游段水面以上部分Ⅰ，设在距坝底高度为 z 处取一水平微小流束 $\mathrm{d}z$，该微小流束由起始断面至末端断面的水头差为 $(H_2 + a_0 - z)$，微小流束的长度为 $m_2 \cdot (H_2 + a_0 - z)$，水力坡度为 $J = 1/m_2$，通过第Ⅰ部分微小流束的单宽流量为

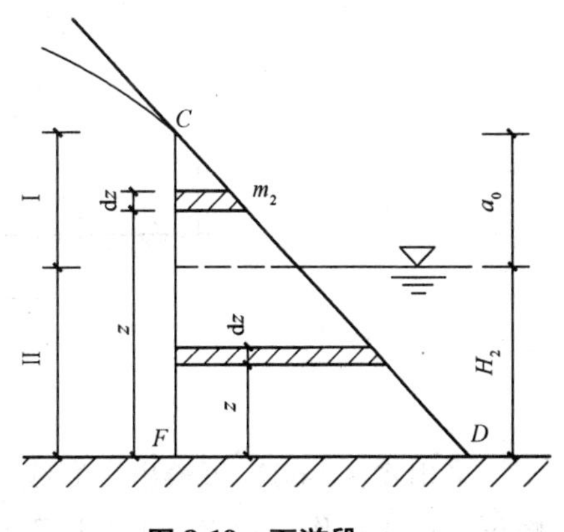

图 8-19　下游段

$$\mathrm{d}q_{\mathrm{I}} = u \cdot \mathrm{d}z = \frac{k}{m_2} \cdot \mathrm{d}z$$

对上式积分，通过第Ⅰ部分的单宽渗流量为

$$q_{\mathrm{I}} = \int \mathrm{d}q_{\mathrm{I}} = \int_{H_2}^{H_2 + a_0} \frac{k}{m_2} \cdot \mathrm{d}z = \frac{k}{m_2} \cdot a_0 \tag{8-56}$$

同理，对于下游段水面以下部分，同样在距坝底高度为 z 处取一水平微小流束 $\mathrm{d}z$，相应流段上的水头损失为 a_0，微小流束的长度为 $m_2 \cdot (H_2 + a_0 - z)$，其水力坡度为

$$\frac{a_0}{m_2 \cdot (H_2 + a_0 - z)}$$

通过第Ⅱ部分微小流束的单宽流量为

$$\mathrm{d}q_{\mathrm{II}} = k\frac{a_0}{m_2 \cdot (H_2 + a_0 - z)} \cdot \mathrm{d}z$$

通过第Ⅱ部分的单宽渗流量为

$$q_{\mathrm{II}} = \int \mathrm{d}q_{\mathrm{II}} = \int_0^{H_2} \frac{ka_0}{m_2} \cdot \frac{1}{H_2 + a_0 - z}\mathrm{d}z = \frac{ka_0}{m_2}\ln\frac{H_2 + a_0}{a_0} \tag{8-57}$$

或

$$q_{\mathrm{II}} = \int \mathrm{d}q_{\mathrm{II}} = \frac{2.3ka_0}{m_2}\lg\frac{H_2 + a_0}{a_0} \tag{8-58}$$

下游段单宽总渗流量为

$$q = q_{\mathrm{I}} + q_{\mathrm{II}} = \frac{ka_0}{m_2}\left[1 + 2.3\lg\left(\frac{H_2 + a_0}{a_0}\right)\right] \tag{8-59}$$

联解式（8-55）和式（8-59）可求得坝的单宽渗流量 q 和渗出段高度 a_0。

8.5.3 浸润线

取 x、y 坐标系如图 8-20 所示，由平坡浸润线公式（8-31）得

$$x=\frac{k}{2q}\left(H_1^2-y^2\right) \tag{8-60}$$

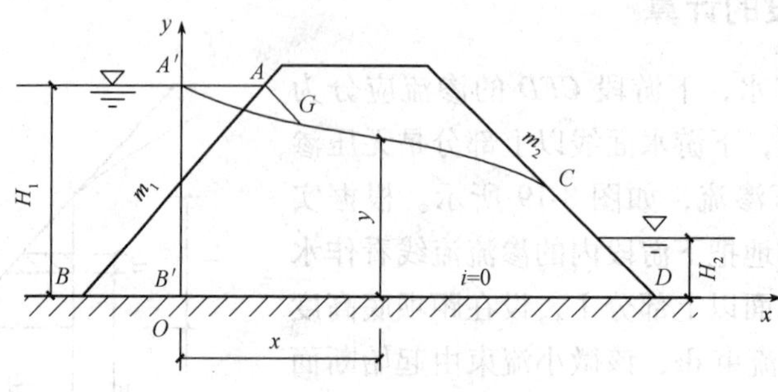

图 8-20 浸润线

采用式（8-60）可绘出浸润线 $A'C$，但因实际浸润线起点为 A，故曲线前端 $A'G$ 应加以修正，过 A 点作一垂直于上游坡面且与 $A'GC$ 相切的弧线 AG，则曲线 AGC 即所求的浸润线。

8.6 渗流运动的基本微分方程

前面以达西定律为基础讨论了一元渐变渗流的水力计算问题，而没有涉及渗流场的求解。然而在实际工程中，许多渗流问题是不能视为一元流或渐变流的。例如，带有板桩的闸基渗流，由于渗流区域的边界极不规则，流线曲率很大，属于急变渗流，此外，不仅需要了解渗流的宏观效果（如渗透流量、平均渗透流速等），而且需要弄清楚渗流区内各点的渗透流速及动水压强，这些都是水闸设计的重要依据。所以渗流场的求解是非常重要的，为此首先应建立渗流运动的基本微分方程。

8.6.1 渗流的连续性方程

根据渗流模型的概念可知，渗流也是连续介质运动，若在渗流场中任取一微分六面体，假定液体不可压缩，土壤骨架亦不变形，同对微分六面体应用质量守恒原理，可得

$$\frac{\partial u_x}{\partial x}+\frac{\partial u_y}{\partial y}+\frac{\partial u_z}{\partial z}=0 \tag{8-61}$$

式（8-61）即恒定渗流的连续性方程。其中 u_x、u_y、u_z 是指渗流模型中某点的流速。

8.6.2 渗流的运动方程

假定渗流存在于均质各向同性土壤中，渗透系数为 k，根据达西定律，渗透场中任一点的渗透流速可写为

$$u = kJ = -k\frac{\mathrm{d}H}{\mathrm{d}s}$$

式中，H 为渗流场中任一点的总水头，由于渗透流速很小，流速水头可忽略不计。在实际应用中，H 可视为测压管水头，即

$$H = z + \frac{p}{\gamma}$$

渗透流速在三个坐标方向的投影为

$$\left.\begin{aligned} u_x &= -k\frac{\partial H}{\partial x} \\ u_y &= -k\frac{\partial H}{\partial y} \\ u_z &= -k\frac{\partial H}{\partial z} \end{aligned}\right\} \tag{8-62}$$

式（8-62）即恒定渗流的运动方程。渗流的连续性方程和运动方程所组成的方程组共有四个微分方程式，包含 u_x、u_y、u_z 和 H 四个未知函数。在一定的初始条件和边界条件下，求解此微分方程组，就可求得渗流流速场和水头场（或压强场）。

8.6.3 渗流的流速势与拉普拉斯方程

对于均质各向同性土，k 是常数，则式（8-62）中的 k 可以放到偏导数里。如设

$$\varphi = -kH \tag{8-63}$$

则渗流运动方程式可写为

$$\left.\begin{aligned} u_x &= \frac{\partial \varphi}{\partial x} \\ u_y &= \frac{\partial \varphi}{\partial y} \\ u_z &= \frac{\partial \varphi}{\partial z} \end{aligned}\right\} \tag{8-64}$$

满足式（8-64）条件的流动称为势流，而函数 φ 就是渗流的流速势。因此，在重力作用下，均质各向同性土壤符合达西定律的渗流运动可以看作具有流速势的一种势流。

将式（8-64）代入连续性方程式（8-61）得

$$\frac{\partial^2 \varphi}{\partial x^2} + \frac{\partial^2 \varphi}{\partial y^2} + \frac{\partial^2 \varphi}{\partial z^2} = 0 \tag{8-65}$$

因为 $\varphi = -kH$，于是

$$\frac{\partial^2 H}{\partial x^2} + \frac{\partial^2 H}{\partial y^2} + \frac{\partial^2 H}{\partial z^2} = 0 \tag{8-66}$$

水头函数 H 及流速势 φ 均适用于拉普拉斯方程，在一定边界条件下求解拉普拉斯方程，即可求解渗流场。

8.6.4 渗流场的边界条件

在利用上述微分方程求解时都涉及边界条件的确定，下面以均质土坝为例，说明确定渗

流边界条件的基本原则。

8.6.4.1 不透水边界

在不透水边界上，如图 8-21（a）中的 2—5 所示，液体不会穿过这些边界流动，而只是沿着这些边界流动。即在这样的边界上，任一点渗透流速的法向分量为零，即$\frac{\partial H}{\partial n}=\frac{\partial \varphi}{\partial n}=0$，$n$ 为不透水边界的法线方向，不透水边界是一条流线，其流函数 ψ = 常数。

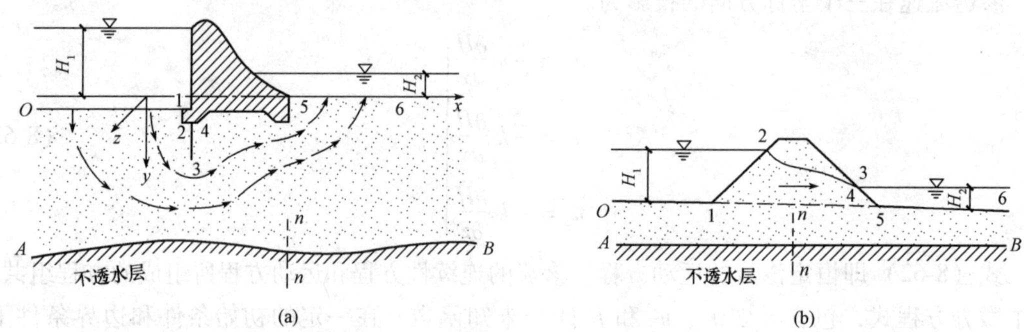

图 8-21 渗流场的边界

（a）不透水边界和透水边界；（b）浸润面边界和逸出边界

8.6.4.2 透水边界

图 8-21（a）中的 1—2 及 4—5，均为透水边界，透水边界上各点的水头相等，所以透水边界均为等水头线或等势线，液体穿过透水边界时，流速与之正交，流线必垂直于此边界。

8.6.4.3 浸润面边界

浸润线［图 8-21（b）中的 1—3 线］是流动区最上面的一根流线（ψ = 常数）。很明显，在浸润线上各点压强均等于大气压，即 $p=0$。沿此线上，水头函数 $H=z$，即浸润线上各点水头函数与其高程值相等。

8.6.4.4 逸出边界

图 8-21（b）中浸润线末端 3 点称为逸出点，3—4 段则称为逸出边界。地下水由此段逸出后不再具有地下水渗流的性质，它是一系列流线的逸出点的轨迹，因而不是一条流线。逸出边界上各点压强均为大气压，则线上各点的水头 $H=z$ 并不是常数，所以该线也不是一条等势线。

8.6.4.5 渗流解法简介

在确定了边界条件之后，问题就在于如何求解满足拉普拉斯方程的势函数 φ 了。求解拉普拉斯方程的方法大致有四种类型。

（1）解析法。根据微分方程，结合具体边界条件，利用数学推导方法求得水头函数 H 或流速势 φ 的解析解，从而得到流速和压强的具体函数式。由于实际渗流问题的复杂性，用解析法所能求解的问题是很有限的。

（2）数值解法。实际工程渗流问题的边界条件常常是很复杂的，当求不出解析解时，可以利用数值解法，其实质在于利用近似解法求得有关渗流要素在场内若干点上的数值。在现代，通过利用计算机辅助，数值解法已成为求解各种复杂渗流问题的主要方法，其具体方法包括有限差分法、有限元法、边界元法、有限体积法、离散元法等。

（3）图解法。对于平面恒定渗流问题，可以采用绘制流网的方法求解。对于一般工程问题，该法简捷且能满足工程精度的要求，因而应用较普遍。

（4）实验法。采用按一定比例缩制的模型来模拟真实的渗流场，用实验手段测定渗流要素。可以模拟比较复杂的自然条件和各种影响因素。实验法一般包括砂槽法、狭缝槽法和电比拟法。应用最广泛的是电比拟法。

8.7 用流网法求解平面渗流

建筑在透水地基上的水工建筑物，如坝、闸等，其建筑本身是不透水的，当上、下游水头差为 H 时，可以认为没有渗流流过建筑物本身，在透水地基上形成了有压急变渗流。坝基的上、下游分别有板桩，其作用是增加渗流路径以减少板桩以后的渗流压强和渗流速度。

满足达西定律的地下水渗流可以作为一种势流来处理，平面渗流即平面势流，因此可以采用流网法求解平面渗流。下面以闸基渗流为例，介绍平面有压渗流流网的绘制方法。

（1）手绘法。流网由多条等势线和流线构成。为了利用流网求解渗流问题，在绘流网时，可有选择地来画等势线和流线。

首先根据渗流的边界条件，确定边界流线和边界等势线。如闸底板轮廓线为一条边界流线，不透水底板为另一条边界流线；上游透水边界为第一条等势线，下游透水边界也是一条等势线。

其次根据流网的特性绘制流网，由于流网是一组正交的网格，并且事先将其绘制成曲边正方形网格，可先按边界流线的趋势大致绘出中间的流线及等势线，流线和等势线都应当是光滑的曲线，并且保证彼此正交。

最后对绘制的流网反复进行修改，对每一个网格采用加绘对角线的办法加以检验，直至合格为止。在这一过程中，在局部边界区域会出现非曲边的正方形，甚至会有三角形或五边形的网格，个别网格不符合要求不会影响整个流网的精度。

（2）水电比拟法。符合达西定律的恒定渗流场可以用流速势函数来描述，势函数满足拉普拉斯方程，在导体中的电流场也可用拉普拉斯方程描述，这个事实表明渗流和电流现象之间存在着比拟关系。利用这种关系，可以通过对电流场中电学量的测量来解答渗流问题，这种实验方法称为水电比拟法，由巴甫洛夫斯基于1918年首创。水电比拟法简易可行，目前仍有着广泛应用。

利用拉普拉斯方程，电场中的点位 V 满足下式：

$$\frac{\partial^2 V}{\partial x^2}+\frac{\partial^2 V}{\partial y^2}+\frac{\partial^2 V}{\partial z^2}=0 \tag{8-67}$$

渗流场与电流场的比拟如表 8-11 所示。

表 8-11　渗流场与电流场的比拟

电　流　场	渗　流　场
电势 V	水头 H
电流密度 i	渗流流速 u
电导系数 σ	渗流系数 k
欧姆定律： $i_x=-\sigma\dfrac{\partial V}{\partial x},\ i_y=-\sigma\dfrac{\partial V}{\partial y},\ i_z=-\sigma\dfrac{\partial V}{\partial z}$	达西定律： $u_x=-k\dfrac{\partial H}{\partial x},\ u_y=-k\dfrac{\partial H}{\partial y},\ u_z=-k\dfrac{\partial H}{\partial z}$
电位函数的拉普拉斯方程： $\dfrac{\partial^2 V}{\partial x^2}+\dfrac{\partial^2 V}{\partial y^2}+\dfrac{\partial^2 V}{\partial z^2}=0$	水头函数的拉普拉斯方程： $\dfrac{\partial^2 H}{\partial x^2}+\dfrac{\partial^2 H}{\partial y^2}+\dfrac{\partial^2 H}{\partial z^2}=0$
电荷守恒定律： $\dfrac{\partial i_x}{\partial x}+\dfrac{\partial i_y}{\partial y}+\dfrac{\partial i_z}{\partial z}=0$	连续性方程（质量守恒）： $\dfrac{\partial u_x}{\partial x}+\dfrac{\partial u_y}{\partial y}+\dfrac{\partial u_z}{\partial z}=0$
电流强度 I	渗流流量 Q
电流通过的横断面面积 A	渗流通过的横断面面积 A
等电位线 V= 常数	等水头线 H= 常数
绝缘边界条件： $\dfrac{\partial V}{\partial n}=0$ （n 为绝缘边界的法线）	不透水边界条件： $\dfrac{\partial H}{\partial n}=0$ （n 为不透水边界的法线）

根据以上论述，可以把水工建筑物的渗流区域变成电模型来处理，如图 8-22 所示。若要测得原型渗流区的等水头线分布，可制作一个与原型边界相似的电模型。测量电路按照惠更斯电桥原理组成，如图 8-23 所示。此桥路由 $R_1\sim R_4$ 四个电阻和一根测针及零点指示器 F 组成。R_1 及 R_2 均为可变电阻，c 点是测针触点在模型中的位置，而 R_3 和 R_4 分别为从导电板 c_1 到测针触点 c 和从 c 点到另一导电板 c_2 之间的电阻。

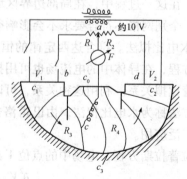

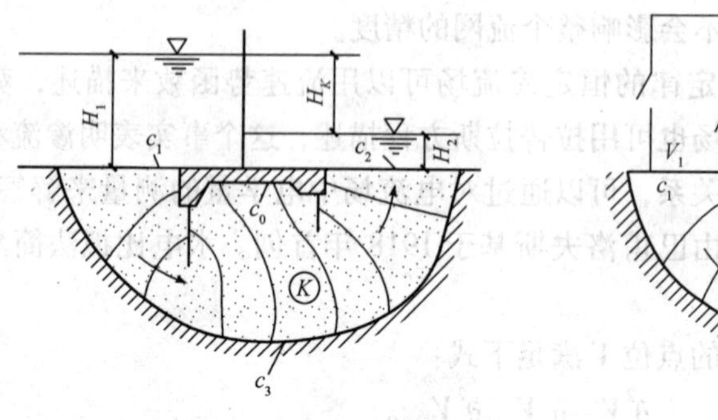

图 8-22　电模型

当R_1和R_2固定后，移动测针触点在模型中的位置，当电桥的零点指示器表明无电流通过时，则根据惠更斯电桥原理得

$$\frac{R_1}{R_1+R_2}=\frac{v_1-v_c}{v_1-v_2} \tag{8-68}$$

这样就可以在此电阻R_1和R_2的比例下，把测针触点在导电液中移动，于电桥平衡状态下找出一系列的点，把这些点连成曲线即等电位线。

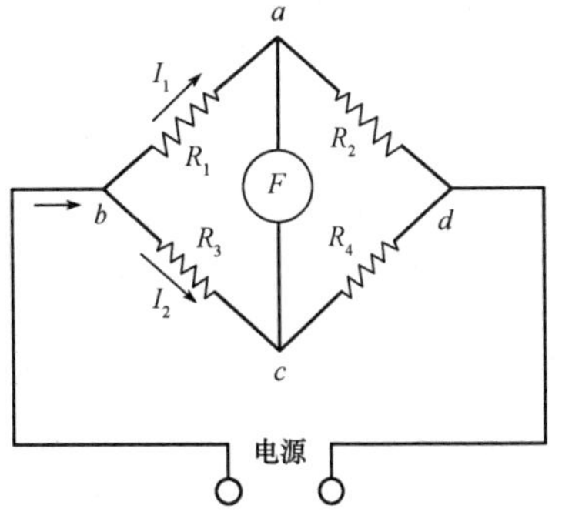

图 8-23 惠更斯电桥原理

等电位线即等水头线，由此可以进一步通过作图法而绘出渗流场的流网。

在做渗流的电比拟模型时，如渗流区下面有不透水底层（见图8-24），则电比拟模型段长度L约略为

$$L=B+(3\sim4)T \tag{8-69}$$

式中 B——建筑物地下部分水平投影长度；

T——不透水底层的埋深。

水电比拟法也可以应用到空间渗流问题和非恒定渗流问题，但都比较复杂，这里不再介绍。

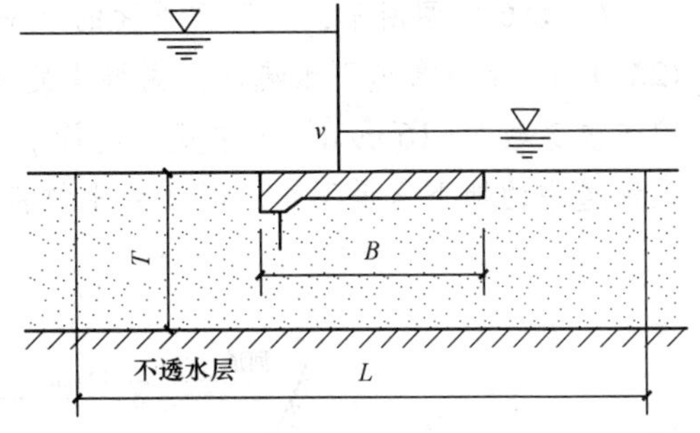

图 8-24 不透水底层

习 题

1. 在实验室中用达西实验装置测定某土样的渗透系数时，已知圆筒直径$D=20$ cm，两测压管间距$l=40$ cm，两测管的水头差$H_1-H_2=20$ cm，经过一昼夜测得渗透水量为0.024 m^3，试求该土样的渗透系数k。[0.001 8 cm/s]

2. 已知渐变渗流浸润线在某一过水断面上的坡度为0.005，渗透系数为0.004 cm/s，试求过水断面上的点渗流流速及断面平均流速。[$u=v=2\times10^{-5}$ cm/s]

3. 某铁路路基为了降低地下水位，在路基侧边设置集水廊道（称为渗沟）。已知含水层厚度$H=3$ m，渗沟中水深$h=0.3$ m，两侧土为亚砂土，渗透系数为$k=0.002\ 5$ cm/s，平均水力坡度$j=0.02$。试计算从两侧流入100 m长渗沟的流量。[$Q=0.297$ m/s]

4. 有一水平不透水层上的普通完全井直径为0.3 m，土壤渗流系数$k=0.000\ 56$ m/s，含水层厚度$H=9.8$ m，抽水稳定后井中水深h_0为5.6 m。井的影响半径$R=298.17$ m，求$r=25$ m、35 m、70 m、90 m、150 m，200 m处，浸润线的z。[$r=25$ m，35 m，70 m，90 m，150 m、200 m时，浸润线的z分别为8.64 m、8.81 m、9.14 m、9.25 m、9.48 m、9.61 m]

5. 为实测某区域内土壤的渗流系数k，现打一普通完全井进行抽水实验，如5题图所示。在井的影响半径之内开一钻孔，距井中心$r=80$ m，井的半径$r_0=0.20$ m，抽水稳定后抽水量$Q=2.5\times10^{-3}$ m^3/s，这时井水深$h_0=2.0$ m，钻孔水深$h=2.8$ m，求土壤的渗流系数k。[$k=0.001\ 24$ m/s]

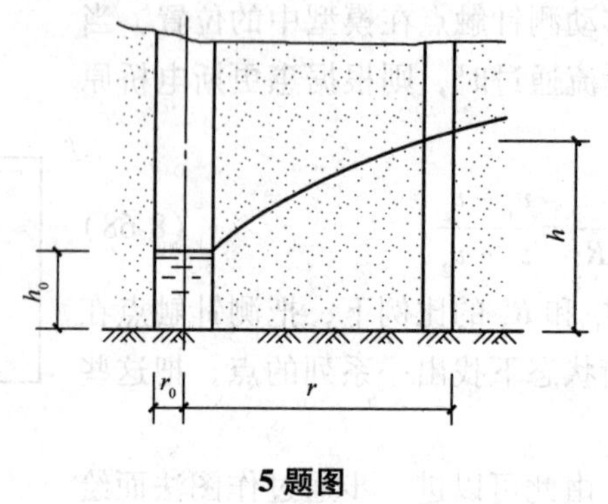

5 题图

6. 如 6 题图所示，某河道下面的水平不透水层高程为 115.0 m。河道在筑坝前的水位为 122.0 m，岸边有地下水流入，测得 A 处的水位为 123.5 m。A 处至河道的距离 $l=670$ m。土壤渗流系数 $k=16$ m/d。求单宽渗流量 q。若筑坝后河中水位抬高至 124.0 m，且筑坝前后流入河道中的地下水量不变，则 A 处水位将抬高多少？[0.278 m^2/d；1.7 m]

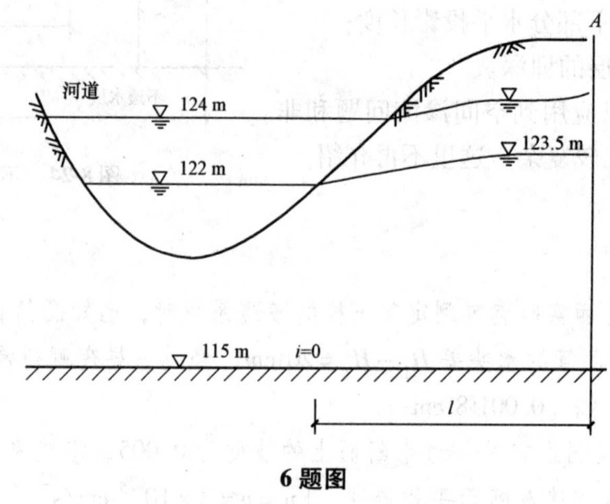

6 题图

7. 某水闸地基的渗流流网如 7 题图所示。已知 $H_1=10$ m，$H_2=2$ m，闸底板厚度 $\delta=0.5$ m。地基渗流系数 $k=1\times10^{-5}$ m/s。求：(1) 闸底 A 点渗流压强 p_A；(2) 网格 B 的平均渗流速度 u_B（$\Delta s=1.5$ m）；(3) 测压管 1、2、3 中的水位值（以下游河底为基准面）。[73.5 kN/m^2；6.7×10^{-6} m/s；$h_1=h_2=8$ m，$h_3=4$ m]

8. 如 8 题图所示渗流，其不透水底板坡度 i 为 0.002 5，断面 1—1 含水层厚度 h_1 为 3 m，断面 2—2 含水层厚度 h_2 为 4 m，两断面间距离 L 为 500 m，土的渗透系数 k 为 0.05 cm/s，试计算地下水单宽渗流流量。[0.868 cm^3/(m·s)]

9. 如 9 题图所示，某预支土坝建于不透水层上，已知坝高为 17 m，上游水深 H_1 为 15 m，下游水深 H_2 为 2 m，上游边坡系数 m_1 为 3，下游边坡系数 m_2 为 2，坝顶宽度 b 为 6 m，坝身土的渗透系数经实验测得 0.001 cm/s，试计算坝身的单宽渗流流量并画出坝内浸润曲线。[略]

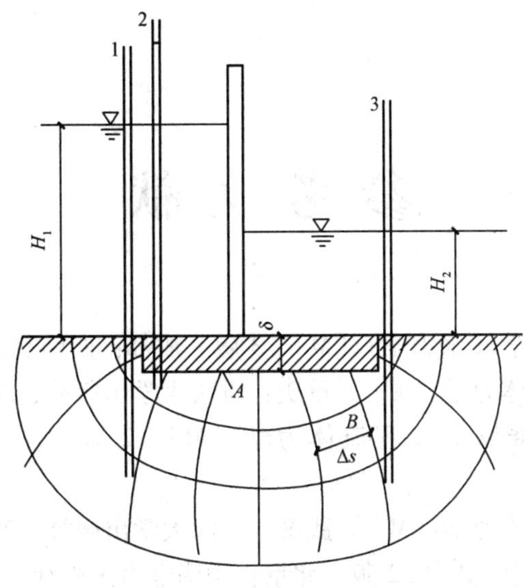

7 题图

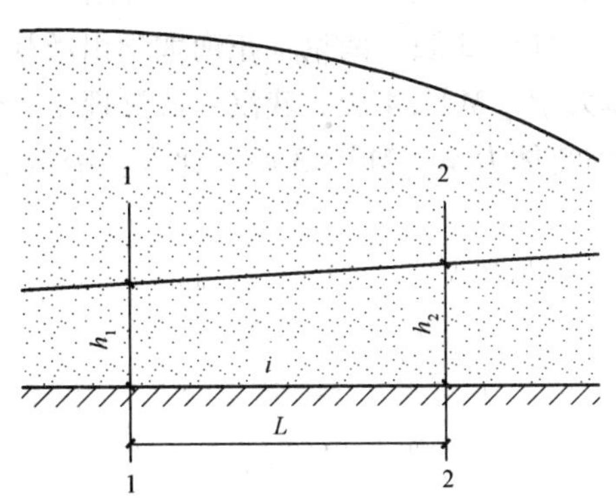

8 题图

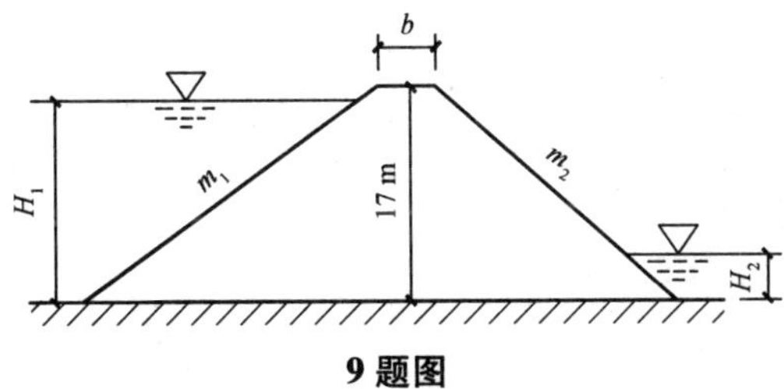

9 题图

参考文献

［1］禹华谦．工程流体力学（水力学）［M］．3 版．成都：西南交通大学出版社，2013.

［2］龙天渝，童思陈．流体力学［M］．重庆：重庆大学出版社，2012.

［3］李伟锋，刘海峰，龚欣．工程流体力学［M］．2 版．上海：华东理工大学出版社，2016.

［4］方达宪，张红亚．流体力学［M］．武汉：武汉大学出版社，2013.

［5］刘向军．工程流体力学［M］．2 版．北京：中国电力出版社，2013.

［6］谢振华．工程流体力学［M］．4 版．北京：冶金工业出版社，2013.

［7］李福宝，李勤．流体力学［M］．北京：冶金工业出版社，2010.

［8］赵孝保．工程流体力学［M］．3 版．南京：东南大学出版社，2012.

［9］胡敏良，吴雪茹．流体力学［M］．4 版．武汉：武汉理工大学出版社，2011.

［10］谢振华，宋存义．工程流体力学［M］．3 版．北京：冶金工业出版社，2007.